ENRICH YOUR LIFE

花花草草救了我

[英] 苏·斯图尔特-史密斯 —— 著

王巧俐 —— 译

文匯出版社

目 录
CONTENTS

第一章 缘起 ·································· 3
Beginnings

第二章 绿色自然和人性 ························ 31
Green Nature: Human Nature

第三章 种子与信念 ·························· 59
Seeds and Self-Belief

第四章 安全的绿色空间 ························ 85
Safe Green Space

第五章 将自然带入城市 ······················ 111
Bringing Nature to the City

第六章 根 ······························ 137
Roots

第七章　花朵的力量 ···································· 171
Flower Power

第八章　激进的疗法 ···································· 199
Radical Solutions

第九章　战争与园艺 ···································· 229
War and Gardening

第十章　生命最后的季节 ······························· 261
The Last Season of Life

第十一章　花园时间 ···································· 295
Garden Time

第十二章　医院窗外 ···································· 321
View From the Hospital

第十三章　绿色导火索 ································· 347
Green Fuse

注释·· 363

致谢·· 419

献给汤姆

所有真正睿智的思想，都已被人思考过千百次；但要让它们真正成为我们自己的思想，我们必须老老实实地再度思考，直到它们在我们自己的人生体验中扎根。

——歌德

第一章

缘起

来吧，步入万象的光辉，让自然做你的师长。

——威廉·华兹华斯（William Wordsworth，1770—1850）

记得很早以前，我还未萌生做一名精神科医生的念头，也不知道园艺会在我的人生中扮演重要角色，但在那时，我就听说了外祖父从一战归来后如何被疗愈的故事。

　　外祖父本名阿尔弗雷德·爱德华·梅，不过大家都叫他特德。他还是个年轻小伙的时候就加入了皇家海军，接受马可尼式无线电发报员的培训，并成了一名潜艇水兵。1915 年春天，在加利波利战役中，他服役的潜艇在达达尼尔海峡搁浅，大多数船员幸免于难，却都沦为了战俘。特德有一个小日记本，里面记录了他在土耳其最初几个月的战俘生活，后来他被送到一个又一个残酷的劳动营，劳动营里的生活就没有记录了。他待过的最后一个劳动营是马尔马拉海[1]沿岸的一个水泥厂。1918 年，他终于从

1　马尔马拉海为土耳其内海，跨欧、亚两大洲，经达达尼尔海峡连接爱琴海，在经济、政治和军事上都具有极为重要的地位。

海上逃脱。

特德最终获救并在一艘英国医疗船上接受治疗，他恢复了一些体力，差不多刚好能支撑他踏上经陆路返家的漫长旅途。他一心盼着与未婚妻范妮团聚。当年离开时还是个健壮小伙，如今他披着一件破旧不堪的雨衣，头上戴着一顶土耳其毡帽，出现在范妮家门口。范妮几乎认不出他来了，因为他的体重只有30多公斤，头发掉得精光。他对范妮说，这6000多公里的旅途"太可怕了"。海军医院给他做体检时，发现他严重营养不良，只能活几个月了。

但是范妮不离不弃地照顾他，每隔一小时就喂他少量的汤水和其他营养品，这样他渐渐地又能消化食物了。特德慢慢地恢复了健康，不久就和范妮结婚了。婚后第一年，他时常一坐就是几个小时，用两把柔软的刷子轻轻地梳他的光头，希望有朝一日头发能长回来。最后头发真的长出来了，还很浓密，不过是白色的。

关爱、耐心和坚持让特德活下来了，并没有像医生说的那样只能活几个月；但战俘营的经历如影随形，到了晚上他就感到格外恐惧。他尤其害怕蜘蛛和螃蟹，因为在战俘营里，晚上睡觉时，他们身上就会爬满这些东西。接下来的很多年里，他都不敢一个人待在黑暗中。

1920年，特德进入了下一个康复期，他报名参加了一个为期一年的园艺课程。战后国家采取了许多，旨在让战争中遭受创伤的退役军人恢复健康，园艺课就是其中一项。课程结束后，他把范妮留在家中，自己去了加拿大。他去寻找新的机会，希望在土地上劳作能更有效地增强他的身体和心理机能。当时，加拿大政府正在推行鼓励退役军人移民的计划，成千上万复员的军人踏上了漫长的横渡大西洋之旅。

丰收季节，特德在温尼伯收过麦子，后来又在艾伯塔省的一个牧场上找到一份更稳定的工作：做一名园丁。范妮也来了，和他一起度过了两年中的一些时光。不过，不知什么原因，他们在加拿大开始新生活的梦想并未实现。特德回到了英国，但这时候他的身体更强壮，更健康了。

几年后，特德和范妮在汉普郡买了一小块地，他在那里养猪、蜜蜂和鸡，还种植花卉和蔬菜水果。二战期间，他在伦敦的海军无线电台工作了五年。我母亲记得他有个猪皮手提箱，他坐火车的时候总是拎着这个箱子，里面装满了自家屠宰的猪肉和种植的蔬菜。回来的时候，他的手提箱里则装着白糖、黄油和茶叶。母亲自豪地说战争期间一家人从来不会去吃人造黄油，而且，特德抽的烟都是自己种的。

我记得外祖父脾气很好，人也很温和。在儿时的我眼里，这份温暖似乎是从一个十分健壮而且从容淡定的人身上散发出来的。他一点都不令人生畏，也不外露自己所受的创伤。他会一连好几个小时打理花园和温室，而且总是叼着一根烟斗，随身带着烟袋。特德度过了健康长寿的一生，活了近 80 岁。他已经与那段遭受残酷虐待的过去和解了，而这份和解连同他的健康长寿，在我们全家人看来，都得益于园艺和农活的疗愈效果。

特德死得很突然，在我 12 岁时他因脑动脉瘤破裂去世，当时他正在外面牵着他心爱的设得兰牧羊犬散步。当地报纸刊登了一篇讣告，题为《曾经最年轻的潜艇兵离世》。讣告里写道，特德在一战中两度被报告阵亡，他和一群俘虏从那个水泥厂逃走后，只靠喝水撑了 23 天。讣告结尾记录了他对园艺的热爱："他投入许多闲暇时光来打造他的大花园，并在当地以种植几种稀有兰花而闻名。"

我父亲在接近 50 岁的时候去世了，母亲还算年轻就成了寡妇。在她内心的某个地方，一定是继承了外祖父对园艺的爱，所以父亲去世后的第二年春天，她找到了一个新家，着手重建一个疏于打理的农庄花园。即便那时正处于青春期的自恋阶段，我也注意到了，在她挖土和除草的同时，她的丧夫之痛也渐渐得到了缓解。

在人生的那个阶段，园艺并非我想投入大量时间去做的事情。我对文学的世界充满兴趣，一心想用心灵拥抱生活。在我看来，园艺只是一种户外的家务劳动，我最多就拔拔杂草而已，就像我只会烤个司康饼或者洗洗窗帘一样。

父亲在我上大学的时候就频繁住院，大学最后一学年刚开学的时候，他去世了。那天一大早我从电话里接到这个噩耗，等天放亮，我走出门，来到安静的剑桥街头，穿过公园，一直步至河边。那是一个阳光明媚的十月天，整个世界绿意盎然，平静恬淡。草木与河流给了我些许安慰，在这宁静平和的自然中，我发现，我可以面对这个可怕的现实了，那就是纵有良辰美景，我的父亲也无法领略了。

也许这青葱的河畔让我想起了曾经的快乐时光，想起了最初在儿时的脑海中留下印象的美好景致。父亲在泰晤士河上有条船，那时我和弟弟年龄尚小，很多个假日和周末我们都泛舟河上。我们一度溯流而上，尽可能接近河的源头。我还记得静谧的晨雾，记得在夏日草地上自由自在地嬉戏玩耍，还有和弟弟一起钓鱼——那是我们儿时最喜爱的活动了。

在剑桥的最后几个学期里，诗歌在我心中产生了新的情绪价值。我的世界已然发生不可逆转的变化，于是我开始向那些讲述大自然的慰藉和生命轮回的诗句寻求抚慰。狄兰·托马斯[1]和 T.S.艾略特[2] 都给了我慰藉，但更重要的是华兹华斯，他已

1　狄兰·托马斯（Dylan Thomas，1914—1953），20世纪著名英国诗人。他的诗歌豪情奔放，同时又刻意求工，讴歌童年与自然，沉思生命与死亡，直面战争与苦难，在当时英国诗坛独树一帜。

2　T.S.艾略特（T.S. Eliot，1888—1965），诗人、剧作家和文学批评家，现代主义诗歌代表人物。其作品《荒原》被评论界看作20世纪最有影响力的一部诗作，是英美现代诗歌的里程碑。

学会：

> 观察自然，不再像
> 粗心的少年那样；我也听惯了
> 这低沉而又悲怆的人生乐曲……

悲伤让人孤独，即便大家一起承受时也是如此。一个家庭陷入失去亲人的巨大伤痛时，亲人们往往需要彼此扶持，但每个人都失去了亲人，每个人都身心崩溃。大家都想保护彼此，以免被太激烈的情绪所伤，而在远离他人的时候情绪才更容易流露出来。树木、河流、岩石和天空也许对人类的情感无动于衷，但它们也不会将我们拒之门外。大自然不会被我们的情绪所干扰，这里不会有互相传染的情绪，我们可以体验到一种慰藉，有助于减轻丧亲带来的孤独感。

父亲去世后的头几年，我沉浸在自然中，不是在花园里，而是在海边。父亲的骨灰洒在索伦特海峡南岸他家附近的海中。索伦特海峡船只来往频繁，但在北诺福克这片狭长寂静的海滩上几乎见不到一条船，正是在这里，我找到了最大的安慰。这里的地平线是我见过最宽广的，仿佛这就是世界的尽头，仿佛我已尽己所能靠近了他。

我写过一篇研究弗洛伊德的学期论文，此后我对心理的运作产生了兴趣。我放弃了攻读文学博士，决心受训成为一名医生。后来，在学医的第三年，我嫁给了汤姆。对汤姆来说，园艺就是一种生活方式。我想，既然他热爱园艺，那我也会爱上，可说实话，我仍然对园艺持怀疑态度。那时，打理花园似乎只是又一件不得不干的家务活儿，不过在户外做比在室内好，只要阳光灿烂。

几年后，我们带着年幼的罗丝搬进几间翻修过的农场房子，这几间房子离汤姆在赫特福德郡塞尔吉山的老家不远。接下来的几年，汤姆和我全力以赴地从零开始打造一个花园，这期间本和哈利出生了。我们给新家取名为"谷仓"，它们位于一座山的北面，四周一片开阔，风吹来的时候没有一丝遮挡。这意味着，我们首先需要给自己打造屏障。我们在四周满是石头的空地开辟了几块地，种树，栽树篱，编篱笆围栏，同时努力在土地上劳作，改善土质。如果没有汤姆父母和许多热心朋友的大力帮助和鼓励，这一切都不可能发生。我们集体捡石头的时候，罗丝也加入进来，跟她的爷爷奶奶、叔叔阿姨们一起，把石头捡起来装进许多桶里运走。

我的身心皆流离失所，急需重建家的感觉，可我并没怎么意识到园艺能帮助自己安顿身心。我倒是更清楚地看到，花园在孩子们的生活中变得越来越重要：他们在灌木丛中搭窝，一连几个小时待在自己打造的想象世界里。因此，花园既是幻想的天地，也是真实的所在。

汤姆的创造力和远见卓识推动着我们的花园建设，而直到我们的小儿子哈利刚刚蹒跚学步时，我才终于开始自己栽种植物。我对香草产生了兴趣，如饥似渴地读着相关书籍。涉足这一新鲜的学习领域后，我就开始在厨房和一个小香草园里进行各种试验。当时，那个香草花园已经"归我所有"。在此期间的尝试也少不了失误，比如说，香草丛中有时会冒出一株匍匐的琉璃苣[1]，或者坚韧的肥皂草[2]。不过，用自产香草来给食物调味，享用这样的美食实乃人生一大快事。而且，没过多久，我就开始种植蔬菜了。在这个阶段，我体验到的兴奋激动全都来自这些园圃产品！

那时，我已经三十四五岁了，在英国国民医疗服务体系（NHS[3]）做初级精神科医生。园艺与我的工作形成了有趣的对比：在工作中我更多地是跟无形的心理活动打交道，而园艺会把我的努力变成看得见的成果；病房和诊所的工作都在室内，而园艺把我带到了户外。

我发现，在花园中漫步，任思绪自由徜徉，留意植物的变

1　琉璃苣（*Borago officinalis*），紫草科琉璃苣属，一年生草本植物，株高一般为60~100厘米，开蓝色花，是集食用、药用、观赏、美容及保健等多种功能于一身的多用芳香植物。

2　肥皂草（*Saponaria officinals*），又名石碱花，为石竹科肥皂草属宿根草本植物，广泛分布于欧亚大陆，生长强健，易繁殖，开花时其根中的皂素含量可达20%。

3　NHS，即"National Health Service"的缩写，指英国国民医疗服务体系，承担保障英国全民公费医疗保健的责任。

化、生长、衰弱和结果，这真是一大乐事。渐渐地，我对除草、锄地、浇水这些平凡琐事的看法改变了；我开始明白，重要的不是把这些活儿干完，而是让自己全身心地投入其中。浇水会让人心静——只要你不着急——而且，说来也怪，当你浇完水后，你会感觉到自己精神焕发，就像植物本身一样。

当时，栽花种草最让我兴奋的就是种子的萌发，现在也是。种子不会向你透露它会长成什么样子，而且种子的大小与种子里休眠的生命毫无关系。比如，豆芽变戏法般地就冒出来了，谈不上有多好看，但你能感觉到它们从一开始就势不可挡的生命力；还有，烟草的种子非常细小，就像灰尘一样，你甚至都看不到把它们撒在哪儿了，它们似乎根本就不可能发芽，更别说给你开出一簇簇散发着香味的花了，可它们的确开花了。我能感觉到新生命是怎样与我建立起一种亲密连接的，因为我发现自己总是忍不住回来检查种子和幼苗。我走向屋外的温室，进去时屏住呼吸，唯恐惊扰了什么。在那里，宁馨的生命刚刚萌芽。

基本上，栽花种草的时候，跟老天谈条件是没有意义的——不过有些事情你稍微拖延一下也无妨——我下周末就要把那些种子播下去，把草皮移到地里。到了某个时间点你会意识到，拖延会让你错失良机、蒙受损失：一旦在土里种下幼苗，你就像跳进了奔流的河水中，得跟随大地的日程表走了。

我特别喜欢在初夏打理花园，那个时候植物的生长最旺盛，地里会长出很多东西。我一旦开始就不想停下来。傍晚的时候我开始干活，直到天黑得快看不见了才作罢。收工的时候，屋内灯火明亮，家的温暖又牵引着我回来了。第二天早晨，我悄悄走出门外——天哪，我之前干活的那块地方，一夜之间就已经有模有样了。

当然，侍弄园子，哪能不经历挫折。有些时候，你满怀期待地走出家门，却看到鲜嫩可爱的生菜被啃得惨不忍睹、所剩无几，或者一排排羽衣甘蓝被无情地剥光了叶子。不得不承认，鼻涕虫和兔子不管不顾地一通猛吃让人怒火中烧却又无可奈何，而顽固不拔的野草也着实让人心力交瘁。

照料植物带来的满足感并不全都来自创造性的活动。在花园里搞破坏具有重大意义——这不仅是被允许的，而且是**必要**的，因为如果不这样做，你的园子就会杂草丛生、害虫泛滥。所以，照料花园，很多时候要下狠手——无论是持剪修枝、荷锄翻地，还是消灭害虫、铲除杂草，你都不能手下留情。以上任何一件事都简单易行，你尽可全心投入去做，因为所有这些破坏活动都是为了迎接新生。像这样在花园中长时间劳动，会让你感到双脚僵硬，但内心却不可思议地焕然一新。你的心灵得到净化，精神再次变得充沛，就好像在此过程中你也把自己打理了一番，这也算是园艺的净化功效吧。

每年冬去春来，三月的寒风让外界依然冰冷难耐，因此暖暖的温室对我充满了诱惑。走进温室的感觉，有什么特别的呢？是空气中的氧气含量有所不同，还是光线和温度与外界不一样？抑或仅仅是能亲近绿意盎然的芬芳植物？温室的特别之处在于，在这个不受侵扰的私密空间里，一个人的所有感官似乎都变得更敏锐了。

　　去年，一个阴沉的春日，我心无旁骛地在温室中忙碌——浇水、播种、施肥，料理各种事情。忙完后，天空放晴，阳光倾泻下来，我恍如置身另一个世界——阳光穿过叶片，叶子全都变得半透明，满眼都是闪烁的绿意；水珠散落在刚刚浇过的植物上，反射着阳光，闪闪发亮，绚丽迷人。就在那一刻，我有一种强烈的感觉：这就是尘世的恩泽吧。这感觉就像是收到了一份及时的礼物，让我至今铭记在心。

　　那天，我在温室里播下了一些向日葵种子。大约过了一个月，移栽幼苗的时候，我感觉有些幼苗也许长不大：最粗壮的看起来很有希望，但其他的幼苗看上去乱蓬蓬的，在户外弱不禁风。后来，看着它们逐渐长高，变得越发苗壮，我十分满足，但我仍然觉得它们需要关注。一段时间后，它们的长势格外喜人，我便把注意力转移到其他更脆弱的幼苗上了。

　　栽花种草在我看来就是一场交替进行的对话：我出一份力，大自然再出一份力，然后我再对此做出回应……就这样持续下去，难道不像一场对话吗？不过，这场对话不是悄悄话，也不是相互叫嚷或者交谈；这一来一往中进行的是一场延迟的、持续性的对话。我得承认，我有时候反应迟钝，而植物默不作声，所以对我来说种一些无需太多关注也能存活的植物比较好。若你真的离开一段时间，回来时就会格外惊喜，就像发现了你不在时有人悄悄在施力一样。

有一天，我发现，眼下这一整排向日葵长得都那么苗壮，姿态挺立，样子很骄傲，花朵即将绽放。我好不纳闷：你们什么时候长成这么高的？你们怎么长高的？第一株令人鼓舞的幼苗现在依然是最强壮的，很快它就开出了灿烂的黄花。它顶着硕大的圆形花盘，高高在上地俯瞰我。在它面前，我觉得自己十分渺小，但我知道，是我开启了它的生命，这让我有一种奇妙的自得感。

大约一个月后，它们样子大变：蜜蜂已经吸干了它们的花蜜，花瓣褪色了，最高的那株几乎撑不住它低垂的头。它前阵子还那么骄傲，现在却如此颓唐！我有种冲动，想把这排向日葵统统砍掉，但我知道，如果我能忍受它们这种破败的惨样，过一阵子，它们就会被阳光晒得发白，变得干枯，呈现出不同的姿态，带领我们走向秋天。

打理花园也是一个"**积累认识**"的过程，而且永不停步。你需要不断加深对园艺的理解，了解哪些方法行之有效，哪些方法白费力气；你得跟整片土地建立关系，与那里的气候、土壤以及生长其中的植物建立关系。这些都是必须要面对的现实，在这一过程中，有些梦想基本上只能放弃。

我们的月季园就是这样一个失落的梦想。最初，我们在多石的野外开垦了几块土地，想打造月季园。我们在花坛里种满了最美丽动人的几个古老的月季品种，像克雷西美女[1]、黎塞留主教[2]和哈迪夫人[3]。但娇嫩芬芳、令人陶醉的方丹 – 拉图尔[4]才是我的最爱：它的花瓣扁平，皱皱的，就像淡粉色的纸巾；它是那么柔软，像天鹅绒一样，你可以直接把鼻子凑到花朵上，沉醉在它的芬芳中。当时我们根本就不知道它们陪伴我们的日子会如此短暂。没过多久，它们就不适应环境了。我们的土地不太适合月季生长，而且更糟糕的是，篱笆内通风不够。每年的花季都有一场战斗，要遏制日益侵袭它们的黑斑和霉菌。要是不给这些花打药，它们就病恹恹的，惨不忍睹。我们不想拔掉这些月季，但跟老天作对又有什么好处呢？当然，那样做毫无意义，所以只能把

---

1 克雷西美女（Belle de Crécy），1836年产于法国的月季品种，红色，香味浓郁。
2 黎塞留主教（Cardinal de Richelieu），1847年诞生于比利时的一种藤本月季，可一年四季多头开花，花朵颜色为紫色或淡紫色，有温和的香味。
3 哈迪夫人（Madame Hardy），1831年法国宫廷园艺师为妻子培育的白色月季，多头集群开花，花萼片厚实且有羽状碎裂边，秀美精致。
4 方丹–拉图尔（Fantin-Latour），以19世纪法国画家命名的月季品种，呈柔和的粉红色，香味温和。

它们拔掉。唉，我是多么想念那些花啊，到现在依然想念它们！如今这些花坛里没有一株月季，它们早就被多年生的草本植物取代，但我们仍然把这里叫做月季园，所以，我们对月季的记忆保留下来了。

汤姆和我都不喜欢化学喷雾剂，而由于父亲的病，我对其尤为害怕。在我小时候，父亲就患上了某种类型的骨髓衰竭，这是暴露在环境毒素下导致的。目前尚不完全清楚这一灾祸的起因，但可能的致病源中，有一种是早已禁用的农药，就放在园子的工棚里。还有一种抗生素，是之前有一年夏天他在意大利度假期间生病时医生给他开的。当时他差点就没命了，好在接受的治疗一定程度上扭转了病情，而且，尽管无法治愈，他还是多活了14年。他个子很高，身体强壮，使得大家有时会忘记他的骨髓功能只有正常人的一半。疾病总躲在幕后，危及他生命的病情间歇性发作时，我们所能做的只有祈祷。

童年的那段时期，有一个花园比家里的园子更充分地启发了我的想象力。我母亲会带着我和我弟弟还有小伙伴们去里士满公园的伊莎贝拉植物园。我们一到那儿，就四散跑开，消失在巨大的杜鹃花丛中，我们在里面探险、捉迷藏，无比兴奋。那里的花丛十分茂密，我们完全可能暂时地迷路，并感到孤离的恐慌。

那个植物园里还有一个更令人不安的东西。在树林深处的一小片空地上，我们发现了一辆漆成红色和黄色的木篷车，门上刻着一句话："来者啊，快舍弃一切希望。"[1] 我们过去常常互相打赌看谁敢违抗这句禁令，想到要舍弃一切希望，我可不能轻举妄动。我似乎感觉一旦打开那扇门，它就会释放出我不敢说出名字的可怕怪物。最后我发现，跟所有的未知事物一样，对它们的幻想总是比事实更具诱惑力。有一天，我们终于斗胆推开了那扇门，事实上，车里只有一个木头铺位，车厢内部漆成黄色，当然，也没有可怕的事情发生。

当你的经历塑造你的时候，你并不知道这一切正在发生，因为无论发生什么，那都只是你生活的一部分。这不是别人的生活，这一切都是你自己的。只有在很久以后，在我开始接受精神分析治疗师的培训并且开始对自己进行精神分析后，我才意识到父亲的疾病深深地影响了我的童年世界。我渐渐明白了，为什么大篷车车门上的禁令会引发我幼稚的想象；我也明白了，为什么16岁时意大利塞维索化工厂化学品泄漏的新闻会引起我的关注。那次爆炸释放出大量有毒气体，带来灾难性后果，而其全部严重性只会缓慢显现出来。土壤被污染了，当地居民的健康受到长期严重影响。灾难触发了我内心深处的某些东西，我第一次开始关心环境问题和相关政治议题。上述这些都是潜意识的运作，我那时并没有想到正是某种不明化学品让我父亲病得如此严重。我只

1　语出但丁《神曲·地狱篇》第三章，这是刻在地狱之门上的铭文。

知道，我经历了一次环保意识的深刻觉醒。

在对自己进行精神分析的过程中，回顾以往，重温这样的记忆，我有了一种不同的醒悟——对心灵生活的了悟。我开始明白，悲伤可以隐藏得很深，而一种情绪可以掩盖另一种情绪。顿悟的时刻我心潮澎湃，无法平静。尽管有时候我所洞察的真相令人欢欣鼓舞，可有时候领悟到的现实却让我难以接受。与此同时，我也在打理我的园子。

花园给了你一个阻绝侵扰的物理空间，有助于增强你的心理空间感；花园也给了你一份平静，因此你可以聆听自己的心声。你越是沉浸在双手的劳作中，就越能自由地梳理好内心的感受。如今，我把园艺视为一种静心和减压之道。不管怎样，当我把杂草桶填满时，我脑子里互相打架的各种念头也平息下来了。沉潜已久的念头浮出脑海，那些碎片化的想法有时也汇聚到一起，此刻竟出人意料地成形了。这样的时刻，仿佛是我一边在劳动，一边在整理自己的思绪。

我渐渐领悟到，创建和维护一个花园可以关乎人的深度存在。所以我不禁要问，园艺是如何对我们产生影响的？当我们感觉迷失了方向时，园艺如何帮助我们定位，如何帮助我们再次找到方向？在 21 世纪的今天，抑郁、焦虑和其他精神疾病的发病率似乎一直在上升，而且，就人们的生活来说，城市化程度越来越高，对技术的依赖越来越严重。也许，我们现在比以往任何时候都更亟需了解心灵与花园的种种互动方式。

自古以来，人们就认为花园具有疗愈作用。今天，园艺已成为一些国家最为风行的十大爱好之一。照料花园本质上就是一种养育行为，对许多人来说，打理一块土地跟生育子女和挣钱养家一样，是他们人生中最有意义的事情之一。当然，也会有人觉得打理园子就是一项家务活儿，他们宁愿做点别的事情，但许多人都承认，把户外运动和沉浸式活动结合在一起，既让人平静，又令人精力充沛。尽管其他形式的绿色运动和其他创造性活动也有这些益处，但与植物和大地形成亲密关系的益处是园艺所独有的。与大自然的亲密接触会从不同层面影响我们。有时候我们全身心投入园艺，完全知道它的影响，但它也会缓慢地、在潜意识中对我们产生影响，而这对遭受了创伤、疾病以及失去亲人的人特别有益。

诗人威廉·华兹华斯也许比其他任何人都更深入地探索了大自然对人类精神生活的影响。他在心理问题上颇具慧眼，能灵敏地捕捉潜意识，甚至有时他会被人视作精神分析思想的先驱。在直觉的飞跃中（这已被现代神经科学证实），华兹华斯明白了我们不是被动地记录感官印象，而是在经历中建构了自身的经验。他说，面对周围世界，我们一半在感知，一半在创造。自然激活了心灵，而心灵反过来又激活了自然。华兹华斯认为，我们与大自然的这种鲜活的关系是有助于心灵健康成长的力量之源。他也懂得，做一名园丁意味着什么。

对华兹华斯和他妹妹多萝西来说，一起打理花园是一种重要的补偿行为，这是对失去的回应，因为他们年幼时就丧失了双亲，后来他们又度过了一段漫长而痛苦的彼此分离的日子。在湖区的鸽子农舍安定下来后，他们所创建的花园成了生活中最重要的一角，帮助他们在内心又找回了家的感觉。他们种植蔬菜、草药和其他有用的植物，不过大部分园地都保留了高度原生态的样貌，而且还分布在陡峭的山坡上。华兹华斯口中这小小的"山间角落"，布满了"礼物"——各种野花、蕨类植物、苔藓。他和多萝西散步的时候就采集这些带回家，仿佛是给大地的献礼。

华兹华斯经常在那个花园里写诗。他把诗描述为"平静中回忆起来的情感"。的确，我们所有人都是这样，我们需要在合适的环境中让心平静下来，才能处理激烈动荡的情感。鸽子农舍的花园有围墙，让人有安全感，外面还有美丽的风景，正好给了他一个合适的环境。他住在这儿时，写下了许多他最出色的诗作，并且养成了一个伴随终生的习惯，那就是在花园小径上一边有节奏地迈着大步，一边大声吟诵诗歌。因此，花园既是屋子的自然环境，也是心灵的环境；更重要的是，这个花园是他和多萝西亲手打造的。

华兹华斯对园艺的热爱是他一生中鲜为人知的一面，他一直到老都是位尽心尽责的园丁。他打造了许多不同的花园，其中就有一座为他的艺术赞助者博蒙特夫人设计的冬日温室花园。打造这座花园意在缓解博蒙特夫人的忧郁症，所以这是一座疗愈花园。他写道，这样的花园旨在"协助大自然感动人心"。花园浓缩了大自然的治愈力，在疗愈过程中，花园主要通过我们的感受影响我们，但不管我们怎么将花园视作庇护所，我们依然像华兹华斯说的那样"身处现实之中"。这些现实，包含了自然所有的美，也包含了生命的轮回和季节的流逝。换句话说，花园在给我们提供了喘息的机会之余，也让我们与生活最基本的方方面面保持着联系。

在阻绝侵扰的花园空间中，时间仿佛暂停了。我们摆脱了日常生活的压力，内在世界和外在世界并存于此。从这个意义上说，花园为我们提供了一个二者的**过渡**空间，我们内心深处梦想灌注的自我与现实世界在这里交汇。这模糊的边界就是精神分析学家唐纳德·温尼科特所谓的经验的"过渡"区域。温尼科特提出"过渡过程"（transitional processes）这一概念，在一定程度上受到了华兹华斯的影响。华兹华斯探索了我们是如何通过感知和想象栖身于世的。

温尼科特还是一名儿科医生，他研究的心理模型是儿童与家庭的关系以及婴儿与母亲的关系。他强调，婴儿只能在与照顾者的关系中存在。当我们从外面看母亲和婴儿时，很容易把他们区分为两个独立存在的人，但母亲和婴儿的主观体验却没有如此分明。母婴关系涉及一个重要的重叠或者**中间**区域——在这里，婴儿表达感受的时候，母亲会有所感知，而婴儿并不知道自己和母亲的界限在哪里。

没有照顾者就没有婴儿，同样，没有园丁就没有花园。花园永远是一个人心灵的表达，是一个人付出爱心的成果。在栽花种草的过程中，要对"我"和"非我"进行清晰的归类也是不可能的。当退后一步欣赏我们的成果时，我们能分得出哪些是自然的给予，哪些是我们的付出吗？即使是侍弄花草的行为本身，也不一定是清晰的。有时当我全神贯注于一项园艺任务时，一种感觉油然而生——我是这项工作的一部分，它也是我的一部分；大自然在我体内运转，并经由我而运行。

花园**介乎**家与家外环境之间，具体表现为一个过渡性空间。在花园里，纯天然的自然与人为打造的自然交织重叠。园丁在土地上翻来挖去与人类对天堂的渴望和崇尚高雅优美的文明理想并不矛盾。花园融合了纯天然和纯人工创造的两种极端情形，也许只有在花园里，二者才能如此自由地交织在一起。

温尼科特认为游戏是心灵的补给，但他强调，要进入虚构的世界，我们需要感到安全并且远离他人的审视。他采用了一个自己常用的、看似矛盾的说法来表达这种体验，描述了儿童培养出

"在母亲面前独处"的能力有多么重要。而在我的园艺工作中，我经常重温沉浸于游戏时的感觉，就好像是在安全的花园庭院中，有人陪着我，允许我独处并进入自己的世界。人们越来越认可白日梦和游戏有益心理健康，而且这些益处并不会随着童年的结束而终结。

在一处环境中工作需要我们身心的投入，这意味着随着时间的推移，这个环境会与我们的自我认同感交织在一起。这样一来，它可以成为我们的一部分，维护着我们的身份认同。当我们身处困境时，它会起到一个缓冲的作用。过去，人们与一处环境的关系很稳固，可现在这种稳固的关系模式已不复存在，所以我们已看不出形成环境依恋会给我们带来什么安定身心的作用。

"依恋理论"是精神科医生和精神分析学家约翰·鲍比（John Bowlby）于1960年代率先建构的，目前许多研究都与此理论相关。鲍比认为"依恋"是人类心理的基石。他还是一位热忱的博物学爱好者，而这一爱好也影响了其思想的发展。他描述了鸟类年复一年回到同一个地方筑巢，而筑巢地通常靠近它们的出生地。他还写道，动物并非像人们以为的那样任意游荡，而是在它们的窝和巢穴周围活动，那就是他们的家的地盘。同样，他写道，"每个人的环境对他自己来说都是独一无二的"。

一个人对环境和对他人的依恋，其形成过程是一样的，而环境和他人对依恋者来说是独一无二的，这种独特性在依恋关系里至关重要。给婴儿喂食本身并不足以引发情感连接，因为我们生来就是通过特别的气味、触感、声音和愉悦的感觉建立依恋关系的。同样，一处环境也会唤起人的感受，而且自然环境中能让人感官愉悦的东西特别丰富。如今，我们日益被缺乏特点和个性的功能性场所包围，比如超市和购物中心。这些地方给我们提供了食物和其他有用的物品，但我们跟这些地方没有建立起情感纽带，实际上，这些地方往往完全无法提供滋养。因此，当代生活中的"环境"这个概念越来越沦为一种陪衬，并且，就算还有人与环境的互动，这种互动也往往是暂时的，而不是一种可持续的、鲜活的关系。

鲍比思想的核心是，母亲是孩子生命中的第一处"环境"。每当孩子感到害怕、疲惫或难过时，就会到母亲怀里寻求庇护。经过一次次小小的分离和重聚、失去和寻回，母亲这个"避风港"就会变成鲍比说的"安全基地"。一旦孩子建立起安全感，他们就有勇气去探索周围的环境，不过仍会时不时关注母亲，把母亲当作一个安全地带。

可悲的是，在当代，儿童的户外游戏已成为稀罕事，而过去，公园和花园为孩子们的一种重要的富有想象力和探索性的游戏提供了场所。孩子们在灌木丛中搭窝，打造一个"无成人区"，就是对将来独立的一种演练，而这些地方也发挥着情感作用。研究表明，儿童感到难过时，会本能地把自己的"特殊"场所当作避风港，在这里，他们会觉得安全，不安的情绪也会渐渐平复。

鲍比认为，依恋与丧失是一体的。我们并不善于分离，我们总是寻求相聚。正是因为我们的依恋系统有如此强大的力量，从丧失中恢复才会变得如此痛苦和艰难。虽然我们生来就具备建立情感连接的强大能力，但我们天生并不知道如何应对断裂的情感纽带，这意味着，我们不得不通过经验来学习哀悼。

为了应对丧失，我们需要找到或重新寻找一个避风港，感受他人的安慰和同情。对华兹华斯来说，他孩提时就承受丧亲之痛，是大自然温柔的一面给了他慰藉和同情。精神分析学家梅兰妮·克莱因[1]在一篇以哀悼为主题的论文中提到了这一点，她写道："诗人告诉我们，大自然与哀悼者一起哀悼。"她接着阐述，要走出悲伤，我们应当在世界和自己身上重建美好的感觉。

当我们非常亲近的人去世，我们的一部分也好像随之而去了，我们想抓住那种亲密感，想斩断情感的伤痛。可有一天我们会问：我们可否让自己重获新生？在打理一块土地，以及栽培、照料植物的时候，我们总在邂逅生命的逝去和回归。生长与凋零的自然循环能帮助我们理解并接受这样的观点：哀悼是生命轮回

1　梅兰妮·克莱因（Melanie Klein，1882—1960），奥地利精神分析学家，儿童精神分析研究的先驱，被誉为"客体关系之母"，是继弗洛伊德之后，对精神分析理论发展极具贡献的领军人物之一。

的一部分，当我们无法哀悼时，就好像被囚禁在了永恒的冬季。

仪式或其他形式的象征行为也有助于我们理解自己的经历。但现在，我们许多人都生活在世俗和消费主义的世界里，已经远离了那些传统的人生大事的庆祝仪式和礼仪，它们再也不能为我们的人生导航了。不过，园艺活动本身可以是一种仪式，它改造了外部现实，让我们的周围环境变得更美；它也通过象征意义对我们的内在产生影响。花园让我们接触到数千年来深刻影响了人类心理的隐喻，这些隐喻几乎是深深地潜藏在我们的思维中的。

园艺活动是人类和自然的两种创造力的交汇，是"我"与"非我"交叠的空间，是我们能构想之物与环境所给予之物合作的产物。因此，我们在头脑中的梦想与脚下的大地之间架起了一座桥梁；我们知道，虽然无法阻止死亡与毁灭，但至少可以勇敢地去面对。

在我记忆深处藏着一个故事，它一定是童年时听来的，写作本书时，这个故事又浮现在脑海中。那是一个经典的童话。一位国王有一个美丽的女儿，求婚者排起了长队，国王决心提出一个不可能完成的挑战来打消他们的念头。他下令，谁要想娶到公主，谁就必须向他献上一件独一无二的礼物——这份礼物非常特别，在此之前世上无人见过，第一个看到它的必须是国王，而且只能是国王一个人看到它。求婚者们纷纷前往遥远的异国他乡，寻求那份让他们求婚成功的礼物，然后带着他们自己都没见过的各种奇珍异宝回来了。尽管他们找到的礼物都经过精心包装，也都非比寻常，但世上总有人在此之前就已经见过了——要么是这些精美礼物的制作者，要么就是发现这些宝贝的人。如世界上最深的钻石矿井里的钻石，算是最稀有最珍贵的礼物了，可最先看到它的是采矿者。

宫里的花匠有个儿子，他暗恋着公主，却独辟蹊径地赢得了这项挑战，而这一份了悟得益于他与自然的亲密关系。御花园里的果树上果实累累，他向国王献上一只坚果，同时还带来一把核桃夹子。国王看到普普通通的一只坚果，十分不解，但花匠的儿子解释说，要是国王把坚果夹开，就会看到世人从未见过的东西。当然了，国王只能兑现诺言，所以，跟所有美丽的童话一样，这是一个穷小子追到富家女、有情人终成眷属的故事。不过，这个故事也向我们表明，只要不视而不见，我们就会发现自然是如何向我们展示它的奇妙的。更重要的是，这个故事讲的是我们人人都能接近自然，从自然获取力量。

如果没有失去，我们就没有创造的动力。精神分析学家汉娜·西格尔（Hanna Segal）说："我们的内在世界毁灭了，死气沉沉又缺少爱意；我们所爱的一切全都支离破碎，我们自身陷入无奈的绝境……恰恰在这些时刻，我们必须重建我们的世界，重整旗鼓，把生机注入沉寂的碎片，重新创造生活。"园艺就是在启动生命，而种子如同沉寂的碎片，帮助我们再造一个新的世界。

在花园中，生命无止尽地进行着自我改造和自我重塑，正是这份新奇让人如此着迷。花园是这样一个所在——我们可以在它初现雏形时就身处其中，我们也可以参与到它的创造中去。即便是毫不起眼的土豆地也给了我们这样的机会：把土堆翻开，一堆从未有人见过的土豆就展现在了我们眼前。

第二章

绿色自然和人性

谁曾想我枯萎的心
会重获新绿？它早已被
掩埋。

——乔治·赫伯特（George Herbert，1593—1633）

冬去春来，雪花莲[1]是我们花园里最先出现的生命迹象。它的绿芽摸索着从黑暗的地下钻出来，朴素洁白的花朵诉说着最纯粹的新生的愿望。

每年二月，雪花莲枯萎前，我们都会对一些植株进行分株并重新栽种。一年中大部分时间它们都不见踪影，而是在地下生长繁殖着。花园中的老鼠啃食其他球茎植物，唯独放过了雪花莲，因此它们得以恣意繁殖。它们不仅数量惊人，还有传承的意味：现在我们花园中这一大片雪花莲，就来自30多年前从汤姆母亲的花园里弄来的几桶球茎。

生命的更新和再生在植物界中自然而然地发生着，可人类心灵的修复就没有这么自然。尽管人类内心都有成长发展的内在动

---

1 雪花莲（*Galanthus nivalis*），石蒜科雪花莲属植物的统称，约有12种及若干变种，原产欧亚。雪花莲有鳞茎，春天开白花，在欧洲以报春花而闻名。

机，但心灵的运作有很多陷阱。我们面对创伤和丧失时的很多本能反应，譬如回避、麻木、与外界隔离和对负面想法的反刍，实际上都与可能的康复背道而驰。

抑郁症患者反复出现的焦虑和强迫性思维模式形成了一个恶性循环。我们之所以如此执着，正是因为大脑在试图理解已经发生的事情，但试图解决深不可测的问题会让我们陷在思维的卡槽里，无法前进。抑郁状态还自带另一种循环模式，当我们感到抑郁时，我们会更加消极地感知与诠释自己和世界，这反过来又助长了我们的低落情绪，强化了封闭自己的冲动。事实上，如果听之任之，大脑很容易就把我们带到一个无底洞里去。

我想起多年前的一个病人，早在我开始思考园艺的疗愈效果之前，她就在我的脑海里播下了一粒种子。我叫她凯，她和两个儿子住在一个带小花园的公寓里。她的抑郁症反复发作，有几次非常严重，这让她备受折磨。她的童年充满了暴力和情感忽视，成年后，建立人际关系对她来说非常困难，她的儿子也基本上都是由她独自抚养大的。孩子们十几岁的时候，家里总是冲突不断，他们长大后又很快相继离她而去，她又陷入了抑郁。二十年来，她发现这是自己第一次独自生活。

在对她的治疗中，我清楚地发现，她内化了很多对自己的糟糕感受。这些感受来自她的童年，让她很难把美好的事物带入生活，因为她内心深处认为自己不配得到这些。如果有什么好事发生了，过了一段时间她就会患得患失。因此，她总是会破坏人际关系和其他改变人生的机会，从而预先避免她预料之中的失望。而从某种程度上说，那些失望是生活给她的教训，让她觉得失望注定不可避免。这样一来，抑郁症只会不断加重，在这种状态下，不让任何事情发生、不鼓起勇气怀抱希望会让她感觉更安全，以免将来陷入更深的失望。

凯的公寓后面有一个小花园，多年来被她的儿子们弄得一团糟。现在他们不住在家里了，她决定重新打理这片空地，在随后的几个月里，她养成了侍弄花草的习惯。有一天，她对我说："这是我唯一自我感觉良好的时刻。"这话让我很震惊，一方面是因为她话语间的坚定，一方面是因为拥有良好的自我感觉对她来说太不容易了。

那么凯说的这种良好的感觉是指什么呢？在花园里劳作能让她把注意力从自己身上转移到外界，花园也给了她一个避风港，这二者都颇有益处。但更重要的是，植物的生长提供了一种看得见摸得着的证据，作为一个活生生的例子向她证明，世界并没有那么糟，她也没有那么差。凯发现，她可以让植物生长。园艺并非她的抑郁症解药，毕竟，她的病为时已久，但园艺有助于稳定她的情绪，并且带给她急需的自我价值感。

虽然园艺是一种创造性活动，但并不总是受到重视。有时，它被视为一种"雅兴"或不必要的奢侈，同时也有人把它贬为一种低贱的体力活。

这种两极化观点的根源可追溯到《圣经》。伊甸园美丽富饶，在亚当和亚娃被赶出其中并在坚硬的大地上劳作之前，他们的生活一直是完美无缺的。如果花园的一端是极乐的天堂，另一端是惩罚与苦役，那么中间地带在哪里呢？在哪个层面我们能视园艺为有意义的劳作呢？

五世纪初昂热（Angers）主教圣毛里留斯（Saint Maurilius）的故事一定程度上能回答这个问题。一天，毛里留斯正在做弥撒，一个女人走进教堂，恳求他随她去为弥留之际的儿子主持圣礼。毛里留斯没有意识到情况紧急，继续他的弥撒，而弥撒还未结束男孩就死了。这位主教带着深深的负罪感和愧疚感，悄悄离开了昂热，登上了去往英格兰的轮船。途中，大教堂的钥匙在船上弄丢了，毛里留斯觉得，这预示着自己无意返回。一到英格兰，他就在一位权贵家中做起了园丁。与此同时，昂热的居民派出一队人马四处寻找他们爱戴的主教。最终，七年后，他们来到这位贵族的官邸门前，正巧毛里留斯拿着给主人的蔬菜从花园里出来，与他们迎面相遇。他们热情地问候毛里留斯，并把途中找到的那串遗失的钥匙交还给他，他惊喜万分。

毛里留斯意识到自己现在被宽恕了，他又重启主教生活，后来被封圣。他的样子出现在昂热的壁画上、残存的织锦碎片上，画中的他在英格兰贵族的花园里挖土劳作，四周环绕着果树鲜花，他把自己的劳动果实献给主人。

我是这样来解读毛里留斯的故事的：男孩死后，悔恨和自责粉碎了他对自己的身份认同，并引发了抑郁和精神崩溃。相当长时间以来，他努力去接受自己神职上的失败，他认为自己没有尽到义务。通过园艺，他找到了一种赎罪的方式，并以此平息自己的负罪感和无价值感。最终，他恢复了自我价值感（在故事中以钥匙的返还来表示），这使他能够重新回到过去的角色中，重建与世界的联系。

然而，就在毛里留斯死后，他七年的园丁生活被传道者们诠释为一个"心怀悔意地履行职责可以赎罪"的例子。可对我来说，毛里留斯的故事并没有任何忏悔或者自我惩罚的意味。他并没有像早期的基督徒先辈那样，逃到沙漠里，在贫瘠的土地上耕作；也没有像作为园丁的主保圣人圣福卡斯和圣菲亚克一样，在孤独中放逐自己。相反，他选择在一个世俗的地方栽种花果。也许是在这名贵族的花园里劳作时，他建立起了一种与他的上帝的关系。他的上帝并不要求他进行过度的自我惩罚，而是更仁慈地给了他第二次机会，一次让他"将功补过"并最终重返原位的机会。我很愿意把这看成是一份园艺疗法的早期文献记录，而且，我已将其视为一个讲述园艺的潜在修复力的寓言故事。

在接下来的一个世纪里，圣本笃[1]凭借他对修道生活制定的《本笃会规》，肯定了体力劳动的神圣性，正式将园艺提升到一个新的高度，脱离了赎罪和苦行的范畴。本笃最初提出的这些思想颇具革命性，他的思想不仅在教会内部具有革命性，放到更广大的背景中来看依然如此，因为耕作总是与农奴或者生活困顿的农民阶级联系在一起。对于本笃会信徒来说，园艺让人与人之间变得平等：修道院里再怎么崇高，再怎么博学的人，在一天中都会花点时间在花园中劳作。这是一种倡导关心与虔敬的文化，在这里，人们怀着对祭坛器皿的同等敬意看待园艺工具。这是一种身心灵平衡的高尚的生活方式，体现出我们与自然的紧密相联。

古罗马帝国陨落后，欧洲进入黑暗时代，这片土地急需重建。罗马帝国建起的大批庄园都是建立在奴隶劳动基础上的，对土地的开发也已达极致。随着本笃会的规模和影响力的扩大，其信徒接管了一些废弃的庄园，着手将这些庄园改造成修道院，并重新在土地上进行耕种。本笃会的修缮工作既是物质的，也是精神的。事实上，物质与精神二者紧密相连，因为本笃会相信，属

---

1 圣本笃（Saint Benedict，480—547），西方修道院制度之父。公元529年，本笃在意大利南部卡西诺山建立第一座隐修院，并制定会规，直到今天仍有许多修道院用他创立的一套制度来规范修道院的集体生活。圣本笃及其会规曾经影响了整个基督教世界，本笃会是天主教最早的修会。

灵的生命需要根植在与大地的关系中。

一座典型的修道院有葡萄园、果园，以及种植蔬菜、花卉和草药的苗圃。此外，修道院里还有封闭的花园，为人们的冥想和疾病康复提供了宁静的空间。十一世纪圣伯纳德（Saint Bernard）对法国克莱尔沃修道院（Clairvaux Abbey）临终关怀花园的记录，是描述疗愈花园的最早期作品之一。他写道："病人坐在绿地上，各种芳草香气扑鼻，减轻了他的痛楚……绿意盎然的香草和树木赏心悦目……鸟儿五彩斑斓，它们的合唱动听悦耳……大地生机勃发，繁荣丰硕；病人则用眼、耳、鼻、舌悦纳一切美妙的色彩、动听的乐音和芬芳的气息。"他这篇文字是对从自然之美中汲取力量的描写，写得无比动人。

十二世纪杰出的修道院院长，宾根的圣希尔德加德（Saint Hildegard of Bingen）进一步发展了本笃会教义。作为一名备受尊敬的作曲家、神学家和草药学家，她以人类精神与大地生命力——她称之为"绿色生命力"（viriditas）之间的联系为基础，发展出自己的一套哲学思想。绿色生命力就像河流的源头一样，是其他所有生命形式最终依赖的能量之源。这个词结合了拉丁语中的"绿色"和"真理"，是美好与健康的起源；它的反义词则是"干旱"（ariditas）。在希尔德加德眼里，"干旱"就是对生命的挑战。

"绿色生命力"一词既包含了其字面意义，也有象征意味。

它既指自然界的生机盎然，也指人类精神的生动活跃。希尔德加德思想的核心就是"绿意"，她认为只有当自然界生机勃勃时，人类才能繁荣昌盛。她明白，地球的健康与人类的身心健康存在着必然联系，这就是她越来越被视为现代生态运动先驱的原因。

在一个充满阳光与新生能量的花园里，生命的绿色脉动最为有力。无论我们从上帝、大地母亲、生物学或以上三者之和中的哪一个角度来理解自然的生命力，这里都有一种鲜活的关系在起作用。园艺是一种交换行为：我们提出修复的愿望，大自然则为我们的愿望注入生命力——无论是将垃圾变为营养丰富的堆肥，还是帮助授粉的昆虫繁衍，抑或美化大地，都是如此。从事园艺，我们需要竭力防虫除草，从而收获自然的各种奖赏——绿意盎然的景致、清凉的树荫、五彩缤纷的美丽花朵以及大地奉上的全部果实。

在今天我们生活的世界里，修复的情感意义往往被忽视了，可修复对我们的心理健康起着重要作用。与宗教的宽恕不同，从精神分析角度看，修复行为并不是黑白分明的，相反，我们就像一个持之以恒的园丁，需要在一生中不断地进行各种形式的情绪修复。梅兰妮·克莱因就是在观察儿童玩耍时第一次认识到了这一点的重要性。她十分惊讶地看到，儿童的绘画和想象游戏（imaginary games）都是对破坏性冲动的表达和尝试，这些行为也伴随着修复性行为，他们会表现出爱与关心，这个完整的循环饱含深意。

克莱因在评论拉威尔[1]的歌剧《孩子与魔法》(*The Child and the Spells*)时表达了她的这个观点。这部歌剧改编自柯莱特(Colette)的小说。故事开始，一个小男孩因为不做作业被母亲关进房间。在此期间，他在房间里大发脾气耍无赖，肆无忌惮地搞破坏。他把自己的房间弄得一团糟，攻击自己的玩具和宠物。突然，房间里的东西都活了。他吓坏了，十分焦虑。

这时出现了两只猫咪，它们把男孩带到屋外的花园。花园里的一棵树前一天被男孩划伤了树皮，此时正痛得直呻吟。他心疼起这棵树来，脸颊贴着树干。这时一只蜻蜓飞来问罪，原来，他前不久捉住了这只蜻蜓的伴侣还把它弄死了。男孩此时明白了，花园里的昆虫和动物们彼此相爱。接着，他之前伤害过的一些动物开始施行报复，都来咬他，他与动物们打了起来。一只松鼠在混乱中受伤了，男孩本能地脱下围巾来包扎它受伤的脚爪。有了这种关爱的行为，他周围的世界就改变了。花园不再是一个充满敌意的地方，动物们感谢他的善良，唱着歌，把他送回家中，送回他妈妈身边。克莱因说："他又回到了互助友爱的人类世界。"

儿童需要在周围的世界中看到对自己的肯定，他们需要相信

1　莫里斯·拉威尔(Maurice Ravel，1875—1937)，法国著名作曲家，印象派作曲家的最杰出代表之一。

自己有爱的能力。成人也一样。但是，当我们身陷愤怒和怨恨的漩涡时，尤其是在自尊受到威胁的情况下，我们就会像小男孩对他妈妈那样，很难放下怨恨。最终是什么让我们的感觉发生转变转而萌生更多关爱的冲动还是一个谜，而有时候这一切是间接发生的。花园让小男孩看到了生命的脆弱和相互联系，让他产生了同情心，然后他就能够与母亲重建连结了。宽容与关怀的情感再次出现后，就建立了一个良性循环，希望取代了愤怒与绝望。我们心理的这个循环与自然界中的生命循环相对应，在自然界中，毁灭与凋零之后就是新生与更新。

比起人类，植物远没那么难对付，也没那么可怕。跟植物在一起可以帮助我们再次与养育生命的冲动建立连结。对我的病人凯来说，人际关系难以预测，太复杂，而园艺是一种培养与表达感情的方式。当你置身花园的时候，背景噪音的强度会降低，并且你有可能摆脱他人对你的看法和评判，因此，你也许就拥有更多的自由，让自己感觉良好。这听上去挺矛盾：暂时从人际交往中抽离出来，却可以让我们重新找回心中仁慈的一面。

跟抚养孩子一样，我们从来就不能完全掌控花园。一个园丁能做的就只是给植物提供适当的生长环境，其余都取决于植物的生命力，它们有自己的生长方式和节奏。这并不是说园丁可以放任不管，而是说园丁的关怀必须是一种特定方式的关注，要对更微妙的细节给予注意。植物对环境非常敏感，其中当然也涉及许多变数，温度、风、雨水、阳光和害虫都会对植物产生影响。虽然许多植物的生命力都很顽强，但要打理好一块地，就要关注它们，需要看到它们快要生病时的最初迹象，并搞清楚它们需要什么才能茁壮成长。

当我们在大地上耕耘时，我们培养了一种对世界的关怀态度，但当代生活往往并不提倡关怀。"替换"而非"修复"的文化，再加上社交网络的碎片化以及城市生活的快节奏，催生了一套贬低关怀的价值观。事实上，我们不仅不再把关怀放在生活的中心，还与之渐行渐远。而且，关怀的理念正如环保主义者和社会活动家娜奥米·克莱恩（Naomi Klein）最近所言，已成为一种"激进"的想法。

这不仅仅是价值观的问题。在我们许多人所处的世界里，种种现实都与关怀理念背道而驰：我们制造的机器太复杂了，所以大多数人根本不会考虑维修；我们也已习惯从智能手机和其他设备上获得即时反馈和点赞。自然缓慢的时间节奏，无论是有关植物的，还是有关我们身心的，都贬值了。这些缓慢的节奏与主宰现代生活的急功近利的心态格格不入。

这些急功近利的心态表现为病人要求治疗方案立刻见效，就好像改善心理健康也可以像一键拨号那样便捷。我们可以识别错误的想法或者错位的感觉，这对我们理解心理健康问题有帮助，可以立刻减轻问题带来的困扰；但心理问题要想得到持续性的改善，其对应的大脑神经回路仍需要数月时间才能形成。在更复杂的情况下，我们不但必须静待事情发展，而且还要首先走到我们下决心想改变的那一步。因为无论我们以为自己多么想要改变，变化总是会让我们非常焦虑。

现在最流行的做法是将大脑比作电脑，这让人们倾向认为凡事只有一个快速解决方案。大脑的物理结构被喻为硬件，思维则是软件，而"程序""模块""app"这类字眼被用来与其功能作类比。尚未发育的婴儿大脑有时候甚至被喻为等待数据输入的数据库。把大脑比作电脑实在是一种严重的误导，尤其是它把大脑的物理结构和思维做了区分，而这二者实际上紧密相关，绝不可以割裂。我们的经验、思想和感觉不断地塑造着我们的神经网络，神经网络反过来又影响着我们的思想和感觉。把大脑比作电脑这个比喻的真正问题，是让我们失去了自然本性。

早在古代，人类就认为可以像建造花园一样塑造心灵或者自我；在当代科学中，这种比喻也开始越来越多地用到了大脑上。不可否认，这是用一个比喻替代另一个比喻，但是不用比喻我们就没法进行复杂的思考。而且，这个比喻更加准确。形成我们神经网络的细胞以树状分支结构的形式生长，因为这些细胞跟树看起来很像，所以人们最初以拉丁语"树"一词将其命名为"树突"。最近研究发现，这种相似性反映了这样一个事实：神经元细胞和植物的生长遵循了三个相同的数学定律。更深层的相似性可以在对神经网络的"修枝除草"这一活跃的过程中看到：这个过程维护了我们神经网络的健康，它由一组细胞来执行，而这些细胞工作起来如同大脑里的常驻园丁。

在生命的最初阶段，大脑像一片由5000多亿个神经元组成的无序荒野。大脑要发育成熟，就需要清除其中80%的细胞，为剩余的细胞提供空间，以形成连接并建立复杂的网络。这个过程中神经元产生了独特的连接模式，使我们成为我们自己。大脑在生命早期的生长取决于婴儿所得到的养育方式，即一个婴儿接收到怎样的爱、照顾和关注。婴儿的体验使其大脑神经元产生放电反应，这时相邻神经元的联系就会增强或者减弱。这些传递神经冲动的、名为突触的连接点有一个微小的缝隙，名为神经递质的大脑化学物质通过这个缝隙与另一侧的受体相连。随着时间的推移，没有使用的突触会被修剪掉，而那些经常使用的突触，其结构就会更加完善，也能获得足够的成长空间。

在我们的一生中，大脑神经网络会不断地被塑造和改写。神经元连接的这种变化能力被称为"可塑性"（plasticity），这个术语源于希腊语"plassein"，意为"塑造"或"铸造"。但很可惜，现在这个词也用来形容某物不自然、不真实。这种现象在1950年代首次被发现时，没有人知道脑神经网络是如何形成的，直到小胶质细胞的作用被揭示后，这个谜才被解开。小胶质细胞是免疫系统的组成部分，占据了大脑细胞总量的十分之一。过去人们认为它们是不活跃的，只有机体受到感染或损伤时才会被激活，但现在人们认识到，这些细胞在受孕几天后就出现在胚胎中，并且从一开始就参与了大脑的生长和自我修复。

这些具有特异性的细胞同时具有高活动性，它们在我们的神经网络中游走时，会清除掉薄弱的神经元连接和受损细胞。这些活动大多发生在我们睡觉的时候：睡眠时，大脑收缩，为小胶质细胞腾出工作空间，而小胶质细胞用手指状的突起去清除毒素，消除炎症，修剪多余的突触和细胞。

成像技术的最新发展使得人们可以观察到它们的活动，并且似乎每一个小胶质细胞都有自己负责的神经领域。就像真正的园丁一样，它们不仅能修剪剪，还能帮助大脑神经元和突触生长。它们和其他脑细胞释放的一种蛋白质，即脑源性神经营养因子（BDNF），促使这一过程（即神经形成）发生。脑源性神经营养因子的作用就像给神经细胞施肥，所以享有"大脑肥料"之名。低水平的脑源性神经营养因子会导致神经网络衰竭，并越来越多地被认为与抑郁症有关。脑源性神经营养因子水平可以通过各种形式的刺激来提高，包括运动、游戏和社交活动。

不断的修剪和营养供给使大脑在细胞水平上保持健康。小胶质细胞的活动是一个例证，体现了生命的一个基本规律——健康不是一个消极被动的过程。在微观领域中发生的事情也需要在更大的范围中实现。我们的心灵也需要修剪和施肥。我们的情感生活十分复杂，需要持续的照料和改造。对于我们每个人来说，滋养心灵的形式可以有所不同，但从根本上讲，要抵消负面能量和自我毁灭的力量，我们需要培养一种关怀和创造的态度。最重要的是，我们需要认识到什么能够滋养我们。

我们是草原物种，最初生活在非洲大草原。在进化的过程中，我们的神经系统和免疫系统已准备好以最佳状态应对自然界的种种要素：我们接受的光照量，我们接触到的微生物种类，我们周围的绿色植被数量以及我们采取的运动类型。我会在本书中更深入地讨论这些事物的重要性，不过希尔德加德的直觉是正确的，那就是自然界中植物的繁盛与人类的繁荣之间存在着一定联系。当我们在大自然中劳作时，我们也在发挥我们的天性。正因如此，人们在自然界中才会感到更富有生机活力，园丁会觉得自己内心平和又精神振奋，在自然中徜徉会唤醒人们心中追求连结的天性。

那时，出于研究需要，我开始走访各个园艺治疗小组，我强烈地体会到了园艺的所有这些益处。在一次走访中，我遇到了一位名叫格蕾丝的女士，她患有焦虑症，参加了一个小型园艺项目将近一年。大约10年前，她20多岁时，经历了一连串不幸而痛苦的事件，最后一个事件是一位亲密朋友的去世。此后她就渐渐患上抑郁症，并出现惊恐发作。尽管医生开的药使她的一些症状趋于稳定，她的生活圈子却越来越小。她焦虑得连独自出门去街角的商店都不敢，大部分时间都待在室内，陷入自卑的循环中，感觉这种状态永远不会改变。

格蕾丝以前从未从事过园艺活动，所以她的心理治疗师第一次提议让她加入这个项目时，她很难想象这会对她有帮助。虽然她不确定要不要参加，但她在参加这个活动后，马上就喜欢上了花园的宁静氛围。她说："这里没有喧嚣忙碌，正好能让我静下来。"

她很喜欢这里，因为没人强迫她完成大量的园艺工作，如果她想坐下来放松，就可以坐下来放松。不过，格蕾丝很快就发现，她加入团队，团队会推着她往前走。以具体任务为单位进行合作有助于建立团队的凝聚力，但是自然环境也发挥了作用，因为人们在自然中更容易建立连结。这表明，园艺会同时带来心理、社交和身体上的益处。

团队中的一些老队员会给她支持，这种感觉使她发生了巨大的变化。她还喜欢园艺治疗师为她细心讲解她在园艺工作中需要进行的操作，这给了她信心。从某种角度来讲，虽然这样的示范只跟实际技能相关，但对于像格蕾丝这样困在自己生活中的人来说，一个关键的信息不知不觉地就传递给了她——改变与更新是可能的，她还能帮助植物生长。

慢慢地，植物真的生长了——植物当然会长，这个时候，就是眼见为实了。而且，当你吃到自己栽种的东西时，你就更加深信不疑了。当你烹饪你的蔬菜瓜果并与他人分享，你实实在在地品尝到它，你会知道，真正地知道，一些美好的事情成为了现实。格蕾丝说："你目睹了事情从开始到结束的全过程，你知道是你的付出让植物生长，这种感觉很特别。"集体准备和分享食物对她来说是一种全新的体验，就像品尝到新鲜蔬菜一样。她第一次品尝到直接从花园里采摘的水煮甜玉米时，那丰富的滋味和多汁的口感完全让她惊呆了。她想起有一次，他们在一起喝完汤，收拾碗碟时，所有人都情不自禁地又唱又跳，高兴极了。

　　格蕾丝惊讶地发现，她对自己栽培的植物是多么投入，看着它们开花结果，她是多么喜悦和满足。照料自己以外的事物可能会让人觉得是对自身精力的损耗，格蕾丝以前或多或少就这么想。当今社会强调的是自我提升和自我投资，关心他人就好像是一种自我的耗损，因为这要求我们把精力放在自己以外的人和事物上。不可否认的是，照顾某些高需求的人或物的确会让人筋疲力尽，但照顾行为与重要的神经化学奖励机制相关。照顾行为带来的平静与满足感令给予者和接受者双方都能获益，而这背后有着显而易见的进化论层面的原因。这样的愉悦感具有抗压力和抗抑郁的效果，此乃连接激素——催产素和大脑中

天然的阿片类物质 β - 内啡肽的释放使然。"这对我帮助太大了,"格蕾丝说,"这是一种全新的感觉:我在那里,就好像身处另一个世界。"

这"另一个世界"不仅跟照顾和栽培的体验有关,而且也与沉浸在大自然中带来的情绪舒缓效果以及种植、收获和分享食物等社交活动的刺激有关。在某种程度上,像这样的项目再现了一个简化版的亲近大地的集体生活方式,而这就是我们人类存在以来的主要生活方式。格蕾丝一周参加一次园艺活动,她在那里收获的美好感觉会在接下来的几天里一直伴随着她。要是她在家里感到焦虑,她就把思绪带回花园,仅仅是想着她的"安全岛"就很有效了。她说:"就好像现在我脑子里有了一个平静的地方。"于是,这些天她都能自己去当地的商店,并且开始外出做其他事情了。我跟她聊天时,她刚刚报名参加了第二年的活动。毋庸置疑这对她帮助很大,我并没有让她给这个活动打分,她却告诉我:"满分 100 的话,我打 110 分。"

花园和自然有助于人的健康,有益于精神疾病的康复。这一观念最初兴起于 18 世纪的欧洲。那时,精神病患者的医疗条件非常恶劣,治疗手段野蛮残酷,像英国医生威廉·图克(William Tuke)这样的改革者对此提出了抗议。图克相信环境本身就有疗愈效果,1796 年,他在约克附近的乡村建立了一个精神病院，名为"疗养院"。这里的病人并没有被关起来，他们可以在院子里自由走动，还有机会从事各种有意义的工作，包括园艺。创始人意在打造"一个安静的庇护所，在这里，精神崩溃的病人能寻得心灵的修复或者安全感"，这里的治疗方法也是建立在仁慈、尊严和尊重的基础上的。新的时代随之来临——此后精神病院多建在有花园和温室的公园环境中，病人可以在一天中花一部分时间来种花和蔬菜。

1812 年，在大西洋彼岸，作为美国开国元勋之一的医生本杰明·拉什（Benjamin Rush）出版了一本精神疾病的治疗手册。在书中，他认为那些在疗养院院子里干活的精神病患者通常恢复得最好，因为他们需要通过砍柴、生火和在花园里挖土来支付自己的护理费。相比之下，那些社会地位较高的人更有可能"在医院的围墙里捱过自己的一生"。

进入二十世纪，许多医疗机构仍然有带围墙的大花园，病人在花园里种植花卉、水果和蔬菜，收获后供医院使用。后来，到了 1950 年代，新型特效药的使用彻底改变了精神疾病的治疗方法。治疗的重点转移到药物治疗，环境的重要性明显减弱，结果，后来新建医院的户外绿地就变得很少了。

我们又回到了起点。人们的抑郁和焦虑程度加重了，药品价格也在上涨，再加上越来越多的表明自然有益身心的证据，都给园艺和其他形式的绿色医疗方案的研究提供了新的动力。医学界推出了一项新的方案——"社交处方计划"，该计划允许社区医生给病人开一个疗程的园艺活动或者户外锻炼的处方取代药物治疗，或者二者兼顾。英国目前的政策是推广这种基于社区的治疗方案。社区医生威廉·伯德大力倡导绿色医疗，他还参与编辑了最近出版的《牛津自然与公共卫生教程》(*Oxford Textbook of Nature and Public Health*)。根据现有证据，他估计，英国国民医疗服务体系在打造园艺项目上每花费一英镑，就会在医疗费用上省下五英镑。如他所说，"人们生活在一种与自然和彼此脱节的状态中"。

园艺疗法通常建立在有机种植的原则上，关注环境的可持续发展，也关注心灵的持续成长，心灵的持续成长来自不断向人们提供成长所需的一切。英国的慧心慈善机构做了一次大规模调查，考察人们参与各种绿色活动的体验情况，包括绿色健身房和园艺活动，结果发现94%的人说这些活动对他们的心理健康很有帮助。

在过去几十年里，最有说服力的一个发现是园艺可以改善情绪，提高自尊，有助于缓解抑郁和焦虑。这些研究的研究对象都是选择园艺的人，所以这意味着这些研究并未达到医学试验的严格标准。在医学试验中，病人接受什么治疗是随机的。不过，丹麦的一组研究人员最近已经做到了这一点。他们把被诊断为应激障碍的患者分为两组，其中一组接受了十周一个疗程的已被证明有效的认知行为疗法（CBT，cognitive behavioural therapy）[1]，另一组则参与同样为期十周的园艺活动。一周只从事几小时的园艺活动，总共十周，工作量并不算大，但即便在这么短的时间内，园艺疗法也达到了与有循证基础的认知行为疗法类似的疗效水平。这项研究发表在 2018 年的《英国精神病学杂志》（*British Journal of Psychiatry*）上，是期刊收录的第一篇有关园艺疗法试验的论文，该论文被收录表明园艺疗法正被主流医学所采信。

尽管这些试验很重要，但这些研究试验并不能囊括园艺疗法的所有益处。园艺涉及生活的各个方面：情感、生理、社交、职业和灵性层面都包含在内。这当然是园艺的优势，但这也让研究很难做到客观公正。此外，科学研究过程难免时间短暂，可对许多人，比如格蕾丝来说，需要的是一个长期的疗程。事实上，对我们任何人来说，要看到植物生长并从中获得疗愈，需要历经一年四季的生长周期。

在英国，疗程最长、最成功的园艺治疗项目之一就是牛津郡的布里德韦尔花园（Bridewell Gardens），人们可以在这里待上两年。参加这个项目的“园丁”——他们不是被称作“病人”，

1　认知行为疗法，一种有结构、短程、认知取向的心理治疗方法，主要针对抑郁症、焦虑症等心理疾病和不合理认知导致的心理问题。它的主要着眼点放在患者不合理的认知上，通过改变患者对己、对人或对事的看法与态度来解决心理问题。

而是"园丁"——通常都有严重的心理疾病，许多人长期患病。他们往往与社会脱节，并且对自己的疾病产生了认同感。每年这里的团队为七八十人提供帮助，这些人大多数一周参加两次活动。

园艺是一项平常的活动，我们不会把它和医院、诊所联系在一起，跟疾病更是不搭边。园艺活动本身就是在建立一种正常的生活。与自然的生命力携手合作，就是在滋养美好的事物。有了这一份了悟，布里德韦尔花园的"园丁"们发现他们可以在自己的生活中做同样的事情，不必背负着糟糕的经历前行。后来的数据显示，结束这一治疗项目后，大约60%的参与者开始从事其他形式有偿或无偿的工作，或是参加培训；其余的参与者中有很大一部分在生活中做出了各种形式的积极改变，比如参加新的活动，或者加入一个社会团体。考虑到这些人最初的状态，他们的变化是非常大的。

布里德韦尔花园位于科茨沃尔德（Cotswold）乡间，是一个带围墙的大花园。与本笃会的修道院花园一样，布里德韦尔花园有自己的生产工作区，包括自己的葡萄园，也有让人感到宁静和不被打扰的空间，还有一个木工作坊和一个铁匠作坊。园区入口那扇漂亮的铁艺大门就是几年前在铁匠作坊用花园里的旧铁锹和耙子打造出来的，这种回收利用的方式真是独具匠心。

工作人员观察到，在铁匠工作坊干活对于早年经历了暴力和虐待的人特别有益，那些难以用语言表达的情绪和冲突由此得到了宣泄和解决。既然影响我们心理健康的一个重要因素是我们如何处理负面情绪和经历，治疗所带来的转变就显得非常重要。弗洛伊德将其称为"升华"，任何形式的变革和创造性工作都会带来"升华"。在物理化学中，升华反应是从一种状态到另一种状态的飞跃，就像固体变为气体一样，跳过了变为液体的中间步骤。弗洛伊德认为，艺术家做的也是类似的事情，将原始本能和强烈的情感转化为具有审美价值的作品。

愤怒、悲伤和挫折感可以通过许多方式得到升华或创造性的疏导，其中一个方式就是从事园艺活动。挖土、剪枝、除草这些破坏行为本质上都是对植物的照料，都是促进植物生长的方法。我们在大地上耕作时释放的大量敌意和焦虑，不仅改变了外在世界，也改变了我们的内在世界，从根本上说，这就是带来变革的行为。

只有直面丧失带来的悲伤，我们才能从悲伤中复原，可是内在的痛苦会令我们有时候采取别的方式。在查尔斯·狄更斯的《远大前程》（Great Expectations）中，郝薇香小姐拒绝哀悼，并在心中培养怨恨之情。在婚礼当天，她被新郎抛弃，而后，她让家里的时钟停摆，把阳光挡在窗外，把自己因在室内。萨蒂斯庄园变成了一座坟墓，里头是破碎的梦想。婚礼蛋糕仍然像一具腐烂的尸体一样摆在桌上，就像桌上长了一个巨大的黑蘑菇，黑蘑菇里长出了好多腿上带斑点的蜘蛛。

人性的一个特点就是，我们可以把美好的事物变成丑恶的事物，并反复回味这份丑恶。皮普发现，郝薇香小姐抚养的小女孩艾丝黛拉并没有得到好的养育，而是被培养成了"郝薇香小姐对男人施行报复"的工具。艾丝黛拉年少无知的心灵中没有爱和同情，却播下了轻蔑和冷漠的种子。

萨蒂斯庄园的花园已经变成了一片"杂草丛生的荒野"，但是狄更斯写得很清楚，这不是正常的回归自然的状态。皮普在无人打理的荒芜花园里闲逛时，他看到"腐烂的卷心菜梗"，然后是更奇怪、更丑陋的东西——一些甜瓜架和黄瓜，它们"早已败落不堪，不过败落之后似乎还长出过一些瓜藤，攀着一些破烂的旧帽旧鞋勉力挣扎，自生自灭，时而还分出一枝，伸到一堆破烂里，看那堆破烂的样子像是一只破锅"。花园中自然的生命力，正如主人的心一样，已经扭曲了，只有腐败，没有更新。

皮普最后一次来萨蒂斯庄园的时候，意识到郝薇香小姐多年与世隔绝，沉浸在哀怨中，因情感遭到玩弄和自尊心受到伤害而变成了一个"狂躁的怪物"。他也意识到，"她把阳光摒弃于外，也就把世间万物都摒弃于门外；她与世隔绝，也就与自然界上千种有益身心的灵秀之气都隔绝了"。要是她有把园艺剪就好了——她可以把所有的复仇欲望调动起来，改造她的花园。可是，她被心中的怨恨吞噬，最后葬身火海，萨蒂斯庄园也烧成了灰烬。

　　小说的结尾，皮普和艾丝黛拉在业已成为废墟的萨蒂斯庄园偶然相遇。废墟中，皮普注意到，"一些昔日的常春藤又重新扎下了根，在废墟中低矮安静的土堆上生发出绿意"。这个自然复苏的小小迹象，让我们觉得，皮普和艾丝黛拉的人生并没有被彻底毁掉。

第三章

种子与信念

"许多从未有人播种过的植物，也在花园里生长。"

——托马斯·富勒（Thomas Fuller，1654—1734）

说到栽种植物，我们能看到，小小的付出就会带来不成比例的巨大收获。我简直太爱我们的芦笋地了，因为这些芦笋就是从我手上小小的一包种子变来的。同样，每年春天，我的报春花怒放时，我也欣喜万分。报春花真可谓秀色可餐，它的花朵是糖果色的，花粉像糖霜一样，总是让人心生喜悦。想到它们的美也有我的一份功劳，这份喜悦就又多了一分。这就像一个魔法，一个从切尔西花展带回来的棕色信封里的魔法。

　　芦笋和报春花确实要求耐心和坚持，但撒下一把南瓜种子，很可能到了秋天，就会结出你吃都吃不完的南瓜。在我们的花园里，没有什么比那一片南瓜地的收成更能体现大自然造化奇迹的了。我们的堆肥堆上每年都会长出一丛南瓜，而这一切不过是从一把种子和一堆粪肥变出来的。

　　比起绘画、音乐等其他创意活动，园艺更容易上手，因为你还没开始就已成功了一半：种子本身就蕴含生命潜能，园丁只需帮助种子解锁。我在访问一个监狱园艺项目时，领悟到了园艺对我们心理的重要性。当时，我采访了一名男子，姑且称他为塞缪尔。过去 30 年间，他频繁入狱，罪名大多与毒品相关。稀疏的灰白头发和满是皱纹的脸让他看上去完全被生活击败了。他说起自己的家庭时，我看出他有深深的羞耻感和挫败感。塞缪尔知道，他让家人一次次失望，他觉得他们已经对他失去了信心，不相信他能戒毒，改过自新。

他这次坐牢跟之前几次都有所不同，监狱方首次在狱中开启了一个园艺计划。塞缪尔从来没有种过植物，他决定做一些新的尝试。他告诉我，前几天他刚收摘了在花园种的西葫芦，然后跟 80 岁的老母亲通了电话。这是数十年来的头一次，他有个得意的好消息告诉母亲。母亲跟他回忆起自己料理园子的日子，他们谈起了她曾经喜爱的西葫芦花，在这个话题上找到了共鸣。他说："听我说起这些，她很高兴，也不必为我担心了。"

跟塞缪尔聊天，让我感觉似乎在他过去的人生中，所有的一切都在跟他作对，而收获西葫芦让他头一回实实在在地看到，他的生活中有些东西是可以发生改变的。他说："要是什么都不改变，一切就都不会变，一定得做点什么。不过现在，我已经上路了。"他在花园里找回了一切皆有可能的感觉，他又报名参加了一个园艺实习，计划一出狱就开始实习。

每个园艺新手都会担心，不知道他们种的植物能不能长好。但是当新生命萌芽，我们目睹植物飞速生长时，会觉得，自己是多么有力量啊！我觉得，这种体验以及我们由此获得的成就感中有一种错觉，这种错觉吸引着人们继续进行栽种。

如果你是一个经验丰富的园丁，会很容易忘记带来这种错觉的惊喜魔法，但我觉得它并不会完全消失。最近我就在我丈夫汤姆身上瞥见了这一份惊喜。将近三年前，他在育苗盘里播下牡丹种子，就在他要放弃的时候，种子竟然发芽了。他脸上洋溢着笑，就好像自己做了一件非常聪明的事情，他说："你看吧，耐心等待总是值得的。"

在《第二天性》（Second Nature）一书中，迈克尔·波伦[1]叙述了一段童年回忆，我们从中可以看到那种神奇的错觉。那时波伦四岁，他躲在家里花园的灌木丛中，到处走走看看，忽然看到"在一堆纠缠的藤蔓和宽大的叶子间有一只绿条纹的足球"，原来那是一个西瓜。对于这种感觉，他写道，"就像是发现了宝藏"。不过，还不仅仅是一种感觉，他解释说："接着，我把这个西瓜和我几个月前种下的一粒种子——至少是我吐出来埋在土里

---

1 迈克尔·波伦（Michael Pollan，1955—　），美国首屈一指的美食作家，其作品多次获得具有"美食界奥斯卡"之称的詹姆斯·比尔德奖。《第二天性》是他的首部著作，获得了美国优质平装书俱乐部评选的"新视野奖"。2013年他被《时代》周刊评选为"食物之神"。

的——联系起来了：是我让这一切发生的。有那么一刻，我很纠结，我想让西瓜继续成熟，又恨不得宣布我的成就——得让妈妈来看看。于是我掐断了瓜藤，把西瓜抱在怀里，一路上大叫着朝屋里跑去。"这只西瓜真是"千斤重"。接下来人生中的一个小悲剧发生了：就在他刚走到后门台阶的时候，一个踉跄，西瓜砸到地上，炸开了。

当我读到这篇文章的时候，印象最深刻的一句话就是"是我让这一切发生的"。波伦孩子气的自信和自豪很打动人，如果我们运气好，我们也都能体会到这些感觉。这种珍贵的时刻无论是在童年还是成年后都十分重要。跑向屋子的小男孩波伦体会到了这种感觉，而在狱中给母亲打电话的塞缪尔也体会到了这份惊喜。重要的是，这些时刻对我们有巨大的影响：波伦认为，他发现自己无意间种出了一个西瓜时所感受到的兴奋，成了后来他园艺生活的一大动力。

精神分析学家马里恩·米尔纳（Marion Milner）在自学绘画时发现了错觉所具有的创造力，她在一本名为《无法画画》（*On Not Being Able to Paint*）的书中描述了这个过程。唐纳德·温尼科特相信创造力在一生中都十分重要，他进一步发展了米尔纳的思想。他的思考很大胆，也极富想象力，而后形成了一个结论：婴儿不仅是自己世界的中心，而且也感觉自己创造了自己的世界。因此，在母亲感觉到婴儿需要她便立即或者很快做出回应的那一瞬间，婴儿会觉得是自己创造了母亲，而不是母亲创造了自己——这就是婴儿的全能自恋！

尽管我们永远无法通过回忆起生命早期的主观体验来证实这一观点，但我们可以观察到，小孩子是多么乐于相信自己比实际中要强大。打破这种幻觉需要十分小心，因为它是自信建立的基础。用力太猛、操之过急都不是好事，因为那样的话，孩子体验到的渺小感和脆弱感会把他们压垮。这也不是说要刻意鼓励孩子沉浸在幻觉中，稍微鼓励一下就可以了。我们在儿童的想象游戏中看到了幻觉的作用，这些幻想游戏抵消了那份无力感，让他们可以体验到那份"一切因我而起的快乐"。这些体验并不局限于儿童时期——温尼科特和米尔纳都深刻地意识到了这一点，即我们成年后那些最丰富、最鼓舞人心的体验都包含着类似的创造性幻觉。

在种子的繁育、心灵与自然的互动中，我们可以体验到这种幻觉。让植物生长这件事多少有点神秘，我们可以把一部分神秘归功于自己。我们甚至为这种幻觉起了一个名字，把这种园艺天分称为"绿手指"（green finger）。我想，这种幻觉是人与植物之间存在重要连接的关键，它让我们从"让事情发生"中获得巨大的满足感，也让我们体会到"一切因我而起"的欢乐。

温尼科特所说的"足够好的母亲"的作用就是培养足够好的

幻觉。母亲并非十全十美，有求必应，不完美的母亲会让婴儿经历小小的挫折，从而意识到控制现实的魔法其实并不存在。"母亲的最终任务，"温尼科特写道，"就是逐渐打破婴儿的幻觉，但除非一开始她就给了婴儿足够的机会培养幻觉，否则她不会成功。"

被温尼科特称为"促进成熟"的过程提供了这样一个环境，在这个环境中孩子可以成长为他们自己，而不会过早地被人评判，也不会在他人的施压下成长为他人期待中的样子。温尼科特认为心理治疗也是这样的，他还用园艺来打比方。他并不认同某位精神分析学同僚的严苛方式，他写道："要是有人种水仙花，他会觉得是他把鳞茎变成了水仙花，而不是他给鳞茎提供了足够好的养分，才帮助它长成水仙花的。"

温尼科特认为，不曾拥有足够的机会体验幻觉的孩子，会更难接受幻觉的破灭，也因此更容易感到沮丧或者绝望。换言之，幻觉的体验有助于增强日后我们对失望和严酷现实的承受能力，是我们自信与希望的源泉。在花园里，大自然对我们的赠予如此慷慨，就像一个"足够好的母亲"，她也总是让我们看到，人类的力量是有限的。大自然允许我们拥有幻觉，但不会允许这一幻觉持续太久，而且这份幻觉在某种程度上足以支撑我们应对强风、干旱和霜冻的严酷现实，毁掉我们园艺成果的各种害虫自不必提。我倾向认为，这些令人痛苦的提醒，让我们明白自己在造化中的位置，所以尽管园丁也会有自豪之情，但园丁心里很少长出狂妄自大的"毒草"。

对现实的部分创造会带给人力量感，然而重要的是，在花园里，我们从来就不能掌控一切。生活的基本规律是，在我们对生活拥有一些掌控力却又不能掌控一切时，我们最具活力。失控感会带来压力，但一切尽在掌握中又缺乏刺激，生活会变得无聊，一眼就看到了头。所以，这似乎很矛盾：经历幻觉和幻灭、体验到力量感和无力感并不会让我们放弃，只会激励我们前进。我们想再次感受到幻觉带来的兴奋，而这本身就是一股强大的动力。正因如此，迈克尔·波伦真诚地把灌木丛中发现的那只西瓜看成自己日后园艺生活的一大动力。

谈起栽培植物，神秘的植物世界会让新手望而却步，因为他们免不了担心，万一自己没有园艺天赋怎么办。幻觉的力量在于，如果你第一次涉足种子的世界时碰了壁，你不仅会感到十分沮丧、气馁，你甚至会更加恐惧，更加觉得"我什么都做不好""我种什么都会死"。所以，儿童和新手开始栽种植物时，从好养活的东西起步非常重要，比如向日葵和萝卜。实际上，只要在合适的环境中，我们会发现，其实所有人都有园艺天赋。

在很难从其他地方获得自尊的情况下，花园改变人心的力量最为明显。自 2007 年以来，英国皇家园艺学会[1]一直在校园里开展园艺活动。园艺学会近期请人做了一个研究，考察他们在一些小学（主要是在大城市的较贫困地区）所支持开展的园艺计划带来的影响。研究结果表明，园艺计划有许多好处，尤其是花园本身就提供了一个让人心静的环境。种植蔬菜和花卉、制作堆肥让整个课程都活了起来，因此具有了全新的意义。研究者也发现园艺可以让学生更加平等地相处，因为这里并不讲究学习成绩排名。对于儿童个体来说，那些缺乏学习动机、有特殊需要或有行为问题的儿童受益最显著。

研究人员在卢顿附近一所学校的万圣节项目上的发现引起了我的特别关注。这所学校的大多数孩子都住在没有花园或者绿地很少的高楼里，许多孩子有学习困难，学习成绩远低于全国平均水平。对这群七岁的孩子来说，自己种南瓜不仅仅是一件令人兴奋的新鲜事，这还标志着他们信心的增长、学习动力的提升，他们的改变远远超过了项目的预期。像种南瓜这样的作业，一方面寓教于乐，另一方面也让低自尊的孩子找到了力量感和学习兴趣。

有学习障碍与行为问题的儿童和塞缪尔这样的囚犯，二者看

1　英国皇家园艺学会（RHS，Royal Horticultural Society）成立于1804年，是世界一流的园艺机构，也是英国领先的园艺慈善机构。学会经常举办一系列的花展，向公众展示众多花园模型，提供园艺方面的咨询意见、知识、技能和服务。

似天差地别，实际却是，大多数监狱犯人都是求学道路上的中途退出者，监狱中有学习障碍的人比例非常高。而且，许多囚犯已形成了根深蒂固的自我负面信念，他们很难想象自己会发生改变。但是，帮助植物生长，这种体验就是迈向新的身份认同感的第一步——他们不会再用对抗体制的人、说谎者或者盗窃者来定义自己。这种新的身份认知源于自尊，而不是暴力和恐吓。

塞缪尔在世界上最大的罪犯流放地之一——里克斯岛（Rikers Island）服刑。他参加了纽约园艺学会与纽约市惩教局和教育局的一个合作项目。据了解，温室计划每年为400名男女提供学习栽培和照顾植物的机会，同时也给他们带来了希望和动力，帮助他们远离犯罪。

温室计划最具创新性的一点就是给囚犯提供了实习机会，让他们出狱后继续在纽约园艺学会的团队指导下参加社区中的实习。坐过牢的人在散布于城市各处的数百个花园和公园里工作，既为城市环境的绿化做贡献，也建立了与社会的联系。

这就是塞缪尔参与的项目，它已帮助许多刑满释放的人发展他们在里克斯岛上初次学到的技能。蹲过监狱的人要谋到合法营生是极其困难的。离开里克斯岛的人有一段很难熬的时期，这些人中获释三年内再犯罪的比例高达65%，而那些加入了纽约园艺学会项目的人，其再犯罪率只有10%到15%。

晨光中，我过桥前往里克斯岛，回过头来，望见曼哈顿辽阔的全景天际线，那里距离法拉盛湾只有几英里；而另一边，一段较窄的水域对面，就是拉瓜迪亚机场的跑道。长期以来里克斯岛是一个臭名昭著的地方，一个黑暗而危险的地方，近年来这里发生的一系列丑闻更是让这个地方恶名昭彰。

岛上共有八个单独的监狱，总共关押着大约 8000 名男女，其中 90% 是非洲裔或者西班牙裔，40% 被诊断患有精神疾病。很多人被拘留于此地，他们还不是罪犯，只是在等待审判。岛上大多数人因持有毒品、在商店行窃或卖淫而获罪。

据说这个岛对人身心有害，因为它排放甲烷。1930 年代，人们用垃圾填埋的方式把里克斯岛的占地面积从原来的 35 公顷扩大到了现在的 160 多公顷，这些垃圾有些是有毒的。通常情况下，你不会想要到这个地方来建一座花园，不过这就是纽约园艺学会做的事情。早在 1986 年，他们就在岛上启动了第一个温室计划。时任主任詹姆斯·吉勒建造了一个温室，并监督把 2.5 英亩的荒废土地改造成了一个高产的花园。自从 2008 年希尔达·吉克鲁斯接手该项目以来，岛上又建了 7 座花园。她和 12 位由园艺治疗师和教师组成的团队每周在这里上 6 天的园艺课。

花园每年可产出 1.8 万磅的瓜果蔬菜供大家享用，囚犯、"绿色团队"的工作人员和在团队工作的释放囚犯都从中获益。计划参与者还为花园管理部种植多年生植物，一些切花被用来装饰工作人员休息室。最后这一点也许看起来毫不起眼，可希尔达对我说，除了囚犯，让监狱工作人员体会到花园供给所带来的好处也是十分重要的。我和希尔达一起过安检时，就明白了她的意思，当时一名狱警这么跟她打招呼："嘿，希尔达！园艺好手来啦！"

温室项目的课程集园艺疗法、职业培训和生态意识培养等于一体，每次课程结束时，工作人员都会对园艺工具和其他用品进行清点并上锁保存。尽管监狱里会发生暴力事件，但30多年来，任何一座花园里都没有发生过此类事件。

尽管花园周围架着高高的尖利的铁丝网，但一走进园子里，你可能会觉得像到了其他花园一样。只有看到那些必须穿着橙白条纹工装服劳动的犯人，你才会想起自己身在监狱花园中。我问这是否是他们第一次参与园艺，一位参与者马上回答："是的——除了在我的衣柜里藏大麻外！"那天上午在花园里工作的一群人都是因涉毒入狱服刑的，他们对花园的看法各有不同。一些人后来热衷于种菜，一些人则想教孩子种东西，还有一个小伙子想象着带女朋友去中央公园散步，并在女友面前露一手，展示自己新学到的植物知识。

"你看不出这里的人有什么个性。"一名男子告诉我。我问这是什么意思，大家都抢着说起来，对我解释道："我们在牢房里几乎不说话。环境太封闭了，60个人挤在一个小空间里，太容易吵起来了。在这里，你可以摘下面具。"另一个人又说："没人想吓唬花草或吓唬彼此。"还有一个人说："在这里大家都一样，没人骂人。要是有问题，我们就说出来，不用把话憋在心里。"我渐渐明白了一件我在其他监狱里也听说过的现象，那就是花园具有强大的"拉平效应"。花园给人提供了这样一种环境，在这里，等级秩序和种族差异变得无关紧要，在大地上劳作似乎能帮助人们培养起一种彼此之间的真实连接，摆脱了平常人际关系中特有的装腔作势和偏见。

当我造访花园时，相比里克斯岛其他地方的阴郁和单调，园子里色彩艳丽的切花花卉正在盛开，比如菊花；菜地里的甘蓝、叶甜菜和辣椒也正在生长。他们带我到处参观，坚持要绕道去看一片成熟的玉米，那些玉米是那年年初洒在地上的鸟食意外发芽长出来的。他们不仅盼望着吃到玉米，还因这些玉米是从实际上遭人丢弃的种子长出来的而引起了强烈共鸣。

在这群人中，我注意到马丁：一个又高又瘦、举止文雅的人。他似乎是最热心园艺的人了。后来我跟他交谈时，他才告诉我，一开始他并不是主动报名的，用他的话来说，他是"被选中"的———一位狱警给他报的名。他以前觉得园艺对他不会有什么帮助，所以错过了早先报名的机会。可是一旦加入进来，他就喜欢上了园艺。现在他承认自己过去的想法太狭隘了，他说："花园里的一切都是自然而然的，没有什么东西遭受外力逼迫、胁迫和操纵。这很好。我学会了欣赏它，拥抱它。"在花园里，参与者不仅体验到身体的自由，还体验到心灵的自由，从而窥见一种全然不同的生活的可能性。

马丁告诉我，带给他最大惊喜的是番茄。他看着它们生长，然后再品尝意想不到的不一样的美味。他的妻子很不理解他为何对花园如此痴迷，但他想说服她，也想教他的孩子栽种植物。事实上，他家那条路拐角就有一个都市农场，以前他总是直接经过，根本不会停下来观察；现在，他很渴望成为那里的一员。在来里克斯岛之前，他一直认为超市里买到的水果蔬菜是最好的："我以前以为那些包装好的蔬菜水果应该很好，比其他地方的要好。"

除了种植蔬菜瓜果让马丁备受鼓励，他还谈到花园的另一方面，那就是花园中的宁静氛围和清新空气。"在这里，你说着一种不同的语言。牢房里有满满的负能量，人们躁动不安，动不动就暴力相向；可是在花园里，你会重新找到自己。这就像在一个全是疯子的岛上，唯有这一小块地方的人是清醒的。"然后，就在我们即将结束谈话时，好像他觉得自己还没完全让我信服，又用手指轻轻敲着自己的头对我说："如果你这儿有条缝，这个缝隙里都可以长出东西来。"就在这时，一个狱警大喊："到时间了！""那就是狱警腔调，"马丁说，"每次时间一到，他就会变回那副说话的腔调。"

一些参与者还保留着祖父母或者父母打理园子的童年记忆，不过也有人之前很少与自然亲密接触，他们都怕碰泥土。马丁以前对园艺一点儿都不了解，是一位狱警帮助他了解到了这些。一粒希望的种子已经在他头脑中的那个"小缝隙"里种下，让他如此热情洋溢，滔滔不绝地把这一切讲给我听。

后来，我见到了几位在花园工作的女囚犯。我本来是想听听她们在园艺计划中获得的体验，结果她们一开口，过去生活中的一切全都喷涌而出——只有这样，她们才能说明加入园艺项目对她们的意义。她们谈到了欺凌自己的皮条客，谈到了充满暴力的关系、死胎、兄弟姊妹的死亡以及从小失去父母的遭遇。从她们的故事看来，她们一生中几乎没有得到过关爱，而大部分人际关系带来的都是心碎，或者以暴力终结。

其中一位女囚薇薇安告诉我，她一度不想活下去了。现在，多亏了"花园中这些活着的生命"，她不再想死了。她加入这个项目不久就迷上了园艺，她说，这个地方"让我陶醉"，跟她交谈时，我感觉到，对她来说，关心自己以外的事物以及花园中的宁静氛围是多么重要。"这里让我松了口气，压力全都没了。我最喜欢的地方就是温室，我喜欢去认识沙漠植物，了解它们是怎么吸入我们呼出的空气的。有时候我会对植物说话，它们能分享我们的秘密。"

女囚卡罗尔的感觉跟马丁一样，园艺带来一种惊喜，也是她想继续从事的事情："我在这里学到了很多东西——如何播种，如何看着它们生长。我以前压根儿都不知道草莓是怎么长出来的，原来它要先开花。我现在有很有趣的东西跟我丈夫分享，我对他说：'我要种草莓。'我还想跟孩子们分享这些，教他们种草莓，自己种的草莓又便宜又好吃，闻起来还很香！"

多少人对园艺的热爱，都是源自一粒种子的成长与收获带来的成就感啊。这群人也不例外，她们也被种子隐秘的生命力吸引。几周前，希尔达带来一颗椰子，她让参与者看看一颗椰子的种子有多大，现在这颗椰子就泡在花园中央的一桶水中，已经长出了半米多高的嫩芽。一棵椰子树将诞生在这个世界上，大家都被吸引住了，都关注着它。

植物有一种内向的品质，与植物互动让人内心宁静，而且不会受到评判，这种感觉对我们所有人都有好处。但在监狱里，与植物互动还有另一重意义。鸟儿和昆虫可以自由地来去，而植物却只能扎根某处，不能自由活动。同被囚禁在一处，囚犯会对植物产生一种同病相怜的感觉。已被定罪的囚犯知道自己必须在狱中待多久，但被拘留的人不得不生活在不确定中。园艺帮助他们应对这样的处境。像审判延期这种糟心事可能会很让人崩溃，而且这种情况还会一再发生，阿尔贝托就遇上了这样的事。他告诉我，每次他听到坏消息，就会来到花园里，让自己平静下来："这会让你的心暂时转移到别处。"

另一名被拘留者迪诺是一个非常腼腆的人，他和我说起他观察到在自己和别人身上发生的变化："这给我们带来了很多好的改变。我不爱说话，喜欢做事情。"他十分得意自己把花园打理得很美，但这对他来说也有陷阱，因为他常常表现出很强的占有欲。他正在学习如何与人分享和合作："太爱一个东西并不好，我必须克制自己，不要太护着这些植物，否则别人就没有机会了。我有时想让大家不要碰它，但我必须记住，我做这些不是为了自己，而是为了我们大家。"

雅罗似乎是组里年龄最小的，他想让我看看他最喜欢的花。他带我穿过花园，来到一个花坛跟前，花坛里种着深红色的金鱼草。"给你看样东西。"他说着，摘下一朵花，这让我想起小时候玩花的乐趣了：就跟他一样，把金鱼草的"嘴巴"捏住，这花看上去就会像一个小玩偶一样有趣。

接下来，他又带我去看他同样喜欢的一棵树——"虎眼"火炬树[1]。他让我摸摸树干上的软毛。"摸上去就像是虎皮。"他摸着树皮说。他的孩子气很打动我，这个花园对他来说就是一个安全地带，在这里可以让柔情流露，而在充满威胁的牢房中永远不可能流露出这样的温柔。

1　火炬树（*Rhus Typhina*），漆树科盐肤木属落叶小乔木，奇数羽状复叶互生，长圆形至披针形。

新成员加入园艺项目时，希尔达会向他们展示如何温柔地对待植物以及有哪些注意事项。她认为照顾植物有助于他们在一个没有威胁的关系中敞开心扉。事实上，植物不会立即对我们做出反应，不会马上回应我们，也不会退缩、微笑或者感到痛苦（当然就算有我们也看不出来），这些都是植物带来的有益影响。如果你早年没有得到足够多的关心，而是恰好相反，那么在今后的生活中，学习如何关怀他人就充满了困难。你不仅缺乏内在的关怀的"模板"，其他人的柔弱甚至会让你表现出自己最糟糕的一面。这就是人们会不知不觉地重复自己遭受过的虐待的原因。不过植物的柔弱与小动物或者人的柔弱不同，一个曾经受过虐待的人在看到弱小的动物或人时，会激起内心凶残的或暴虐的冲动，但是植物不会激活人内心的残暴，因为你无法让植物感到痛苦。照顾植物因此成为一种学习关怀和培养温和性情的安全方式——就算错了也不会有严重后果。

　　马丁、塞缪尔以及我在里克斯岛采访过的其他人，让我想起在英国国民医疗服务体系多年的临床工作心得。在那儿工作时，我有些病人从小在赫特福德郡贫困地区长大，他们的生活环境中充斥着不同程度的暴力、酗酒和违法行为。这种代际循环很难处理，意味着有时候治疗永远没法开始，或者，就算开始了也很可能过早中断。不过，总有一些病人疗效显著，经过持续一年、每周一次的治疗，他们就让自己的生活走到了完全不同的轨道上。

在一个物质文化主导的世界里，似乎一切事物都有各自的价码。如果你很穷，生活在城市中，你必然无法享用周围的许多物质产品，而与大自然合作完全不同。希尔达之前的园艺主管詹姆斯·吉勒偶然观察到了这一点。里克斯岛恰好位于一些候鸟的迁徙路径上，一天，一只小红雀出现在花园里，那天和吉勒一起工作的囚犯看到了鸟儿，问他这样一只鸟儿值多少钱。大自然中有无数像这样不能用金钱衡量的珍贵之物，而且能让人免费享用。对许多囚犯来说，这是一种全新的发现，这种发现使他们与周围环境建立了一种全新的关系。

和做大多数事情一样，从事园艺重要的不是你做了什么，而是你怎么做。历史上，人类打造花园常常意味着控制和支配自然，有时候甚至是破坏自然。有些人在天气并不适宜的时候在他们干净的草坪上浪费了太多水，有些人用了数不清的化学肥料污染了土壤。但是运用园艺疗法时，我们必须采取可持续发展的模式与大自然的生命力合作，而不是对抗自然。参加温室项目这样的活动时，我们要学习基本的生态学知识，这样的学习会让我们意识到更宏大的问题，诸如我们的食物是从哪里来的，我们在地球上是怎么生存的。

在监狱里，让你感觉到自己成就了好事的机会并不多。如果你入狱和出狱的时候，都坚信自己不能做出有价值的事情，还怎么会有改变的希望呢？类似这样负面的自我信念本身就是一种无期徒刑。

犯罪学家谢德·马鲁纳（Shadd Maruna）在利物浦进行的研究证实了这一点。通过一系列深入的访谈，他考察了帮助惯犯远离犯罪的因素。他发现，那些反反复复犯罪的人往往相信自己的人生只能照着他所谓的"定罪"脚本走下去；相比而言，那些改变了自己生活的人则努力书写一种更具"创造性"的脚本，即将过去的错误融进一个更有希望的故事中。

职业培训可以帮助囚犯更容易找到工作，但他们也需要改变心态，因为重入职场，从事任何初级工作，都不如犯罪和混帮派更有利可图。马鲁纳还注意到，一些刑满释放犯充满希望的故事中包含着一种反抗的元素。当然，园艺活动本身是充满希望的行为，也是一种修复行为，但在当今社会，园艺本身也可以是一种反抗行为。就像马丁想加入的那种都市农场，本身就隶属于一种正在扩展的非主流文化，它致力于用可持续发展的方式来种植瓜果蔬菜，以取代高度工业化的食品体系。就这样，园艺给人们讲述了一个更宏大的故事，人们能在其中找到自己的位置。

在加州最古老的监狱——圣昆丁州立监狱内进行的一项园艺干预疗法的研究表明，把个人纳入更宏大的叙事中会带来积极的影响。2002 年，贝丝·韦特库斯（Beth Waitkus）发起了"洞见花园"计划。对该计划的一项评估表明，囚犯的生态意识越强，个人价值观的转变就越大。换句话说，她在监狱里开设的永续耕种和生态课程具有教育意义，同时也是一种强大的促进改变的疗愈工具，它给参与者提供了一个不一样的环境，让他们了解自己的生活。正如贝丝向我解释的那样，可持续园艺的原则可以成为生活的准则。当囚犯们的手伸到泥土中时，他们就明白了，人们"需要与环境共存，而不是与之作对；同理，人们也需要与他人共存，而不是对抗"。

"洞见花园"项目现已在加州其他八个监狱中推广施行。贝丝认为，恢复性司法（restorative justice）具有低成本高收益的优点，她指出，圣昆丁监狱整个园艺项目每年的运行成本都低于关押一名囚犯一年的开销。与纽约园艺学会的项目一样，参加圣昆丁监狱园艺项目的囚犯，其再犯罪率非常低，而且该项目也同样与社区园艺项目建立了紧密联系，例如"种植正义"，就是一项可接纳刑满释放犯的景观和园艺项目。贝丝说，当人们能够从"我"变成"我们"时，改变就发生了。她一次又一次地看到，栽种和照顾植物带给人们一种完全不同的生活态度，使他们开始珍惜生活。

园艺可以抵消低自我价值的影响，这对那些处在犯罪边缘的年轻人来说尤为重要。与大自然互动有一种让人平静的效果，顺应植物的生长力，会取得具有建设性的成果。但现在大多数孩子都生长在远离大自然的环境中，他们甚至都很少进行户外活动。

事实上，最近的数据显示，一个孩子平均每周花在户外的时间还不如一个处于最高戒备等级的囚犯多。

英国最大的园艺慈善机构茂盛慈善在伦敦、英格兰中部和雷丁开展业务。他们为有各种社交和健康需要的人开发治疗和教育方案。他们的"成长选择"项目针对的是 14 到 16 岁被学校开除的青少年。这些孩子大多连基础的数学和英语都学得很艰难，以前几乎没有机会参与任何实践活动。他们不仅习得了负面的自我信念，许多人还对世界抱有一种反感和抗拒的态度。

孩子们一周参加一次活动，一次就是一整天，每个人都有自己的小片土地要照管，这片地就归他们所有。园圃在开阔的地面上，周围架着低矮的防兔围栏，这让他们在周围大片的空间里有一种安全感，但同时又不会让他们感到约束。运作这样一个项目颇具挑战性，尤其是每次新人加入的时候。这项工作要求工作人员和志愿者耐心而灵活地处理行为问题。不过单单是呆在户外就很有帮助了，因为学生们想要发泄情绪的时候，他们可以自己走开。

温尼科特是这个问题少年服务项目的顾问，他并不一味地以一种感性的态度来看待反社会行为和犯罪行为，但他的确认为，是各种形式的心理匮乏导致了这些行为，而识别这些心理匮乏非常重要。他提出了一个说法"犯罪是希望的象征"，以此说明那些惹事的青少年是在寻找某种东西，可他们并不知道如何去获得，往往用错了方法。他强调，重要的是这些孩子还没有完全绝望，他们还想得到那些东西。在破坏性行为的背后，他们渴望获得某种认可；而要让他们还有美好的未来，就要与这份渴望携手合作。

随着时间的推移，参与"成长选择"项目的人渐渐看到，自己栽种的植物枝繁叶茂、开花结果，这时他们会有种被认可的感觉。我听说，有个女孩去年加入这个项目的时候说："从来就没有人给我定规矩。"这对工作人员来说很有难度，因为这个女孩甚至连自己的靴子都不愿意穿。不过，年底的时候，这个女孩做了一个演讲，说到她尽管不想去做一件事，但是在做了之后才发现竟然有那么大的收获。现在，年轻人似乎越来越难意识到自己可以有所作为，在这样的背景下，耕耘土地与种植庄稼能为他们赋能。结果，跟许多项目的参与者一样，这个女孩的自尊得到了提升，她后来还上了大学，这可是一开始完全意想不到的成就。

虽然"成长选择"项目包含了基本的园艺培训模块，但其目的并不是对年轻人进行培训以便将来从事园艺行业，而是培养他们的"可迁移技能"[1]，无论他们将来选择什么行当，这对他们将来的生活都有好处。而且，就可迁移技能而言，自信是所有能力

---

1 可迁移技能是指能够从一份工作中转移运用到另一份工作中的、可以用来完成许多类型工作的技能。

中最重要的。

"一切因我而起"的快乐是强烈而短暂的。它可能让人非常激动，备受鼓舞，但园艺还有其他潜移默化的影响。接纳吸收与过去不同的一套观念是一个缓慢的过程，要通过不断地重复来实现。马里恩·米尔纳在她那本学画画的书中描述了这样一种感觉：反复从事一项活动，会使她将全新的理念"编织"进自己的人生框架中。我认为类似的事情也在花园中发生：我们在花园里通过"做事"来学习，不仅学到了自然知识，也加深了对自身以及自身才能的了解。

在花园里用双手和身体劳作、直接与泥土亲密接触，这些体验继承了儿童发展心理学先驱让·皮亚杰（Jean Piaget）所说的"感知运动学习"（sensori-motor learning）。这种体验式学习某种程度上被今天的教育所忽略：今天的教育更提倡概念的学习。但皮亚杰认为不应该忽视体验式学习，因为它是我们认知发展的基础。只有通过与世界的互动，我们才能在头脑中建立起世界的模型。"做中学"（learning by doing）整合了我们的运动、感觉、情感和认知功能，这就是它的魔力所在。如米尔纳所说，正是通过这种方式，事物被"编织"进了我们的人生框架，获得了与我们之间的个性化联系。

儿童天生就有一种探索和操控周围环境的冲动，但在当今社会中，这种冲动受到越来越多的抑制。很多时候，人们甚至不觉得缺少探索机会是孩子的一大损失，因为孩子们很容易被最新的科技产品分心，而且人们认为孩子待在室内比较安全。科技为我们提供了各种各样的小玩意以及大量预先设置好的游戏，尽管这些游戏多种多样、别出心裁，但这些制造出来的美好幻觉让我们处于一种依赖状态，这跟温尼科特和米尔纳书中写到的那些充满创意和赋能感的美好幻觉简直是天壤之别。儿童需要做梦，需要做事，需要对环境产生影响力；而且我们别忘了，大人也有这些需要。正是这些东西让我们产生了乐观的感觉，让我们相信自己有能力塑造自己的人生。

迈克尔·波伦儿时在灌木丛中发现西瓜时感到无比自豪，这促使他在十几岁时开始满怀热情地投入园艺。他不仅种过甜瓜，还种过辣椒、黄瓜、番茄和其他各种果蔬，以此提高自己的栽培技术。他就像学习某种超能力一样学习园丁的手艺，将园艺视为"一种炼金术，一套算是将土壤、水和阳光转化为珍宝的魔法"。

如果我们花精力在大地上耕耘，我们就会获得回报。这里有魔法，也有辛勤的劳动，但是大地上的果实和花朵是实实在在的美好之物，它们值得信赖，也并非遥不可及。当我们播下一粒种子，我们就种下了具有种种可能的未来的故事，这是包含希望的举动。尽管并不是播下的每一粒种子都会发芽，但你知道你在土里播下了种子时，心里会感到特别踏实。

第四章

安全的绿色空间

平静源自内在空间。

——埃里克·埃里克森

每年入夏，我都会迫不及待地在花园里把吊床挂起来，吊在栗树和榉树之间。我躺在树荫下，能感觉到这些树的坚韧。第一次把吊床挂在树上的时候，我还在想树枝结不结实，能不能承受我的体重，不过现在，经过多年的生长，它们完全能够稳稳地托起我了。我凝视着天空变幻的景色，思绪飘忽不定，直到树叶和微风的低语再次让我的思维活跃起来。

　　这片小树林对我来说意义重大，相比之下，算算我待在吊床上的时间，实在少得可怜。不过我觉得，重点不是使用吊床的时间，而是我可以来这里，只要能偶尔来待一待就行；而且，仅仅是知道自己想来就可以来，这就够了。

　　所有的花园都存在于两个层面，一个是现实的层面，一个是想象的或者记忆中的层面。这片小树林存在于我的想象中，一年中的任何时节我都可以重返这片绿荫。我脑海中的树林四季常青，不受季节更迭的影响，叶子不会在冬天里落得精光。这个地方对我来说意义重大，也许是因为我和汤姆在这里生活的头十年，四周一览无余，夏天没有一丝阴凉，让人备感压抑，冬天冷风直吹，没有一丝遮挡。最初我们种下的树苗只有膝盖高，我们盼啊，等啊，看着它们扎根，慢慢成长起来。

树林给一个地方带来空间上的层次感，也让人感觉到生命的持久。待在树林中，我们会有一种被保护的感觉，觉得很安全。这些树那么高，那么美，我们很容易就对它们产生强烈的依恋。它们是鸟儿、昆虫和其他各种生物的家园，也是我们的家园——即便我们不住在树上，那里也是我们的心灵家园。也许这种归属感跟一些很原始的东西有关，毕竟，我们的祖先就是住在树上的。我们的原始人类祖先在森林上方建造窝棚，搭建平台，那是安全的藏身地，使他们远离树下的猛兽。树木有枝桠和树冠，让人想起人类的身形。相比其他植物，我们更愿意赋予树木人类的某些特质，比如坚忍、智慧和力量。

身在一棵树的高处可以将下面的风景尽收眼底。喜欢爬树的人都知道，树枝就像人类的臂弯一样搂着你。最好的怀抱不仅能给人以保护，还具有开放性；这样一来，你既有了安全感，又不会感到束缚。大多数刚经过新生儿阶段的婴儿，被揽在熟悉的怀抱里又能到处看的时候，感觉最愉悦。

美国精神科医生和心理分析师哈罗德·瑟勒斯（Harold Searles）观察到，经历过精神崩溃的患者常常会盯着树看好几个小时，从中寻得"他们无法从人类那儿获得的陪伴"。他认为这反映了人类与大自然的一种深厚而古老的情感连接，而在日常生活中，我们大都太忙了，无暇体验这份连接。

在作家、学者戈伦韦·里斯（Goronwy Rees）的自传中，有一个关于这种陪伴的惊人的例子。1950 年代末，他因一场危及性命的意外事故住进了医院。躺在病床上他就能看到外面的一个小花园，因此他总是全神贯注地凝视着花园。他写道："我完全成为了花园的一部分，每当我睡着的时候，那些树仿佛就把长长的绿色手指伸进病房，把我抱起来，纳入怀中；我醒来时，就像被清凉的树叶抚触过一般，感到神清气爽。"在他醒着的时候，花园给了他慰藉，让他平静；而当夜幕降临，他再也无法看清花园时，恐惧便袭上心头。陪伴他的只有回忆和伤口的剧痛，他只能等着黎明到来。

树木的拥抱让他感到被抱持和关心，即便是最兢兢业业、细致入微的护士也无法提供这样的关怀。此外，跟许多病人一样，他也不愿对别人提要求。我们生病的时候，作为接受照顾的一方，内心的感受十分复杂。我们会担心自己给别人添麻烦，觉得自己亏欠他人。不过，如果我们向大自然敞开心扉，大自然就会毫无保留地给我们关怀。

在温尼科特的心理发展模型中，婴儿早期被抱持的感觉具有关键的作用。他写道："如果不能把婴儿抱起来，婴儿的身心都会变得破碎，所以在这些阶段，身体上的关怀也是心理上的关怀。"在生命的最初阶段，身体和心灵未完成分化，所以对婴儿来说，身体上的抱持也是情感上的抱持。生命早期被抱持和被安抚的体验在我们心中建立了一个模板，当我们日后经历剧烈动荡和痛苦，需要"抱紧"自己不让身心破碎时，这个模板就会帮我们重建那份安全感。

最强烈的不被抱持的感觉，就是遭受严重创伤后的感觉。一战期间，温尼科特作为医学院学生参与照顾患有炮弹休克症的军人的工作，对这一点有最直接的体验，这也对他产生了深远的影响。后来，他用一首流行儿歌来解释不被抱持的后果。这首儿歌开头描述的是一个长得像鸡蛋的"矮胖墩"坐在墙头，栽了个大跟斗，接着唱道"国王啊，齐兵马，破蛋重圆没办法"[1]。他认为这首儿歌之所以具有普遍感染力，是因为它与一个我们不愿意承认的心理真相共鸣——如果摔得很重，我们的身心都会分崩离析。

地理学家杰伊·阿普尔顿（Jay Appleton）在 1970 年代提出了景观心理学（psychology of landscape）概念，他的理论基础

1　《鹅妈妈童谣》中的儿歌《矮胖子》的完整歌词为："矮胖子，坐墙头，栽了一个大跟斗。国王啊，齐兵马，破蛋重圆没办法。"

是：我们有一种需要，即我们想要看见他人又不被他人看见，至于看见多少、隐藏多少，我们想要自己控制这个"度"。他认为我们天生就喜欢既提供了"景观"又提供了"庇护"的环境。根据他的"栖息地理论"（habitat theory），我们会自动评估我们的物理环境中可能存在的危险和提供保护的范围。身处不同文化的人都会喜欢既提供了风景又提供了庇护的公园或者草原式的景观。阿普尔顿认为，这是因为在进化过程中，一些有利于生存的地形特征，比如有树的草原，现在已具有了象征意味，富于美感。花园既提供了风景又提供了安全的空间，满足了我们对景观和庇护的双重需求。就像身体或者情感的抱持能让人同时感受到安全和自由一样，花园也可以给人一种安全的封闭感，同时又无囚禁的不适。

古往今来，在东西方文化中，有围墙的花园都为人们提供了一个庇护所，让他们远离世界的喧嚣和内心的动荡。走进围墙里的花园，你立刻会觉得自己置身于一个比外界更温暖的地方。花园的围墙反射太阳光的热量，为你挡风并隔离外面的噪音。这样的环境对于患有创伤后应激障碍（PTSD）的人恢复健康特别有益，因为花园既封闭又开放，给人带来强烈的安全感与平静感。从根本上说，花园是一个无忧无惧的空间。

除非你经历过严重的创伤，或者照顾过受重创的人，否则你很容易低估创伤带来的持久而严重的后果。不过我们都知道当我们感到危险时身体的反应有多快，控制心跳加速和双手颤抖有多难。这种或战或逃的应激反应是大脑的警报系统——也就是所谓的杏仁核——激活的，它位于大脑深处，由自主神经系统控制。

我们带着全部的进化历史生活着，或者说，这些进化历史随我们延续至今。就大脑而言，进化过程中没有丢失任何东西。神经学家杰克·潘克塞普（Jaak Panksepp）认为，大脑的结构是一种"嵌套分层结构"。大脑的各个皮层彼此重叠，更高级的皮层包裹着更原始的哺乳动物脑和爬行动物脑结构。这些不同的结构通过无数的神经网络进行沟通，让我们能够整合记忆、感觉、思想和情绪。正常条件下的大脑是各种构造相互联系的神奇网络，但是创伤严重破坏了这种整合的状态，因为杏仁核的激活阻断了通往更高级思维水平的大脑皮层的连接。从生存的角度来讲这很合理，毕竟，你被猛虎追赶时，怎么可能停下来思考呢？但在其他场合，我们就像被恐惧裹挟了一样——我们的思想停滞，记忆变成一片空白，甚至说话都不流畅。

对于患有创伤后应激障碍的人来说，这种被恐惧裹挟的感觉成了他们日常生活的一部分。杏仁核的激活也改变了记忆存储的方式，所以过去的经历不是被回想起来，而是一遍遍地重新上演。这意味着创伤无法被整合或者治愈。他们以这样的方式反复重温创伤，一直活在噩梦中，内在的安全感渐渐消磨殆尽。最后，他们会觉得世界越来越不安全，于是对可能产生的威胁保持着持续的警觉。这种情形被称为"过度警觉",它会让人心力交瘁,耗尽康复所需的身心资源。他们养成各种习惯,比如一定要靠着墙壁坐,以此来获得最基本的安全感。

患有创伤后应激障碍的人处在这样一种持续的恐惧状态中,肾上腺素不合时宜地飙升,所以他们很容易被人贴上难以相处、爱摆布他人或者好斗的标签。其他人待在自己的安全空间里,过自己的日子,根本看不出一个人突然发作、叫嚷的原因,看不出他为何恐惧和不安。一段时间后,许多家庭都到了崩溃边缘,因为他们觉得自己一直如履薄冰地生活着。

美国精神科医生和创伤治疗专家朱迪思·赫尔曼(Judith Herman)指出,任何创伤治疗的第一步都是"恢复安全感"。她列举的其他治疗阶段需要更积极的干预措施,但这第一步是最根本的。她写道:"如果不能获得充分的安全感,任何治疗都不会获得成功。"建立信任感和身体上的安全感会减少过度警觉和防御的需要。她这个观点适用于我们所有人,因为只有感到安全,我们才会放下防御;只有放下防御,我们才愿意体验新的事物。没有新的体验,我们的心灵就不会成长变化。这意味着,就园艺疗法而言,花园提供了安全的庇护,本身就是一种治疗工具。

走进萨里的海德利庄园康复中心的花园铁门,你马上就如置身于另一个世界,跟隔壁国防部医疗康复中心带给人的感觉完全不同。在这里，花园安全的封闭感以及园中沿途开阔的视野带给人一种全新的空间体验，受过创伤的人在这个花园里可以放下警惕，放松自己。园艺治疗师安娜·贝克·克雷斯韦尔创立的慈善机构"高地慈善"就在这里开展园艺项目。项目卓有成效，现在高地慈善已把业务扩展到一个更大的围墙花园中，花园隶属于在诺丁汉郡斯坦福庄园新修的国防医疗康复中心（DMRC）。

海德利康复中心的花园周围是一圈高高的紫杉（*Taxus baccata*）树篱，中央有一个大水池和喷泉，向下是一片梯田和菜地，菜地的尽头是一个果园。我在夏末的一天造访花园，这里整体带给我一种丰饶之感。花境五彩斑斓：飞燕草[1]抽出高高的花穗，有蓝色的，有粉色的，还有成片的矢车菊和波斯菊，与宁静的绿色背景相映成趣。

参与高地慈善项目的许多男性或是头部受伤，或是遭受截肢，正在从伤病中恢复，他们都不可避免地患上了创伤后应激障碍。大多数病人需要进行一系列的手术或者药物治疗，比较典型的模式是在接受一系列住院治疗期间可以休假回家。海德利庄园的园艺治疗师卡罗尔·塞尔斯为她治疗的每个人量身定做了一个单独的项目。她安排他们的活动，使他们在从播种到收获的

---

1 飞燕草（*Consolida ajacis*），毛茛科飞燕草属多年生草本植物，花形别致，酷似一只只燕子，多为蓝色或蓝紫色。

这一过程中获得新的发现，并把收获的蔬菜和鲜花带回家送给他们的伴侣。听卡罗尔说起这些，你没法不感觉到她温暖的性格以及她对工作的满腔热情。

患有创伤后应激障碍的人普遍容易受到嗅觉刺激，闻到某些跟创伤有关的气味就会触发他们的创伤记忆。对于打过仗的人来说，柴油或者燃烧物的气味是很常见的嗅觉刺激，但在海德利庄园的疗愈花园中就没有闻到这些气味的风险。而且，卡罗尔种下的花草树木散发的香味还具有镇静和振奋的效果。进入铁门，走了几分钟后，她的病人就告诉她，他们的心跳变慢了。

花园能够格外有效地让身体进入放松状态。植物或许有尖刺，或许有毒，但植物永远不会突然动起来，不会突然朝你扑过来，所以在花园中工作时，你从来不需要警惕，不需要提防背后的危险。花园还有镇静功效，树木间微风吹过的沙沙声能帮你过滤掉其他可能导致分心的声音和干扰性的噪音。而且，绿色对我们的眼睛来说是一种很舒服的无需调节适应的颜色，绿色跟蓝色一样，能让我们自动进入低唤醒水平。埃丝特·斯特恩伯格（Esther Sternberg）医生在她的著作中写到了疗愈空间的特点，她说绿色是"我们大脑的默认模式"。她解释说："在进化史上最先出现的感光色素基因，就是对阳光光谱和绿色植物反射的光的波长最敏感的基因。"因此，花园的绿植数量与其疗愈效果直接相关也就不足为奇了。

瑞典查尔姆斯理工大学建筑学教授罗杰·乌尔里克（Roger Ulrich）在大自然对人类的益处这一方面进行了开创性的研究，他通过研究心跳、皮肤和肌肉感应的数据探究大自然对人体压力反应的积极作用。过去 30 年来，他的研究结果始终表明，大自然对心血管系统的疗愈几分钟就可以见到成效。花园的即时舒缓效果显示出大脑处理我们的感官体验和调整我们生理反应的速度之快，敏感度之高。自主神经系统中负责我们的战斗或逃跑反应的交感神经的活动减少了，而引起消化食物和恢复能量所需的平静状态的副交感神经系统被激活了。不可否认，待在生机勃勃、能够滋养生命的环境中，会让人愉快放松，不愿离开。这样的环境利于生存。人们认为，这些自主神经反应曾帮助我们的原始祖先选择更有利于繁衍生息的环境。

虽然待在大自然中几分钟内就能检测到心率和血压的变化，但应激激素皮质醇的水平需要更长的时间才能降低，通常会在 20~30 分钟后下降。皮质醇水平长期处于高位会带来潜在的危害，因为它会抑制免疫系统，扰乱葡萄糖和脂类的代谢，破坏海马神经元从而损害记忆功能；还会抑制大脑神经元的"肥料"——脑源性神经营养因子的生成，让大脑神经元无法健康生长和修复。从这个角度来说，持久的压力对大脑十分有害。这些危害不仅让人难以学习新东西，而且会让生活失去丰富性和意义。

海德利庄园这样有围墙的花园就像是一个浓缩版的繁茂的大自然，具有强大的抗压效果。卡罗尔认为，花园中央的温室是人们感到最安全的地方。温室里弥漫着花香，玫瑰天竺葵[1]和芬芳的仙客来[2]让人心静，也有助于提高工作效率。这个空间带给人很强的安全感，意味着人们可以把用来观察四周、提防危险的精力直接用在手头的活儿上。我来访的时候，有一个人正在温室里忙活，他专心致志地采摘番茄，沐浴在温暖的阳光下，他的这份专注很打动我。我们许多人都觉得，专注于我们正在做的事情是很基本的能力，没什么了不起的。可是，对于那些受过创伤的人来说，能够专注地做事是一个巨大的进步，这能让他们感觉到自己正在恢复部分对内心掌控力。

　　照料植物本质上就是一种用心的活动，漫不经心或者不动脑子的照顾不是真正的照顾。真正的照顾意味着，当我们去了解和关注别的人或物时，要去倾听和接受对方的需要。这种专注地关怀他人的能力，正是卡罗尔帮助海德利庄园的病人培养的精神品质。一开始，他们往往感到很难专注于正在做的事情，但经过练习，就可以专心致志地完成任何一项任务了。卡罗尔把这种方式

1　玫瑰天竺葵（*Pelargonium roseum*），一种可用于芳疗的天竺葵，富有玫瑰香味。

2　仙客来（*Cyclamen persicum*），报春花科、仙客来属多年生草本植物，叶片由块茎顶部生出，呈心形、卵形或肾形，叶片有细锯齿，叶面为绿色，具有白色或灰色晕斑，叶背呈绿色或暗红色，叶柄较长，呈红褐色。

称为"不知不觉的治疗"（therapy by stealth）。

创伤扰乱了大脑处理时间经验的方式。过去不断地侵扰着当下。修习正念有助于扭转这种状况，因为正念练习就是要把注意力放在当下。如果练习的时候受到念头、感觉或者记忆的打扰，不要被它们带走，也不要进行评判，只要承认它们的存在就可以了，然后把注意力重新调回到当下。因此，卡罗尔和她的病人一起挖胡萝卜、洗胡萝卜、吃胡萝卜的时候，她会让他们留意自己的感觉，并和她一起讨论胡萝卜的味道和质地。除草或者种苗时，她会故意放慢速度，让他们有机会观察到花的颜色，看到采花粉和花蜜的昆虫。一直以来，她都努力让他们留意当下。当我们的大脑处于红色警戒状态时，我们很难以放松和接纳的状态敞开心扉并接受新的体验，但是恢复这种能力非常重要，因为它能帮助我们把过去的事情放在过去。研究表明，在正念的状态下，传递到杏仁核的信号会减少，这有助于恢复大脑内更完整的神经活动状态。

卡罗尔告诉我，一位名叫罗伯的军人曾经非常热爱户外运动，但他在一起炸弹爆炸事故中失去了双腿，从此觉得再也看不到生活的希望了。住院一段时间后，他才在好奇心的驱使下来到了花园。卡罗尔让他在温室里工作。接着，几次活动结束后，他决心尝试在外面进行挖土劳动。这是一个"顿悟时刻"，卡罗尔告诉我，他明白了即便戴着假肢，他也真的可以完成任务。一旦他有了这个发现，他只要能来花园，就会来。出院的时候，卡罗尔送给他一些植物，让他可以继续在自己的花园里栽种。

要让罗伯这样的人继续参与园艺，找到激励他们的方式十分重要，因为疗养中参加的高地慈善项目只是一个短期活动。除非有什么东西能把他们带到户外，不然一旦回了家，很多人也还是待在家里看电视和上网来获得外部刺激。卡罗尔说这些人经常把这种行为视作一种待在私人空间的正常状态，但待在家里不出门，几乎完全脱离了生活，会带来很大的问题。

在这里，"退隐地"与"庇护所"有着非常不同的心理学意义，其差异值得关注。待在退隐地是一种防御行为，一种倒退的举动；而庇护所是一个让人暂时歇脚并喘口气的地方，等感觉精力恢复，能够重新融入生活了，我们会再次从这里出来。杰伊·阿普尔顿认定"原始人的一个普遍特征就是都有窥看的欲望，又都不想被他人看见——这种特质也遗传到了现代人身上"，他指的就是我们内心固有的一种基本的窥探欲。互联网也激发了这种欲望，因为互联网能让人在远离世界的同时清楚地观看世界，它可以成为一处退隐地，使人们离现实生活越来越远。然而，作为庇护所的花园则保持着与现实生活的联系，同时也给人提供了歇口气的机会，重要的是，花园还促使人们走出了家门。

待在户外有很多好处，其中一个最基本的益处就是接触日光。我们很容易忘记光也是一种滋养：阳光照在皮肤上，促进我们的身体合成维生素D；阳光中的蓝光设定了我们的睡眠－清醒周期，并调节了大脑中血清素的生成速率。血清素能让人产生幸福的感觉，有助于调节情绪和增强同理心。它对我们如何思考和做出反应也有着重要影响，因为它会降低人的攻击性，鼓励反思，减少冲动。越来越多的证据表明，创伤后应激障碍与血清素的功能障碍有关，病人会陷入恶性循环：当血清素缺乏时，杏仁核的激活阈值就会降低，身体的应激反应会越来越容易被触发。

大脑分泌的所有血清素都来自两组位于脑干深处的神经元，名为血清素中缝核，它们伸出长长的分支以便向大脑更远的地方输送血清素。精神科医生大卫·纳特（David Nutt）是伦敦帝国理工医学院研究血清素系统的专家，他指出，从进化的角度来看，人脑演化的速度非常快，大脑皮层的扩张使其覆盖面积增加了八倍，可血清素中缝核的大小却保持不变。从这一点来看，我们天生就容易受到血清素损耗的影响，而我们的祖先是通过多晒太阳、多锻炼和充分接触泥土来解决这个问题的，所有这些都有助于提高血清素水平。

运动能提高体内的内啡肽、多巴胺和血清素等神经递质的水平，从而改善情绪，还能促进脑源性神经营养因子的释放，形成螺旋式上升的效应，让血清素与脑源性神经营养因子相互促进。此外，体育锻炼对大脑有直接的整合作用，有助于扭转创伤后应激障碍患者前额叶皮层活动异常低迷的状态。

最近人们发现了运动的又一个积极作用。持续的压力状态与一种叫做犬尿氨酸的代谢物水平的升高有关，而这种代谢物又与大脑的炎症变化有关。当我们使用大腿肌群时，就会激活一种减少犬尿氨酸循环的基因。长期以来，人们一直认为运动可以促进大脑健康，但这一发现表明，肌肉代谢也可以具有特定的抗应激作用。

园艺具有一种"变被动为主动"的特点，因此园艺活动会赋予人力量。斯坦福大学神经科学教授罗伯特·萨波尔斯基（Robert Sapolsky）对灵长类动物的压力调节机制进行了研究，他发现，如果缺乏宣泄渠道，压力的影响就会被内化，从而带来更大的危害。大多数形式的锻炼都有助于减压，但是越愉快、越有趣的活动，减压的效果越好。户外运动效果更好。研究表明，参加人们常说的"绿色运动"比在健身房锻炼更能有效地减缓压力，改善情绪和提升自尊。花园让你动起来，你在健身房器械上运动的时候可能会计算时间，在花园中却不会，因为在花园中的时间不是锻炼时间，而是园艺时间。

在花园中挖土的一部分乐趣来自潮湿土壤的气味。这种气味被称为"土臭素"[1]，是土壤中的放线菌活动释放出来的，大多数人闻到这种味道都会感到愉悦和舒缓。人类的嗅觉中枢对它特别

1　土臭素（geosmin）是一种具有土腥味的挥发性物质，许多微生物在代谢过程中都会产生这种物质。

敏感，大概是因为它能帮助我们的史前祖先发现重要的生命之源吧。就算把它稀释到万亿分之五的浓度，有的人还是能够闻到。

在花园里，运动和植物的芳香能改善你的情绪，而在花园里挖土也有助于调节血清素的水平，因为土壤中的其他细菌会影响到血清素的分泌。大约十年前，神经学家克里斯托弗·劳里（Christopher Lowry）发现，土壤中有一种常见细菌，接触少量这样的细菌就能提高大脑中血清素的水平，这就是母牛分枝杆菌（*M. vaccae*）。母牛分枝杆菌在富含粪肥和堆肥的土壤中特别丰富，我们除草和挖土时就会吸入它。

我们与许多共生细菌共同进化，包括母牛分枝杆菌。最近的研究认为，这些细菌是人类的"老朋友"，它们可以调节我们的免疫系统。劳里的实验表明，接触了母牛分枝杆菌的大鼠表现出更低的炎症水平和更强的抗压能力。其他研究表明，摄入了母牛分枝杆菌的大鼠完成迷宫实验的时间是其他大鼠的一半。进一步的研究发现，这些细菌通过某种未知的机制激活了大脑中的"园丁"——小胶质细胞，从而降低了大脑中炎症的发生频率。它们还直接作用于向前额叶皮层和海马体提供血清素的血清素系统，这或许能说明为什么实验中的大鼠表现出更高的情绪调节水平，以及为什么它们的认知功能和记忆力得到了改善。

母牛分枝杆菌对人类的影响有多大现在尚不清楚，而且在花园环境中恐怕也很难进行测量，尤其是因为花园中存在诸多有益身心健康的因素。但这些发现让研究团队好奇，我们是不是都该花更多的时间去玩泥巴。

除了母牛分支杆菌，土壤中的其他常见细菌也很可能有益身心健康。一茶匙园土中就含有约十亿种微生物，因此园丁的肠道菌群种类更丰富且肠道更健康也就不足为奇了。不同的研究表明，肠道中产生的各种细菌代谢物有助于激活迷走神经，它是休息 – 消化功能的副交感神经系统中的一部分。而其他代谢物与大脑的小胶质细胞会进行某种"信息交互"，从而使大脑进入一种更能抗炎的状态。

接触阳光、参与运动、接触泥土，这些在园艺活动对神经系统的疗愈上发挥着关键作用。同时，当病人不得不面对巨大的伤痛时，花园的各种象征寓意也起着重要的治疗作用。在创伤状态下，大脑理解象征意义的能力受到损坏，但花园提供了许多象征，这些象征可以成为心理康复的关键。关于这一点，卡罗尔给我举了一个令人难忘的例子，那就是海德利庄园果园里那些截掉了树梢的老甜栗树。那些树总是引得她的病人们津津乐道，他们有时候会说，想爬到粗大的树桩上，想象自己坐在那儿，周围簇拥着重新生长起来的树枝。这些截头树是活生生的存活的象征：它们遭受了砍伐，经历了挫折，却找到了继续生长的办法。这些负伤的军人也一样，他们也必须设法修复自己并成长。

多瑟·波尔森和乌尔丽卡·斯蒂格斯多特在针对丹麦退伍军人项目的研究中还描述了退伍军人能从树木的陪伴中获得多少安全感，以及这些树在他们重获新生的过程中如何成为了他们生活的重心。这项研究在哥本哈根以北的赫尔斯霍姆植物园内进行，在植物园的深处，有一座名为那卡迪亚的花园，就像是森林中的一块飞地。去往花园，你要沿着一条两旁长满玉兰花和杜鹃花的宽阔大道前行，你会看到一棵棵针叶树直入云天，有些还是古老的稀有品种，林间鸟鸣阵阵。穿过一扇木门，步入藤架小径，里面就是花园了。占地两英亩的花园里有温室、湖和小溪，也有休憩的地方，有躺椅，有树上挂着的吊床，还有肥沃的菜地。

波尔森和斯蒂格斯多特观察到，大多数退伍军人最初来到这里时，都会找一棵树或者一个小窝作为他们自己特别的安全地带。一些人会利用花园里搭建的树木平台，而另一些人则会坐在那棵伟岸的巨杉[1]下，它低矮的枝干带给人强烈的安全感。一位老兵说，仅仅是坐在树边，都能感觉到放松。"这里有一棵树，我坐在这儿，没有期待，也没有困惑，无欲无求。"另一位军人说他第一次觉得够安全，可以放心地闭上眼睛。这棵巨树就像植物界的一位温和的巨人，一位对它特别着迷的军人描述了他摸到

---

1 巨杉（*Sequoiadendron giganteum*），为杉科巨杉属大乔木，是陆生植物中体型最大的常绿针叶乔木，在原产地高达100米，胸径可达10米；树皮为褐色，呈海绵状，表皮有深纵裂，厚达20~25厘米。

那棵树时的强烈感受："你触摸它时，感觉上面有很多小孔，很紧实，它有这么厚的树皮来保护自己。它带给我平静的感觉；它给人的感觉是那么雄伟，它是那样古老的一棵树。"

我们对大树产生的依恋，与我们对小树苗的怜爱正好相反。一棵幼苗比我们弱小得多，我们照料它，保护它；可是在一棵大树的庇护下，我们就成了弱小的一方，伟岸的大树成为我们依赖的对象。这都是下意识的，因为我们有时候也渴望用语言以外的方式传递最深的情感。我们也许生来就有一种冲动，想要把难以言说的伤痛和苦难交托给一种无需语言的生命体。在关于神话和宗教的经典著作《金枝》（*The Golden Bough*）中，詹姆斯·弗雷泽[1]列举了世界各地许多古老的树木崇拜仪式，说明这种冲动深藏在我们心灵深处。一些仪式会用象征的方式把疾病、悲伤或者罪责转移到树上。这反映了一种信念，即树可以承受人类沉重的苦难。一棵树总是无声而又令人欣慰地耸立在那里，仿佛它能接纳我们，也接纳我们遭受的任何折磨，并且，面对我们的孤独、悲伤和痛苦，它也不会退缩。

1　詹姆斯·弗雷泽（James Frazer，1854—1941），享有世界声誉的古典人类学家，神话学和比较宗教学的先驱。他的《金枝》是将古典神话、《圣经》中的神话和广泛搜集的民族志神话集合起来进行深入研究的一部古典人类学经典之作，对二十世纪人类学及文化研究产生了重要影响。

花园里的一切都是缓慢发生的。花朵、灌木和树木都按照各自的节奏平静生长，人也是这样。从巨大的创伤中康复必定是一个缓慢的过程。埃迪就是一个很好的例子，他是一位 40 多岁的退伍军人，加入了茂盛慈善的一个园艺计划。他参加这个活动快两年了，即将获得园艺师资格证。

刚开始在花园中工作时，埃迪觉得非常丢脸。他总是神经过敏，疑神疑鬼，而且需要保持和他人的距离。园艺治疗师对这种行为模式已经习以为常，他们的本事就是能够识别患者什么时候做好了与他人合作的准备。在最初的几个月内，埃迪中途有好几次差点退出，但渐渐地，他的疑心消退了，他开始没那么紧张了，不过只要有机会，他还是宁愿自己一个人干活。

创伤体验会让人感到极度的孤独。一开始，其他形式的关系也许会让人感到过度恐惧，不过，大自然可以改变这种孤独无依的状态。我目睹了自然的疗效。我们在园子里转悠的时候，埃迪在一棵桉树前停了下来，说："我每次都要这样。"他边说边摘了几片叶子，把叶子揉碎，闻了闻。他递给我一些树叶，也请我照做，他说："这气味总是让我精神振奋。"我也有同感，桉树的气味真的很提神。我突然想到，这种与树的互动对他来说已经成为了一种仪式，一种他每次经过都要进行的正式问候。几乎可以说，埃迪已经把那棵树当成朋友了。这棵树是他与世界的连接点，对稳定他的情绪起到了重要的作用，在最初的几个月里尤其明显。

在此之前，埃迪跟我一直没有眼神交流，直到走到这棵桉树边，他才觉得安全了，能跟我有眼神接触。尽管他已不再是孩子了，可我还是从他脸上看到了一副孩子气的神情。他那灰色的眼眸注视着我，我听他讲述自己的人生经历。他18岁时入伍，快30岁时出现了心理问题的苗头，他会在梦中突然喊起来，还会突然惊醒。每次从部队返回家中，他的神经都很紧张，总是处于时刻提防的状态。他说，你看不到敌人，你一直想着"那人想干什么？""那辆车会爆炸吗？"，这些时候都太煎熬了。他开始借酒消愁，虽然他还能勉强度日，但性情却渐渐发生了变化，他不再是过去那个爱说笑的乐天派了。

他的酗酒越发严重，婚姻破裂，他的心理问题也达到了顶点。有一小段时间，他住在车里。不久以后，他住进了医院，接受了一些认知行为治疗，并加入了一个情绪管理小组。埃迪的故事并不罕见，因为患有创伤后应激障碍的退伍军人平均要熬11到13年才会求助，而等到求助的时候，他们的生活往往已经分崩离析。许多人跟埃迪一样最终失去了婚姻、工作还有他们的住所，这些人当中有75%的人酒精成瘾。在部队中，"已经受不了了"这样的话很难说出口。埃迪觉得他已经花费"数年时间竭力与这种疯狂孤军作战"。"很骄傲吗？"他对我说，"只是不想承认罢了。"尽管如此，他还是怀念军中生活，谈起战友之情，他不无留恋。

羞耻感不仅是病人寻求帮助的一大障碍，而且也会妨碍病人充分利用其所得到的帮助。埃迪告诉我，他刚开始在花园干活时，对别人有相当多的猜忌，他补充道："我敢说，这就是在评判他人。这感觉就好像是——我干吗跟这些心理有问题的人在一起？"相反，自然界提供了一个环境，人们可以感觉到自己本来的样子被接纳了。埃迪在接受别人帮助时内心有很多冲突，但是桉树叶子那令人振奋的气味是大自然免费的馈赠，从一棵树上获得激励有什么丢脸的呢？

值得注意的是，埃迪在茂盛慈善花园中初次体验到的与大自然的连结是那棵树清爽提神的气味。如果你的脑子里充满了负面情绪，你就很难敞开心扉去迎接新的体验，可是嗅觉会阻断这种影响。嗅觉在我们所有的感官中是最强大、最原始的，因为我们的鼻子与杏仁核以及大脑深处的情感和记忆中枢直接沟通。大脑的这些结构共同进化出嗅觉系统，这就是情感、记忆和气味有着十分紧密联系的原因。

对于埃迪这样遭受了创伤的退伍军人来说，再次向生活敞开心扉是一个渐进的过程，因为创伤后应激障碍引起的大脑变化需要时间才能修复。反复体验到生存的安全感对他们如此重要，原因就在这里。之前的创伤让他们丧失或者削弱了对生命的正面信念，而安全感能强化这种感受。

埃迪热情洋溢地谈到他和花园的关系是怎么建立起来的。他说，"看到那么多美丽的事物"让他感觉到"有一个比自己更强大的上帝"。这种身为更伟大事物一分子的感觉令人动容，"在大自然中，万事万物都交织在一起，万物都有存在的意义——有授粉的蜜蜂，有害虫，还有吃掉害虫的动物。花朵和植物，又为什么而生呢？"他没有回答自己的问题，也没有等我回答；他只是坐下来，紧盯着我，突然大叫起来："对了！是这些颜色，这些颜色让你精神振奋！"

在花园安全的包围中，埃迪发现了对自然的热爱和他的宗教信仰。这种与自然交流的乐趣可以追溯到他的童年时代。他回忆起小时候去公园的情境。"我过去常常沿着河边走上好几英里，"他说，"那里有一些隐秘的地方，就像小绿洲一样，那是没有被破坏的自然。"

我们在心中把这样的地方内化成一道风景，那是可以滋养身心的内在资源。埃迪回忆童年经历、讲述过去的点点滴滴时，我能感受到，花园已经帮助他与他心中那个未被破坏的地方重新建立了连接。他能够从当前在花园中的体验，联想并回顾童年时在自然中玩乐的记忆——这意味着，他正在恢复更加完整的自我意识，恢复自己的身份认同感。正如他所说，自然中万事万物都是相互交织的。通过与植物、泥土打交道，他已经恢复了体验内在平静的能力。

二战后，卓越的美国精神病学家卡尔·门宁格（Karl

Menninger）开始在堪萨斯州治疗遭受创伤的退伍军人，他发现，照料植物能帮助病人对生活重新敞开心扉，疗效之显著让他十分震惊。埃迪的经历跟门宁格的观察完全一致。门宁格在整个职业生涯中都在推广园艺疗法，将之作为精神病治疗的一个有价值的辅助手段。在此过程中，他将园艺描述为一种"使个体接近泥土，接近大自然，接近美，接近生长和发育的奥秘"的活动。他认识到，人在花园里可以体验到一种重要的亲密关系，而且这种亲密感是与他人无关的。

花园里有一块翻新的花田，主要是埃迪自己打理的，上面种着花草。看到曾经的"荒地"变成"美丽的地方"，他很有成就感。这里的土壤原来很硬实，他花了好一番力气才让这块地变得可以栽种，而这种艰苦的劳动有助于消除愤怒和沮丧的情绪。他正在解释自己是多么喜欢这种感觉时，突然停下来，指向一块地，大声说："看呐，那块小花圃，就是我！"埃迪的话道出了他对自己的认同感，就好像他在改造那片地的同时，也从荒地上重新找回了自己。

第五章

将自然带入城市

"最优美的乡村景色及其相关的休闲娱乐活动，已被极少数有钱人以特有的方式垄断。社会大众，包括那些最能从中获益的人，都无缘享受这一切。"

　　　　　　　　——弗雷德里克·劳·奥姆斯特德（Frederick Law Olmsted，1822—1903）

我家菜园的一角种着羽扇豆花[1]。虽然这些花扎根在赫特福德郡的泥土里，但每年夏天开花时，它们都会把我带回克里特岛腹地的一个山谷中。

　　这一小片羽扇豆花让我想起和汤姆一起旅行看野花的情景。那时，我们住在一个偏远的希腊式小客栈里，老板兰布罗斯很热情，提出要给我们当一天的导游。我们就这样出发了，边走边聊，时不时停下来看看植物，或者采采遍地生长的鲜嫩野生芦笋。走到一个地方，汤姆和兰布罗斯想绕路去看一棵树，可我很享受自己的节奏，便沿着蜿蜒的小径继续前行。

　　我转过一个弯，一片橄榄树林映入眼帘，树林四周是一片蓝色的花海。虽然那天清早我也看到了羽扇豆花，但这里是一整

1　羽扇豆花（*Lupinus micranthus*），俗称鲁冰花，豆科，一年生草本或多年生小灌木。全株密生细毛，茎直立，多分枝，掌状复叶，花序挺拔、丰硕，花色艳丽多彩，花期长。

片羽扇豆花的原野，规模惊人，让人无法抗拒。于是我离开小路向上登爬，进入那片花海。

从这些树的样子看，这个地方相当古老。我有一种感觉，仿佛自己不小心撞见了什么秘密。我停下了脚步，伫立在蓝色花丛中，阳光从头顶湛蓝的天空倾泻而下。我说不清自己站了多久，时间似乎不是在流逝，而是在延伸，一种宁静而深邃的感觉注入我的心中。我沉浸在这种奇妙的体验中，直到一个熟悉的声音喊我的名字，我才回过神来。接着，在我尽情享受了最后一刻的独处之后，才把他们也喊过来。

一回到家，我就四处搜寻野生羽扇豆花种子，满心希望重温克里特岛草地的那一刻。这个品种的种子很难找，最后我选了另一个野生品种——宿根羽扇豆[1]。我当年种的羽扇豆花现在还活着，个头更高了，但颜色并非我最初看到的那种靓丽的蓝。不过，这片羽扇豆花对我来说仍是那一片花海的化身。每年夏天它们盛开时，我的脑海中都会打开一扇大门，让我可以穿越回克里特岛，重拾过去那美丽的一刻。

建造花园跟其他艺术创作一样，都是对丧失的回应。打造一个花园，既是创造，也是再创造的过程。我们用花园再现心中的

1　宿根羽扇豆（*Lupinus perennis*），多年生草本植物，为被子植物门、豆科、羽扇豆属下的一个植物种。

天堂，花园让我们与所爱的风景建立了连接，也补偿了我们与自然的分离。回望古代，传说中的巴比伦空中花园就是这样造出来的。尼布甲尼撒二世（King Nebuchadnezzar Ⅱ）的王妃想念家乡郁郁葱葱的青山，为了减轻王妃的乡愁，尼布甲尼撒二世为她建造了一座金字塔式的花园，里面有层层加高的过道。他不能给她一座青山，但这是他能给的最好的礼物。她可以在花园里散步，平复思乡之情。

早在此之前，苏美尔人就开始建造城市了，而且他们也把大自然揽入了城市。城市绿化的理念并不是现代才有，城市公园和花园跟城市本身一样古老。乌鲁克（Uruk）是世界上最古老的城市之一，建于公元前 4000 年，位于现在的伊拉克。该城市的平面图显示，这座城市三分之一的地方是花园或者公园，三分之一是农田，只有三分之一是住宅。古罗马人称之为"乡村城市"，即把乡村带入城市，弥补了人们远离自然生活的不足，让他们能同时享有城市与乡村的好处。古人认识到花园能让世界充满活力，他们用茂盛的植被、浓密的树荫和美丽的花朵来装点他们的城市环境。

纵观历史，即便最著名的城市也是喧闹而拥挤的，而且还散发着各种难闻的气味。17 世纪伟大的散文家和园丁约翰·伊夫林（John Evelyn）汲取了"乡村城市"的理念，提议在伦敦周围建造一系列公园和花园，以减少城市的雾霾。他挑选的植物有金银花、茉莉花、丁香、迷迭香、薰衣草、杜松[1]和麝香玫瑰[2]。他认为，这些香气浓郁的植物能透过"纯真的魔法"，"用它们的气息赋予周围芬芳"，并有助于消除弥漫在空气中的煤烟硫磺味。丰富的自然环境也会给伦敦人带来其他好处，比如让人们更加健康，体味美的享受，让身心放松。

伊夫林的大胆计划虽从未实现，但他深刻地了解花园的作用，即花园让人们暂时远离城市的喧嚣与繁忙。树木能过滤噪音，植物能净化空气，但伊夫林所谓的"纯真魔法"在于花园既能抚慰我们，又能刺激我们的所有感官体验，让我们完全陶醉其中。即使是一个小花园也能营造出一座宁静岛，帮助我们从城市生活对身心的耗损中恢复，满足我们接近自然的渴望。有精心挑选的鲜花与树木，也许还有流水，这样的空间能够带我们逃离城市的束缚，又不必使我们真的离开城市。

绿色大地是生命繁衍生息之地，绿色意味着充足的食物和可靠的水源。在我们的地球上，从我们呼吸的空气到我们享用的食物，生命的养料是由绿叶提供的，这是一个不争的事实。但在今天，人们住在金属、玻璃和混凝土建造的城市里，吃着 21 世纪

1　杜松（*Juniperus rigida*），柏科刺柏属常绿灌木或小乔木，高达10米，树冠呈圆柱形，老时呈圆头形。

2　麝香玫瑰（*Rosa moschata*），蔷薇科植物，原产地可能是喜马拉雅西部地区，开花时散发类似麝香的气味。

的罐装、盒装食品，会很容易忘记这一基本事实。《旧约》(*The Old Testament*)中说道："凡有血气的尽都如草"，这在现代人听来有点可怕，因为我们已经离生命的基本事实太远了。

当我们被城市街道和高楼大厦包围时，大自然就显得很遥远，植物也不是我们的生活必需品。然而，生命的绿色脉动仍在召唤我们。城市的水泥和柏油路对我们来说太坚硬了，简直是冷酷无情，噪音和污染让人想起沙漠和尘暴。不管城市的霓虹灯多么吸引我们，不管我们多么迷恋城市中那令人心跳、亢奋的能量，在我们心灵深处某个古老的地方依然响起了警钟，警告我们，这并不是一个好地方。水龙头一拧开就会有自来水，这的确非常方便，但我们天生想要回应绿色的召唤。有时候，我们需要的只是一点点绿意：窗台上的花，树叶间的风声，温暖的阳光或者轻柔的水流。大自然的财富，不同于城市兜售和推销的财富。

你只需观察上班族午休时的情景，就能了解人们是怎么被绿色空间和阳光吸引的。伦敦种满树木的广场、公园长椅和露台躺椅、喷泉等所有这些地方都能让人们暂时逃离喧嚣的城市，让身心重新焕发活力。待在大自然中不一定要很久，20分钟就足以让我们恢复精神能量，提升大脑的专注力。心灵与自然之间的无意识互动会给我们带来深远的影响，对身心健康起着重要作用。

19世纪中叶，美国景观设计师、纽约中央公园的设计者弗雷德里克·劳·奥姆斯特德最为准确地描述了绿色自然带给人类的种种益处。他写道，如果"我们考虑到心灵与神经系统的密切关系"，我们就会很容易理解，美丽的自然风景如何"让我们的大脑活动起来又不让它疲倦；让它平静，也让它活跃；并且，透过心灵对身体的影响，让人得到休息与恢复，产生焕然一新的感觉。"

奥姆斯特德注意到，城市居民有许多烦恼，比如"神经紧张、过度焦虑、性情急躁、没有耐心、易怒"。他还指出，住在城里的人有"忧郁"倾向。在19世纪，抑郁症往往被说成是"忧郁"。奥姆斯特德认为，每个人都应该享受到绿色空间带来的益处，尤其是很少有机会离开城市去外面旅游的劳工。可事实是，这样的地方少得可怜，连墓地都被用作休闲场所，这种社会现象令他十分愤怒。城市没能满足人们的需要。

奥姆斯特德造访英格兰时，利物浦的伯肯黑德公园给了他灵感。他说，这个美丽的地方才是"人民的花园"，他也想在美国建造一个这样的花园。在他后来设计的公园里，没有艳丽花哨的花坛，也没有工工整整的几何图案。他走的是乡村田园风，用原生植被来塑造天然景观。在他看来，这样的景观具有"疾病预防和疗愈的价值"。他认为，人们造访这样的公园，可以从疾病中康复，并保持健康。

在这个时代，迅猛扩张的城市生活圈让人们产生了这样一种观点：城市生活是破坏人们健康的罪魁祸首。事实上，人们还提出了一种新的疾病来说明这种危害：神经衰弱。1869 年，美国医生乔治·米勒·比尔德（George Miller Beard）最早对这种疾病进行了描述，并宣称这是一种"文明病"。患者缺乏身心能量，通常还伴有失眠、焦虑和易怒等其他症状。人们认为神经衰弱是过度刺激、过度劳累和过度放纵造成的，而这都要归咎于城市急功近利的商业文化、知识分子生活的需求以及都市生活中的种种恶习与奢侈。奥姆斯特德笔下的城市劳动者不太可能被诊断为神经衰弱，因为神经衰弱很快就成了有钱人和知识分子的专利，治疗方案则是"休息"或者"去西部"。医生总是建议妇女们卧床休息，却建议男人离开城市，沉浸在户外辽阔的大自然中。许多患病的名流都接受了自然疗法，其中就包括诗人惠特曼和罗斯福总统。

在奥姆斯特德和比尔德撰写相关著作的时代，现代世界的城市才刚刚开始发展。19 世纪初，全球只有 3% 的人生活在城市地区，现在已经超过 50% 了。在未来 30 年间，这一数字预计会上升到 70%，而美国已经有超过 80% 的人生活在城市了。随着城市中心的扩大，精神疾病给全球医疗带来的负担也在增加。

尽管现在医学上已不存在神经衰弱的诊断了，但比尔德描述的这些现象并没有消失。我们现在把这些症状纳入焦虑症和抑郁症，与农村地区相比，这两种疾病在城市的发生率都更高。城市地区的抑郁症发病率比农村高出 40%，焦虑症发病率高出 20%，城市暴力犯罪率的上升也自然而然地导致更多的人患上创伤后应激障碍。不过要厘清因果关系并不容易，因为疾病和其他社会压力也会促使人们迁入城市中心，与社会剥夺相关的精神疾病患者尤其如此。英国最近的一项研究发现，在犯罪率高的贫困地区长大的年轻人患精神疾病的风险较平均值要高出 40%。

尽管城市是经济引擎和文化中心，但我们似乎为城市生活付出了代价，这一代价就是我们的心理健康。人们每天奔走在喧闹、拥挤和肮脏的街道上，城市就是这样，每天都一点一滴地给人施加更多的压力。针对通勤族的健康调查揭示了一个现实：上班途中，许多人都感受到了沮丧、疲劳、焦虑和敌意。任何一个花大把时间在通勤上的人都对此深有体会。

社会不平等、社交孤立以及在住房和工作方面的激烈竞争已经成为大多数城市的常态。此外，与生活在农村的人相比，城市居民的生活方式往往更不健康：他们往往久坐不动，对环境的把控更少，对犯罪事件也更恐惧。虽然每个人感受到的压力事件不尽相同，但是种种压力加起来，还是带来了不小的影响。

城市居民容易受到心理健康问题的影响，生活中"保护因素"的相对缺乏，更会加剧这种影响。与家人和朋友保持紧密联系能降低人们患精神疾病的可能性，可生活在城市中，人们更难与家人朋友保持密切联系，也更不可能与自然频繁接触。城市越来越大，人们离大自然越来越远。今天的一些大城市拥有大面积的高密度住宅，而周围的绿色生命却很少。高昂的地价以及对房地产的巨大需求，使所剩不多的城市绿色空间时时刻刻都受到威胁。

如今，世界各地各大学研究团队正在探究自然对人类身心健康的益处，这确实是一个正在迅速发展的研究领域。虽然城市公园和花园对心理健康的积极影响可能比不上强大的社会纽带，但它们也在悄悄发挥作用，帮助人们提升抗压能力。研究证实，接近绿色空间，可以减少人的攻击性和焦虑情绪，改善情绪，缓解心理疲劳。它还能改变人的行为方式，激励人们多运动，多与邻居互动。不过，尽管已有许多研究成果证实了这些积极影响的存在，但在很多方面，我们才刚刚开始了解我们的身心对自然做出的反应的复杂性。

一片草坪就足以算得上"绿色自然"，但就自然的疗愈效果而言，自然的复杂性和多样性非常重要。生态学家理查德·富勒（Richard Fuller）在英国谢菲尔德市主持的一项研究发现，人们在公园游玩获得的益处，与公园植被的生物多样性之间存在着明确的关系。这些研究结果表明，古人的"乡村城市"理念很有价值。就城市公园和花园而言，越是充满生机，越是自然，就越能让人受益。

如果把增加城市绿地作为一项可靠的公共卫生举措，就需要在一定人口基础上对其疗效进行量化考察，而这并不容易实现。富勒最近在澳大利亚布里斯班开展一项研究，试图考察人们造访城市公园的频率与其健康状况的关系。开展城市环境影响研究的问题之一是，那些更健康、更富有的居民可以选择住在环境更好的地区，而且一般来说，也确实如此。考虑到这一点，富勒及其团队对他们获得的大量数据进行了一系列复杂的计算，将影响健康的其他主要社会因素和经济因素也考虑在内。研究结果表明，如果布里斯班每个居民每周都去一次城市公园，那么患抑郁症的人数将减少 7%，患高血压的人数将减少 9%。这只是对一个城市展开的研究，富勒希望有人尽快在别的地方也开展同样的研究。

健康与收入之间也存在着必然联系。因此，城市中最贫困的居民的心理健康状况总是最差的。造成这样的结果有一系列复杂的原因，但缺乏绿色空间似乎就是其中一个原因，而且这种趋势越来越明显。格拉斯哥大学和爱丁堡大学环境、社会与健康研究中心的一项研究结果有力地说明了这一点。以理查德·米切尔（Richard Mitchell）为首的研究团队展开了一项对欧洲城市的大规模研究，考察了社会、经济和健康差异与社区公共设施配备情况的关系。研究人员分析了不同地区的商店、公共交通、文化设施以及绿色空间的配备情况，这些变量中唯一一个有显著影响的就是社区公园和花园的配备。研究团队还计算出，低收入群体接近绿色空间，心理健康状况得到改善的幅度可以达到40%。这个数字让研究人员大为震惊。奥姆斯特德说的没错，他设计的公园可以改善城市低收入劳动者的健康状况。

单单是行道树的存在就足以产生影响了。研究发现行道树能显著影响人们的生活感受。芝加哥大学环境神经科学实验室的马克·伯曼（Marc Berman）领导的一个团队研究了多伦多市住宅街区树木的分布情况。团队将这些信息与一份居民健康状况自评调查报告结合起来，对收入、教育和工作信息进行了数据调整之后，计算出一个城市街区多种十棵树能给一个人减少的精神痛苦，其治愈效果与收入增加10000美元相当。这个数字十分惊人，大自然的价值如此之高，但大多数人如果有机会，可能还是会选择金钱，而不是树木。

除了改善心理健康，接近绿植和树木有助于减少社区和家庭暴力。伊利诺伊大学的环境科学家弗朗西丝·郭（Frances Kuo）和威廉·沙利文（William Sullivan）发表了许多有影响力的研究文章，揭示了世纪之交绿色空间所带来的这些正面影响。他们的研究表明，生活在芝加哥贫困社区、周围有绿植的人和那些住在相似的房子里却接触不到植物的人相比，他们对生活的境况感到更有希望，也没有那么无助，在家中感受到的敌对情绪也比较少。

在另一项研究中，郭和沙利文分析了盗窃和暴力犯罪的概率，发现附近有树木和花园的房子周围犯罪率比较低。根据研究结果，他们估算，在缺乏绿地的地方进行绿化可以减少多达 7% 的违法行为。花园可以把人吸引到户外，从而有助于维护社区安全。花园起到了中介空间的作用，居民们可以在这里聚集并且相互联系，打破障碍，结交新的朋友。郭和沙利文发现，在有花园的社区里，邻里之间更熟悉，人们也更容易感觉到周围有支持他们的人际关系网络。在城市内部，通过绿化来改造无人打理和让人感觉陌生的地方，会带来不容小觑的影响。

城市是拥挤的，我们的心灵也是，不过去公园有助于扩大我们的心理空间感。在公园里，我们可以后退一步，更清晰地思考；从公园回来，我们会感觉更自由，更不容易被那些妨碍我们的事情束缚。这种效应与大脑的变化相关，华盛顿大学环境学院乔治·布拉特曼（Gregory Bratman）领导的研究小组测量到了这种变化。在这项研究中，志愿者要完成一个独自散步 90 分钟的任务，他们被随机分组，有的分到在公园里散步的一组，有的分到在公路上散步的一组。研究发现，那些在公园里散步的人心理健康得分有所提高，尤其是他们更少沉湎于焦虑和消极想法。反刍消极想法与膝下区前额叶皮层的活动有关。研究团队对公园组志愿者做的功能磁共振成像（FMRI）脑部扫描结果显示，流向膝下区前额叶皮层的血流减少了，这跟志愿者报告的静心效果一致。这是有进化论依据的：我们的狩猎采集者祖先在自然环境中活动时，他们必须全神贯注，关注到周围的一切，才能保证安全。因此，身处自然时，大脑就会放下焦虑的念头，促使人既放松又警觉，毕竟，陷入思维反刍的循环并非明智的生存策略。

从进化的时间来看，人类居住在密集的大城市中的时间非常短暂，只有六个世代左右。环境科学家朱尔斯·普莱蒂计算出，相比之下，在35万代里，人类都与大自然比邻而居，他写道："把人类历史压缩到一个星期，从周一开始的话，这个现代世界就是在周日结束前大约三秒钟的时候才出现的。"城市生活的许多负面影响都源于一个根本的错位：人脑是在自然环境中进化的，我们却希望它在今天我们居住的非自然的城市环境中发挥最佳功能。

放松状态下的专注帮助我们的远古祖先在野外生存下来。成功的狩猎和采集活动有赖于这种专注，而且这种专注无需太多力气就能持续很长时间。相比之下，现代人的生活方式更多地依赖于一种狭窄而聚焦的专注形式。心理学家雷切尔·卡普兰（Rachel Kaplan）和斯蒂芬·卡普兰（Stephen Kaplan）夫妇在1980年代展开的一系列实验展示了两种不同注意力共存的重要性。他们影响深远的"注意力恢复"（Attention Restoration）理论建立在这一发现的基础上，即自然环境能非常有效地让我们专注于任务的思维得到放松，并恢复我们的精神能量。当我们过度使用我们有意识的认知处理技能时，我们会很容易受到他们所说的"注意力疲劳"的影响，大脑就不太能抑制令人分心的刺激。有许多研究证明了这种效果。例如，一项研究发现，在植物园散步45分钟的学生在随后测试中的表现比在繁忙的城市街道上散步的学生好20%。正如奥姆斯特德所描述的，亲近大自然可以让我们既平静又振奋。

然而，注意力不仅仅是一种认知功能。精神病学家伊恩·麦吉尔克里斯特（Iain McGilchrist）认为，如果我们对注意力的理解局限于此就错了，因为，他说注意力是"我们与世界建立关系的主要媒介"。麦吉尔克里斯特花了20年研究大脑左右半球之间的关系，他得出结论，大脑左右半球分别侧重不同形式的注意力。左半球偏重狭窄的聚焦式的注意，而右半球侧重于保持对我们环境的开放而广泛的关注。这种左右脑专业化分工处理输入信息的方式，动物身上也有。人们认为大脑演化出这样的运作方式是生存所需。动物们需要将注意力集中在捕猎上，同时对更大范围内的环境保持警觉。

人的大脑非常复杂而且高度整合，用这个模型来解读人脑必然过于简单化了。麦吉尔克里斯特认为，我们的左右脑一直都在彼此沟通，而且对我们所做的一切都发挥了作用。不过，我们可能会过度使用大脑的某些处理技能而忽略其他技能，结果就是，我们会感到我们自己与我们的感受、环境以及他人失去了连接。

他解释说，现代生活中充斥着屏幕和电脑，这意味着我们80%的时间都依赖于左脑的注意力处理模式。他认为，这种左右脑使用的不平衡状态与焦虑症和抑郁症患病率的上升都有关系，也导致了更普遍的空虚感和不信任感。之所以会这样，是因为左脑会有效处理功能性的事物，并对经验进行专门分类。它侧重于处理"获取"和"使用"层面的信息，而对这些层面的关注并不会给生活带来意义感和深度。相比之下，右脑专注于连接而不是分类。右脑对信息的加工让我们更好地与自己的身体和感受相联，让我们感受到世界的丰富。我们的共情能力和最深刻的人性都是通过右脑以及与大自然的连接感带来的。按照麦吉尔克里斯特的说法，右脑让我们与世界鲜活灵动的一面建立联系。

感受到与其他生命形式的情感连接，并且能感受到它们的生命活力，这就是哈佛大学著名生物学家E.O.威尔逊（E.O. Wilson）提出的"亲生命性"（biophilia），即一种先天的"人类与其他生物的情感联系"。自从1984年威尔逊第一次提出亲生命性假说以来，"亲生命性"已成为环境心理学中的一个热门词汇。威尔逊的假说基于这样一个事实：自然界是影响我们认知和情感功能进化的主要因素。那些最适应自然、最乐于学习动植物知识的人，会生存得更好。由于我们现代人不再每天亲近自然，所以没有发展出同样程度的亲密连接，但亲近自然仍然是我们所有人都具备的天性。

走在繁忙的街道上，必须要处理大量的听觉和视觉信息，这会破坏我们的专注力。喇叭、汽笛、警报器这些东西制造出来，就是为了让人们保持警觉以保证安全，但是我们处理和过滤这些声音信息时会消耗很多能量。即便是在情况最好的时候，走在拥挤的人行道上也让人十分疲惫。在城市环境中，我们的身体和精神空间都受到不同形式的威胁。对于精神疾病患者来说，路上的大量行人与过量的感官刺激构成了极大的挑战。伦敦南部精神病学、心理学和神经科学研究所的两项研究发现，对于精神病患者来说，出门买牛奶，仅仅是沿着喧嚣的人行道走十分钟，症状就会明显加剧，尤其会加重焦虑和偏执的想法。

弗朗西斯是一个患有精神病的年轻人，他参加了一个社区花园的心理健康项目，我见到他的时候，就看到了这些因素带来的影响。他那双浅蓝色的眼睛透露出他的敏感，让我印象深刻。我想，要是在别的年代，他也许会出现在一个修道院门口寻求庇护。他身体第一次出状况是在五年前，后来几次住进医院。他被诊断为精神分裂症，也意识到自己需要长期服药治疗。

一个人一旦生病，应付城市环境就会变得很难，而且城市环境也不利于他们康复。弗朗西斯最近的一次精神崩溃发生在两年前，当时他正处于独居状态。他觉得周围环境加剧了他对这个世界的不安全感，从而旧病复发。他的公寓坐落在一条繁忙的路上，公交车、汽车和卡车往来不息，行人在他的窗外走来走去，他也越来越受不了楼上住户的脚步声。在室内，他总是感到烦躁不安，在户外也好不到哪儿去，只会让他更加焦虑，产生更多偏执的想法。他走在街上，受到过度的感官刺激，这让他感觉自己仿佛没有屏障，似乎很容易被他人所伤，仿佛心理上被扒掉了一层皮，找不到安宁。

　　弗朗西斯在外面的世界所经历的拥挤和不安的感觉，就是他内心拥挤不堪的外在反映。他的病已经到了这样的地步，他脑子里每冒出一个想法，就有一个声音告诉他错了。他开始躺在床上，不分昼夜地戴着耳机听音乐。一个社区精神卫生小组参与对他的护理工作，尽管每天都有人去公寓看他，他还是又住进了医院。最后，他的情况终于有所改善，搬到了父母家。在接下来的几个月里，他完成了一个疗程的认知行为治疗，这有助于他处理内心的冲突，但他仍然无法找回生活的动力。

　　丧失动力是精神分裂症的常见症状，弗朗西斯就是这样。一个人之所以会丧失动力，主要是因为大脑中多巴胺的系统调节异常。多巴胺这种神经递质是一种基本的生命化学物质，我们和其他哺乳动物都会分泌多巴胺。多巴胺能引发生存所需的探索行为，并且在大脑的"奖励"系统中起着至关重要的作用——事实上，这更像是一个寻求系统，因为它更多地是由对奖励的期望而不是奖励本身驱动的。它给了我们的狩猎采集者祖先"起来、行动"的动力，让他们去探索周围环境——如果他们要等到饿了才动起来，他们就没有力气走路，没有力气找食物了。结果，我们的大脑演化成了今天这个样子，在我们探索环境时会给与奖励。

我们的多巴胺大部分来自古老的大脑皮层深处的两小团细胞，长长的神经纤维把多巴胺运送到更远的地方，包括大脑皮层。这意味着，在人类身上，由多巴胺引发的探索冲动不仅仅存在于思维上，还存在于躯体上。多巴胺会让人产生目标感和乐观的期待，促进整个大脑的连接和沟通，所以，如果我们的多巴胺分泌较少，我们就会觉得没有动力。

当弗朗西斯听一个朋友说起当地的社区项目并得知自己有参加资格时，他决心试一下。那个花园在一个很大的小区边上，离一条主路很近。花园藏在一些树后面，简直就是一个绿色天堂，与周围的环境形成了鲜明对比。弗朗西斯说，周围的环境"充满太多钢筋混凝土了"，他以前就很喜欢亲近大自然，但长期的住院卧床之后，他的身体变得很虚弱了。

一开始，他发现栽种植物、浇水和除草对自己都是极大的挑战，但还是坚持了下来。花园的项目组织者很有经验，知道怎么帮助有心理健康问题的人，而其他的一些参与者也跟弗朗西斯有类似的心理问题。弗朗西斯和他们的互动并不多，但一起劳作让他感到很安全。渐渐地，他专注于手头工作的能力提高了，而且在没有感受到威胁的时候，他的关注点开始转移到其他事情上。沉浸在大自然中，他就不再那么容易被焦虑的想法所干扰了。他开始留意天气的变化，并注意到植物的变化。正如他说的那样，他开始关注"一天与另一天的细微差别"。在花园中劳作后，他能够向外界敞开自己了。

弗朗西斯参与这个项目的第一年，与其他人接触仍有困难。每一次与人打交道的时候，他都把事情复杂化了，也觉得自己有必要为他人的情绪负责。相比之下，与植物打交道更加简单，植物不会发出任何令人困惑和让人焦虑的信号，他也无需考虑植物的感受。"我相信大自然。"他告诉我。偏执和信赖是截然相反的感觉。当他极度焦虑时，各种各样的事情都会引发偏执的想法，而与植物打交道会让他心静下来。正如他所说："植物比人更加诚实。"

吸引那些退伍军人的是树木的坚韧和强大的力量，而弗朗西斯与植物的关系恰好相反，这种关系与脆弱相关。用弗朗西斯的话来说，照顾这些"娇弱的植物"，就相当于把他自己的脆弱放到了一个不同的环境中。他与这些植物产生了共鸣，所以能从植物身上学习，"植物很脆弱，但似乎也很积极：它们历经四季，依然在这里活得好好的。"他把花园里的植物当作他的"温柔向导"，因为它们向他展示了存在的另一种方式，让他明白，脆弱不一定就是灾难。

弗朗西斯说，他过去总是试图"用力地抓着东西不放"，失去之后，他就会生自己的气。通过园艺，他对生活有了"更加深刻的理解"，并渐渐习惯了"万物来去，没有永恒"，也不再对自己生气了。他过去干什么总是没有条理，什么都是乱糟糟的，但他在花园中的表现却完全不一样。他说："在花园里，你不能没有条理——园艺本身就是让一切有条有理。要是你不照看好植物，植物就会枯萎、死掉。"尽管弗朗西斯对很多事情都感到厌烦，但他一次都没有觉得园艺活儿很枯燥。

照料花园让他有了新的目标感和动力。这个项目为当地社区提供了资源，所以他也觉得自己在做一些"意义重大"的事。尽管他有时候仍然觉得难以集中注意力，但他的记忆力提高了。一年半后，他觉得自己基本上准备好可以开始接受园艺培训了，并且希望最后可以找到一份园丁的工作。采访结束的时候，弗朗西斯对自己的经历做了一个总结："我从生活带给我的冲击中走出来了，现在对生活有了更多了解。"

弗朗西斯参与的这类社区花园项目，可以给患者带来诸多方面的治疗效果。花园环境有助于减压，参与者可以与植物、与人建立关系。最重要的是，对于像弗朗西斯这样离群索居的人，园艺活动提供了复杂的环境刺激，让大脑保持活跃。

实验大鼠的神经系统与人类相似。数十年来的科学研究表明，它们在神经科学家称之为丰富的环境中长大时，健康状况、抗压能力和学习能力都比那些没有生活在丰富环境中的老鼠强。

它们的大脑显示神经发生的程度更高，脑源性神经营养因子水平也更高，而且海马齿状回神经元的数量是其他老鼠的两倍，这些神经元在学习和记忆中起着至关重要的作用。

环境丰富的鼠笼里通常会有一个轮子、一只球、一条隧道、一架梯子和一个小游泳池，相当于大鼠的游乐场，笼子里不同形式的刺激触发了它的寻觅和探索活动。对照组的大鼠则养在只提供食物和水的标准笼中。一直以来，在实验室中进行的有关丰富环境对大脑影响的研究从未涉及天然形态的丰富环境。最近，里士满大学神经科学教授凯利·兰伯特（Kelly Lambert）改变了这一研究现状。她决定再增加一种鼠笼，笼子里有泥土和植物材料，包括枯枝、残根和一段空心圆木。

老鼠是夜间活动的动物，所以它们的行为是在一种它们察觉不到的红光下监测到的。次日，兰伯特看录像时，正如她预测的那样，空荡荡的标准笼中的大鼠，用她的话来说，"就像僵尸一样"——它们彼此之间基本没有互动，而在人工的环境丰富的鼠笼中的大鼠更活跃，相互之间有更多互动。但当她看到自然的环境丰富的鼠笼中的大鼠时，她简直不敢相信自己的眼睛。她惊讶极了，把助手叫过来一起看。实验室里培育的若干代大鼠从来都没有接触过自然环境，所以人们都以为，它们更喜欢塑料玩具，不喜欢树棍和泥土。但在笼子里的这个迷你自然界中，它们是研究团队见过的最兴奋、最活跃的实验鼠。它们在玩耍、挖土，玩得不亦乐乎，而且它们之间的连接和互动也友善得多。

这个实验发现太让人震惊了，因此兰伯特和她的团队又展开了第二次实验。这次他们把实验时间延长到16周，同样将兰伯特所谓的"城市鼠""乡村鼠"，以及标准鼠笼里的大鼠进行比较。

城市鼠和乡村鼠的生化测试结果基本相似，都优于未受刺激的大鼠，不过"乡村鼠"的脱氢表雄酮（DHEA）与皮质酮的比例更健康。但在分析它们的行为模式时，"乡村鼠"占了绝对优势：比起"城市鼠"，"乡村鼠"在面临压力时，具有更强的韧性，它们探索的时间也更长，在测试中表现出更强的毅力，并且比其他大鼠更善于互动。

尽管兰伯特把这些大鼠称为"城市鼠"和"乡村鼠"，实际上她给"乡村鼠"的环境并不是乡村——她并没有把它们放归乡野——它们的环境更像是一个可以在其中玩耍的花园。令人惊奇的是，过去几十年对丰富环境的研究中，几乎从未涉及自然刺激和人工刺激的差异。接触自然元素似乎比接触人工元素更能刺激神经系统。大鼠也一定是感受到了这些区别，它们身上也展现出了"亲生命性"特质。

丰富的环境对大脑的积极影响，也是19世纪在治疗神经衰弱时"去西部疗法"大大优于"休息疗法"的一个原因。今天，我们生活在一个与自然分离的时代，这种分离状态是有史以来最严重的。不仅是城市的发展让我们远离大自然，我们的科技和无处不在的电子屏幕文化也让人们彼此分隔开来。在世界上一些地方，人们几乎不会去户外。比如，有报道说美国人平均 93% 的时间要么待在室内，要么坐在封闭的交通工具里。

常识告诉我们，新鲜空气、阳光、运动以及绿色的安静空间对城市居民的健康有益。然而，我们已经离这些元素太遥远，甚至需要科学证据来证明它们对自己的益处。不过，恐怕常识没法告诉我们的是绿色空间的另一个好处，那就是其"亲社会"效应。兰伯特在她的实验中发现了这一点，她看到"乡下鼠"互相梳理毛发，并以一种更友善的方式互动。弗朗西丝·郭和威廉·沙利文在针对芝加哥住宅的研究中观察到了这一点。就城市生活而言，这可能就是大自然对我们最深刻的影响之一——简单地说，在有植物和树木的环境中，人们的行为更加友善，彼此的联系也更多。

绿色植物对人的社交所造成的影响已在实验室研究中得到证实。例如，一项研究发现，置身于养了绿植的室内或者观看自然景色而不是城市景观时，人们做出的决定会显示出更多的包容性和信任感。人们越是沉浸在自然景色中，这种效果就越明显。在韩国进行的一项研究运用了功能磁共振成像技术，结果显示，令人愉悦的自然景观激活了大脑中与产生共情相关的区域。研究团队接下来进行的心理测试结果也显示，受试者更慷慨包容了。这些实验表明，当我们感受到大自然的丰富时，我们会更容易信任他人，也更愿意付出。

城市生活让我们面对一大群人，这对我们的信任能力构成了挑战，也削弱了我们的同情心。城市环境让我们变得冷漠和多疑，利于个体生存的本能随之涌现出来，我们的心理也跟着变得自私。可是，在自然环境下就不一样了，自然让我们觉得与周围世界的联系更加紧密了。我们就像戴上了一副不同的眼镜，对世界的看法变得有些不同了，这个"世界"不局限于树木和绿色植物，也包含人。树木、公园和花园在不知不觉中影响着我们，让我们的眼光变得更加温柔，每个人都变得更有同情心，更愿意与他人建立联系。

第六章

根

难道我不该与大地灵性相通吗？难道我自己本身不也是绿叶和腐土的一部分吗？

——亨利·戴维·梭罗（Henry David Thoreau，1817—1862）

菜地里产出的第一批蔬果，无疑应该现采现吃。刚拔出来的胡萝卜，在花园的水龙头底下随便冲冲就吃，没有比这更美味的了；带着点泥土温度的萝卜，吃起来有股温和的辣味，没有比这更带劲的了。给芝麻菜疏苗的时候，边疏边吃，鲜嫩的芝麻菜叶就更加鲜美多汁，而小蚕豆的诱惑几乎无法抵挡——早早地就熟了，为何还要等烹饪了再吃，直接剥开毛茸茸的豆荚尝鲜不好吗？

　　我家菜园的大门边上长着一片酸模[1]，那是多年前我种在抬高的苗床的一个多石角落里的。刚入夏的时候，我就经常看到孩子们凑在这儿，蹲在地上，像兔子吃草一样，享受着酸模叶的美味。幼嫩的酸模叶像冰冻果子露一样美味，它们那柠檬味的汁液

1　酸模（*Rumex acetosa*），蓼科酸模属多年生草本植物，含有丰富的维生素A、维生素C及草酸，草酸使得此植物尝起来有酸溜口感，常被用于给料理调味。

在你的口腔中迸溅开来，让你流涎不止，这感觉绝无仅有。一年中有那么几次，我会采摘一些叶子来给汤和酱汁调味，不过我经过大门的时候也常常停下来享用一点新鲜酸模。

就连野草也会给我们馈赠。每年春季，我都会挑选第一批破土而出的荨麻来做汤，还会采一些红色的榆钱菠菜[1]加到沙拉里。接下来是我们自己种的植物，比如旱金莲和金盏菊，这些花都是很多年前种下的，它们已经在我们的菜地里自由自在地结籽繁殖了。它们的红色或橙色花瓣可以食用，整个夏天，我就采集花瓣来装饰各种菜肴。

在花园里所有可采食的东西中，我最喜欢的是野草莓。这些小小的高山果子永远进不了厨房，更别说做成菜盛在盘子里了。只要我在打理花园，我就总会搜寻野草莓的身影，在枝叶中摸索，寻找它们深红色宝石般的浆果。它们那种可口的味道层次丰富，让人无法抵御：既甜美又刺激，既有花香又有果香，既清爽又带着点儿陈味，集各种滋味于一身。

通过园艺，我们可以为自己打造并拥有多种可能的环境，其中一种可能就是把花园变成一家人的采集园。我们去园子里采摘水果、鲜花和其他作物时，对收获的期待会刺激令人情绪激昂的

---

1 榆钱菠菜（*Atriplex hortensis*），藜科滨藜属一年生草本植物，原产欧洲，中国北方各省多见栽培。榆钱菠菜是一种耐寒、耐干旱的蔬菜，在碱土中生长茂盛。

多巴胺的分泌，这情形，就像旧石器时代我们的祖先受其驱使走出洞穴一样。

　　在自家院子里采集食物，这话似乎有点儿矛盾，但花园里总会长出一些野生植物，即便在很小的一块地上逛悠和探寻，那种感觉也更像是采集，而不是收成。要问我们的远古祖先起初是如何在大地上耕作的，我们可以从采集活动与园艺劳作的交集开始，回溯一切的源头。那么，探索史前阶段，会给我们带来哪些有关园艺起源的领悟呢？

　　人类最初的园艺活动发生在我们的史前时代，无疑这很难追根溯源。跟工具、雕刻品和其他手工艺品不同，园艺成果几乎没有留存至今的，它们全都进入了自然的循环和再生过程，不过在土壤和植物上的最新研究进展开始揭示一些有趣的线索。相比之下，农耕的起源早已得到了全面的阐释。农作物驯化过程中发生的基因变化表明，大约一万两千年前，人类已经开始在新月沃地 [1] 进行农业耕作了，这一广大地区包括现在的中东和近东。过去人们认为，农业就像一项新发明一样从新月沃地向外传播，但现在我们知道，全世界至少有十个别的地区在各自发展农业，包

1　新月沃地（Fertile Crescent），亚洲西部两河流域及附近的一条弧形狭长地带，土地肥沃，因为在地图上好像一弯新月，所以美国芝加哥大学考古学家詹姆斯·布雷斯特德将其称为“新月沃地”。这里是广义上的古代农业摇篮地区。

括中国和中美洲。

这段史前时期被称为"新石器革命"，由近一百年前考古学巨擘 V. 戈登・柴尔德（V. Gordon Childe）命名。之所以这样命名，是因为农耕实践带来了深刻的社会经济变革。人们认为，人类从狩猎采集的生活方式转到农耕，是因为气候变化导致食物供应减少，而几乎没有播种经验的狩猎采集者出于形势所迫才开始耕种土地。如果把着眼点都放在粮食作物上，人们就会认为农场先于花园产生，非必要的植物耕作发展较晚。然而，栽培繁育植物的技术不可能在广袤的原野中发展起来，因此狩猎采集者一定是先学会了在小块土地上耕作。而且，从播种到收获还有时间上的延迟，人们最初的尝试也是小规模的，所以他们不太可能是受到生存需要的驱使才去耕作的。

柴尔德有一本很受欢迎的书——《人类创造了自己》（*Man Makes Himself*），他在书中把耕作描绘成一种类似科学技术的重大突破——耕作使人类能够控制自然。尽管他认为小规模的花园种植应该先于农业出现，但他把这看作一种"次要"的行为。按照他的话来说，园艺不像农业，园艺始终是女性的天地，而男性从事的是"真正严肃的逐猎活动"。女性从事园艺的时候，也在做其他工作，比如养孩子、采集和准备食物。挖掘棍是主要的采集工具，用来挖掘泥土下的根和块茎，还可以用来挖土。这些花园虽小，却绝非"次要"，它们标志着人与植物之间关系的一个重大转变。

　　人们越来越清晰地认识到，新石器时代初期发生的变化是人与植物关系缓慢演变的结果，而不是一场激进的变革的结果。用英国伦敦大学学院考古植物学教授多利安·富勒（Dorian Fuller）的话来说，第一批农人当时正在构建一个"旧石器晚期发展起来的有关植物栽培的集体记忆的深厚文化传统"。富勒认为，即便狩猎采集者没有从事耕种，人种学证据也显示，他们已深谙植物繁衍的奥秘。

　　富勒专门研究中国种植业的起源，他解释道，最早的花园不是用来种植生存所需的作物的，而是用来种植"贵重食品"——在他看来，是宴席上和特殊场合需要的那些食品。换句话说，这些作物背后的种植动机可能与社会仪式和社会地位相关。农业时代田间种植的作物往往很单一，农业出现以前的花园则具有多样性，栽种着各种植物，供不同时节使用。

　　当然，世界各地栽种着不同的植物，可一般来说，人们最初栽种的植物都是非常受欢迎或者非常稀有的。各种非食用类植物都属于这一类，包括药物和致幻剂，还有香草、辛香料、染料和纤维类植物。譬如，人们大量种植葫芦，就是为了用它来做容器，也做乐器。跟无花果一样，葫芦也是最早被人类驯化的一种植物。这种在种植粮食作物之前就种植特殊植物的现象在墨西哥有十分明确的记载。在墨西哥，辣椒、牛油果、大豆、某些品种的南瓜和某些果树，例如 cosahuico 和 chupandilla，就比玉米、小米等粮食以及苋菜的驯化时间早了几千年。

考古学家安德鲁·谢拉特（Andrew Sherratt）提出的观点完全颠覆了人们对种植业的传统看法。他把人们从花园栽培到农业耕种的这条路描述为一条源于奢侈品、终于日用品的种植道路。园艺聚焦于种植提高生活质量的植物，这意味着从一开始，园艺就是文化的表现形式。

越来越多的证据表明，许多狩猎采集部落并不是人们过去想象的那样过着漂泊不定的生活，而且，携带种子也很方便。人们可以从事一些简单的园艺，栽种发芽迅速的一年生植物，这并不妨碍营地的季节性迁移。当采集食物的地方足够大时，狩猎采集者有时候就会在一个地方待更久。这看起来很明显，人类开始进行小规模的耕作并不是因为食物匮乏，而是因为食物充足。人们在湖泊、沼泽或河流边安营扎寨，享有水源和沃土，再加上稳定温暖的气候和周围丰富的自然资源，便拥有了进行植物耕作实验的时间和机会。

名为"欧哈娄 2 号"（Ohalo II）的史前狩猎采集营就位于这样一个地方。欧哈娄 2 号遗址在加利利海下，保存得相当完好。大约在公元前 2.3 万年，一小群人就聚居在海边的 6 间小屋里。从周围环境中采集的 140 多种野生植物的遗迹显示，这些人在积极地进行采集活动。以色列考古学家组成的一个团队对此进行了更深入的分析，研究发现，当地居民还种植了一系列的食物，包括豌豆、兵豆[1]、无花果、葡萄、杏仁、橄榄和二粒小麦。这个遗址的作物种植时间非常早，比新月沃地早了 1.1 万年。

比起狩猎采集，把这群人的生活方式称作"狩猎采集耕作"更恰当。他们不仅同时进行采集活动和植物栽种，有时还把二者合而为一。资源丰富的时候，狩猎采集者开始进行不同形式的主动采集，或曰"管理采集"，而不是简单地采集食物。他们开始剔除不想要的植物，为希望茁壮成长的植物腾出空间，并把耕种区域的杂草清理干净。事实上，在采集和种植之间并不存在明确的分界线。正如美国人类学家布鲁斯·D. 史密斯（Bruce D. Smith）所写的那样，这里存在一个"广阔和多样化的中间地带"。

现在人们认为，地球上最早的园艺活动出现在东南亚的热带森林中。研究者对婆罗洲丛林的土壤和降雨模式进行分析后发现，5.3 万年前，在上一个冰河时期，当地居住者就已懂得火耕和取火照明。在进化过程中的某些节点上，人类的思维中开始融入了大自然的模式，人们开始对自然进行模仿。森林居民观察到

1　兵豆（*Lens culinaris*），一年生或越年生草本植物，又名滨豆、鸡眼豆。外形扁薄，凸透镜形，表面平滑，有浅红、黄、黑、绿、灰褐等色，或带斑点、斑纹，味道有点像蚕豆。起源于亚洲西南部和地中海东部地区，新石器时代就有栽培。

雷击后的焦土上会绽放出新芽，长出新的植物。大自然创造了最初的"花园"，在此过程中还给人类提供了模板。随着森林里的园艺活动逐渐成熟，人们开始通过引水、除草、施肥和移栽树苗等其他方式来塑造环境。耕种就是在"驯化"野外环境并提升环境中有利于提高生命质量的因素，因此，你可以说它标志着文化的起源。毕竟，"文化"（culture）这个词，就是源于耕作土地、栽种和照料植物的行为。

我们往往认为大自然总是受猎食关系支配，不过自然界中还是能找到许多合作关系，其中有的关系看起来很像"栽种"。所有的物种都在自己的环境中构建生态学家所说的"生态位"[1]。每一种生物都必须这样做才能生存，而它的生态位会对周围生物产生破坏性或者建设性的影响。两个不同物种之间的互利或共生关系是通过一种彼此协同进化的形式出现的，称为"共同进化"。

以栖息在南非西开普省礁石海滩中的长棘帽贝为例。与其他多数帽贝不同的是，这些帽贝会管理它们的觅食地。每只长棘帽贝都照料着自己的棕色疣状褐壳藻[2]。那么，帽贝是怎么进行园

1　生态位是指一个种群在生态系统中，在时间、空间上所占据的位置及其与相关种群之间的功能关系与作用。亲缘关系接近的、具有同样生活习性的物种，不会在同一个地方竞争同一生存空间。

2　疣状褐壳藻（*Ralfsia verrucosa*）分布在海水、半咸水中，是附着于中潮带至低潮带岩石上的黑褐色硬壳状海藻。

艺操作的呢？首先，它把地面清理干净，用锉刀般强有力的舌头把一块岩石舔干净；接下来，褐壳藻开始在岩石表面生长，帽贝会清除掉其他健壮但它们并不想要的藻类。不久，它就拥有了一块鲜嫩又富于营养的"草坪"。帽贝的排泄物起到了肥料的作用，它的贝壳下储存着水，在低潮期可以释放出来，防止褐壳藻干涸。所有这些养护措施和持续的"除草"使花园保持在最佳状态。最重要的是，帽贝食用褐壳藻的速度没有藻再生的速度快，它"吃藻"的方式是一条一条地"割掉""草坪"。这就是生物学家说的"谨慎放牧"。

这个褐壳藻花园里应该立一块"请勿靠近"的牌子，因为一只长棘帽贝绝不允许别的帽贝涉足自己的褐壳藻花园，更不用说在这里觅食了。其他种类的帽贝大都会四处觅食，要是一只帽贝胆敢侵犯长棘帽贝的领地，就会遭到驱赶。褐壳藻一旦得不到保护就无法存活，它们要么被觅食的帽贝吃光，要么被生命力更强的藻类排挤掉。这些藻类花园就是生物共生的一个经典例子，用通俗的话来说，这就是一种固有的、可持续的共同生活方式。

蚂蚁特别善于构建共生关系，据说有的共生关系已存在了数百万年之久。这些蚂蚁有创造地下真菌花园的切叶蚁[1]，还有最近

1　切叶蚁分布在中美洲和南美洲地区以及北美洲的墨西哥还有美国南部。它们从树木和其他植物上切下叶子，用叶片来种植真菌。它们用长出的真菌喂养幼虫，成虫主要吸食被它们切碎叶片的汁液。

发现的斐济蚁——它们能够播种穗鳞木属植物[1]的种子，并培育果实。这些从事栽种的蚂蚁队伍庞大，它们的活动类似于人类的农业活动，而切叶蚁培育的真菌，就像人类驯化的粮食作物一样，也需要蚂蚁的帮助才能自我繁衍。

除了"蚂蚁农夫"和"帽贝园丁"以外，会"耕种"的还有白蚁和甲虫，甚至有一种蠕虫也会给植物播种。然而，哺乳动物里只有智人才会耕种，所以，我们的祖先是懂园艺的人猿。

不论人类文化在启动耕种活动的过程中扮演了什么角色，大自然都发挥了作用。考古学家肯特·弗兰纳利（Kent Flannery）写道，耕种的起源"既跟人类的意图有关，也与一套潜在的生态和进化原理相关"。弗兰纳利在墨西哥大学专事墨西哥史前研究，他的研究让人们开始关注在人与植物的关系中植物所扮演的角色，尤其是植物通过变异和杂交的方式对人类的干预做出反应的能力。

对于花园是如何从狩猎采集者居住的生态位发展演变而来的，人们提出了两种截然不同的观点。其中一种观点认为花园的出现与垃圾堆有关，另一种观点则认为那也许是意料之外的与仪式有关的结果。

---

1 穗鳞木属植物是一种在其他植物或树上生长的附生植物，它们无法从土壤中获取养分。

"垃圾堆理论"是由美国民族植物学家埃德加·安德森（Edgar Anderson）在 1950 年代提出来的。他假设，当狩猎采集者能在一个地方停留足够长时间时，他们就会受益于垃圾堆中发芽生长的植物，毕竟，垃圾堆是大自然化腐朽为神奇、让种子生长结果的绝佳场所。让安德森感到震惊的是，葫芦、西葫芦、苋菜和豆类等植物很容易在垃圾堆中生长，它们也是世界上许多地方最早种植的植物。他还认为，考古学家低估了这些植物在种植业发展中起到的作用，因为跟小麦和水稻相比，它们都被视为更"卑贱"的植物。

　　清理干净的空地有助于植物集群的生长。人们认为狩猎采集营的一些自播植物具有精神类药物的功能，像烟草、天仙子、罂粟都属于这一类，它们很可能因此得以与人类建立了更密切的关系。此外，很多在垃圾堆中"无意间"生长出现的花园中可能有各种自然状态下不会长在一起的植物。因此，安德森认为这些花园为植物的杂交和育种提供了一个大熔炉。不管长出什么样的植物，人们最想要的植物总是会受到保护，这就诞生了最初的家庭花园，或曰"门阶花园"。

　　安德森的花园起源理论被广泛接受，从生物学角度来讲也很合理。不过，另一位 20 世纪的美国民族植物学家查尔斯·海瑟（Charles Heiser）提出了一个不太为人所知的观点，来说明另一类型的花园的由来途径。

每年，第一批成熟的果实都在提醒我们，人类是多么需要大地的滋养。按照传统，为了庆祝果实的出现，或者说再次出现，人们都会举行庆祝和祭祀仪式。最早记录下来的人类仪式中，有一些就与第一批成熟的果实相关，而且这些仪式在世界各地的许多文化中都有发现。考虑到这类仪式的普遍性，海瑟认为它们也许比我们想象的要古老得多。

人种学记录显示，许多狩猎采集部落将第一批成熟的果实作为供品献给神明，有时候还把一些种子埋到土里，并在这些地方用石头作标记。海瑟推测，史前时期人们进行祭祀仪式时，散落或者掩埋的种子会发芽生长，产生意料之外的花园。他就此认为"最初栽培的花园和最初的神圣花园可能是一起出现的"。

海瑟的理论向我们展示了狩猎采集者的内心，并提醒我们，环境既可以是物理意义上的家，也可以是精神的家园。事实的确如此，我们可以追溯到很久以前，花园在宗教和神话中都占有重要的一席之地，而且古代的记录也显示每个庙宇都有自己的附属花园。人们通常认为，最先出现的是园艺栽培，然后才衍生出与栽培相关的信仰和仪式，但是海瑟的理论把这个顺序颠倒了。他在1980年代提出了自己的理论，从那时起，仪式在人类文明演化史上扮演的角色在我们对史前史的探索中就占据了更核心的地位。既然现在人们认为仪式对艺术的起源具有重大贡献，难道仪式就不能对园艺栽培的起源也产生重大影响吗？不过，海瑟自己也说，这件事我们也只能作如此猜想而已。

　　狩猎采集者的世界是一个生机蓬勃的世界。自然界的每一个角落都有着独特的能量和活力。日常生活中也有神性存在，而仪式就是人类与灵性世界的象征性互动。人类向大地表达崇敬之情，同时也在影响大地。仪式给不确定或者不稳定的情景带来秩序感，可以缓解焦虑，肯定共同的价值观，并增强群体的团结。就史前人类而言，研究者认为，仪式在狩猎采集文化中发挥了重要作用，它能维持社会凝聚力，让群体和部落正常运作。

　　研究仪式的一部关键著作是由人类学巨擘布罗尼斯拉夫·马林诺夫斯基（Bronislaw Malinowski）于大约一百年前写就的。一战期间，他在巴布亚新几内亚的一个偏远地区——特罗布里恩群岛[1]生活了几年，写了三本关于这个即将消失的狩猎采集者的世界的书，其中一本叫《珊瑚园及其魔法》（*Coral Gardens and Their Magic*），全书都在描述特罗布里恩人的园艺实践。

　　特罗布里恩群岛的居民有着悠久的捕鱼传统，但马林诺夫斯基认为他们首先是园丁，其次才是渔夫。虽然这里带头的是家里的男人，但一家人都会在一起耕种。马林诺夫斯基观察到，他们

1　特罗布里恩群岛（Trobriand Islands），西太平洋新几内亚岛东南所罗门海的小岛群，由8个小珊瑚岛组成，陆地面积共约440平方公里，是巴布亚新几内亚的属岛。

十分享受"挖土、翻地、播种，看着植物生长、成熟、丰收"的过程。特罗布里恩人的社群生活围绕花园展开，他们的自豪感和理想抱负都来源于此，因而他们"对园艺美学有一种惊人的关注"。

尽管特罗布里恩人已经是知识渊博的园艺家了，但要确保植物生长旺盛，再多的技巧都不够。要想让花园果实累累，魔法至关重要。岛上每个村庄都有一个村长，名叫"托沃西"（towosi），也是"花园巫师"。托沃西负责主持耕种日历表上的所有重要仪式。在有些仪式中，人们要将食物献给神灵；在另一些仪式中，巫师会用一根神圣的挖掘棒敲打土地。而几乎在所有的仪式里，人们都会念诵魔法咒语。这些咒语听上去就像诗歌或者赞美诗，马林诺夫斯基称之为"生长魔法"。这些似乎与我们的世界相距甚远，但我们所说的"绿手指"也许就包含了对魔法的信仰，因为栽培植物的过程总是带着点神秘色彩的。

花园之美是特罗布里恩魔法的固有成分，因为人们相信，只有美丽的花园才能长出茂盛的植物。他们把山药块茎种在分格的地里，并且非常小心地将苗圃与山药藤攀爬的杆子对齐。马林诺夫斯基把这些花园描述为"艺术品"，人类学家阿尔弗雷德·盖尔（Alfred Gell）后来进一步阐发了这个观点。盖尔说："我们可以把四方形的特罗布里恩花园想象成艺术家的一块画布，经由一个我们无法用直觉感知的神秘过程，画布上神奇地出现了某些形体——这还是一个挺不错的比方呢。"他认为，经过特罗布里恩人的精心设计，藤蔓和卷须缠绕在架子上，这和欧洲布局工整的花园的林木造型艺术相比，也丝毫不缺少"美感"。这些论述提出了一种可能性，即具有审美价值的花园在其诞生之初也许跟仪式有着密切的关系。

在特罗布里恩文化中，人与植物紧密相连。事实上，人类的繁衍和植物的再生在他们眼里是一回事，因为他们认为掌管人类生育和植物繁殖的是同一个神。种下第一颗山药时，他们会吟诵促进生长的咒语，最后几句是这样的："我的花园腹部平坦，我的花园腹部凸起，我的花园腹中有胎儿，鼓起来了。"在接下来的几个月里，每一块埋了山药的土地都隆起，花园的腹部真的"鼓起来"了。这种植物繁殖象征着怀孕的观念在其他种植山药的文化中也能找到。在有的文化中，人们将种植山药的过程描述为"父性的"块茎插入大地，过一段时间，"母性的"大地就会孕育出新一代的山药。

这不是现代人类中心意义上的拟人化。说植物像人，是因为人像植物，二者都是同一个自然的组成部分，相同的特点将其联系在一起。这不是巴布亚新几内亚人独有的思维方式，亚马孙河上游的阿库瓦族（Achuar）有过之而无不及。他们把栽种的植物看成人：一个阿库瓦女性有两个孩子，一个是自己的亲生孩子，一个是自己照料的植物。这个偏远的狩猎采集部落有着悠久的耕作传统。1970年代中期，人类学家菲利普·德斯科拉（Philippe Descola）和他的同行妻子安妮－克里斯蒂娜·泰勒（Anne-Christine Taylor）在他们的部落中生活了几年，研究他们的生活。与特罗布里恩花园不一样的是，阿库瓦人的花园是私人空间，通常不允许男性进入，所以德斯科拉的研究很多时候要借助他妻子的实地考察。

每个花园的边界处都种着香蕉树。以此为界，女人们就在围起来的花园里栽种木薯[1]、山药和芋头等主要块茎植物，还有果树和各种药用植物。阿库瓦女性是技术熟练的园艺师，她们的地里通常种了大约一百种不同的植物，有的是家养的，有的是野生的。维护这么大的一片园地，她们用的工具只是小小的砍刀和挖土棒，跟特罗布里恩岛上居民使用的工具很像。花园的美观十分重要，对于一个阿库瓦女人来说，把花园里的杂草除干净是一件很值得骄傲的事。德斯科拉描述了花园植物的布局，"按照它们的相似性来栽种，苗床之间隔着精心耙过的沙子小径，就像日式花园一样"。

阿库瓦人也相信花园魔法。要成为一名优秀的园丁，就需要学习许多名为"安南特"（*anent*）的魔法歌谣。这些歌谣是耕作过程中不可缺少的组成部分，很多都是献给名为"农魁"

---

1 木薯（*Manihot esculenta*），大戟科木薯属植物，耐旱抗贫瘠，广泛种植于非洲、美洲和亚洲等地的100余个国家或地区。

（Nunkui）的神灵的，妇女们一边耕作，一边轻轻地吟唱。在阿库瓦族的神话中，农魁是所有栽种植物之母，居住在泥土里。尽管花园和丛林界限分明，但阿库瓦人认为二者是一个连续体。对他们来说，生长在森林深处的野生植物属于另一类花园，由农魁的兄弟沙凯姆（Shakaim）掌管。

植物被阿库瓦人赋予了灵魂，不同的植物品种具有不同的品性。栽种木薯是很有仪式感的，因为和花园里的其他植物不同，它带着点邪气。栽种木薯时，人类和木薯达成了一项特别的交易——"木薯允许人类吃掉自己，前提是人类承担起让木薯继续繁衍的责任"。妇女们对着植物唱歌时，她们的园艺活动就联合了农魁的生殖力量。在对木薯的祈愿歌中，她们反复地吟唱："身为农魁的女人，我召唤丰盛的滋养降临此地。"按照德斯科拉的描述，阿库瓦妇女的园艺活动"可以被视为每日重复的创造行为，在她们的创造活动中，农魁产下了她们栽培的植物"。

德斯科拉所谓的这种"园艺母性"具有双向作用。妇女们照顾花园，也在花园的庇护中寻求关怀。公开表达情感并不为阿库瓦人所鼓励，但在花园里，女人们可以安全地表达自己的悲伤、痛苦和喜悦。她们要生产的时候，也会到花园里去。花园是新生命降临的地方，也是保护和滋养新生命的地方。更重要的是，妇女们相信，在花园里她们可以借助农魁的创造力平安生产，这样的信念让她们更加坚强有力。

我们现在认为社会仅限于人类世界，但对于狩猎采集者来说，社会更加包罗万象。社会、自然和精神不是独立的领域，而是同属于一个世界。心理学家尼古拉斯·汉弗莱（Nicholas Humphrey）在研究人类意识的进化时提出，智人的社会智力对人类的进化影响最大。他认为，我们倾向于"把非社会的东西带入社会"，在种植活动的初期，人类就深深仰赖这种天性。照顾植物需要在一定程度上满足它们生长发育的要求。这是一个给予和索取的过程，建立在汉弗莱所谓的"简单社会关系"上。

人类的大脑天生就能与大自然亲密接触，这是我们狩猎采集者祖先的遗传。很难说园艺天分就写在我们的DNA中，但我们确实与植物有一种连接，因为我们的远古祖先能存活下来就有赖于此。因此，人类与植物之间存在着深厚的亲密关系，我们也乐于了解植物的习性与特点。人类在耕种过程中发挥了这些技能，把这些技能与关怀他人的本能结合起来，而关怀能力正是人类这个物种的独特之处——我们分享食物，照顾病人，达到其他灵长类动物难以企及的程度。然而，我们史前史的研究，往往着眼于那些表现人类高级智慧和精湛技艺的进步上。实际上，很有可能是照护角色的变化，塑造了早期人类与植物的关系。

人类学家蒂姆·英戈尔德（Tim Ingold）指出，我们不能凭空制造或者产出大地上的果实，只能提供植物生长所需的条件。他认为，狩猎采集者的信仰也反映了这一事实。栽种植物、饲养动物与抚养孩子的差别并不大。"照顾环境，"他写道，"就像照顾人一样，需要亲自参与，全情投入；不仅仅是心灵或者身体的参与，还是一个人不可分割的全部自我的投入。"可是，西方文化中占主导地位的思想不是照顾，而是人对自然的支配。

在人类殖民史上，殖民者一次次带着征服与主宰自然的想法抵达遥远的陆地，却从未认识到，与自然建立连接，还有一种更加古老、更有价值的方式。1843 年发生的事就是一个例子。那年，出生于英国的探险家詹姆斯·道格拉斯（James Douglas）在北美洲西北海岸的温哥华岛南岸登陆。道格拉斯受雇于哈德孙湾公司，负责寻找一片土地，开垦农田，并在附近建立新的贸易站。与附近"沉闷蛮荒"的海岸线和不宜人居的茂密针叶林形成鲜明对比的是，这个地方，用他的话说，就是一个"完美的伊甸园"。他在草地上漫步，古老的加里橡树矗立在一片蓝色花海中，数百万计的蝴蝶在空中飞舞。草地上开着各种各样的花，其中有几种百合，而密密麻麻生长着的糠百合[1]和大糠百合[2]，更让这个地方绽放出惊人之美。

---

1 糠百合（*Camassia quamash*），原产于美国西部的一种百合科植物，其球茎可食。
2 大糠百合（*Camassia leichtlinii*），又名克美莲，原产于美国西部的一种天门冬科开花植物。

道格拉斯误以为这是一个无人染指的"伊甸园"，事实上，这是不列颠哥伦比亚海岸肋筐恩部落（Lekwungen tribe）萨利希人（Salish）的家园，他们在这个海边过着狩猎采集的生活已达数千年之久。夏天，他们就住在季节性营地，冬天则在固定的村庄，主要以鲑鱼、植物的根茎和浆果为食。男人会打猎和捕鱼，女人则采集各种各样的植物，包括马尾草、蕨类植物、牛防风草[1]和三叶草。他们还采集水果和坚果，挖掘开花植物的可食用鳞茎，比如糠百合和百合花的鳞茎。道格拉斯以一个勘探者的眼光眺望着这片土地，把肋筐恩人的采集地看成了"未开垦的蛮荒之地"。

　　先前来到这里的旅行者给肋筐恩人带来了土豆，他们把土豆种在糠百合草原以下的地里，那里土壤湿润，土豆长势良好。这些土地一看就是耕地，但道格拉斯没有想到，草地上繁茂的蓝紫色花朵和高大雄伟的树木也是人为干预形成的。事实上，肋筐恩人视草地为圣地。每一块草地都是一个花园，肋筐恩人在花园里打理自己的土地，这些土地是通过母传女世代延续下来的。

　　糠百合是一种野生风信子，每年五、六月，它们高高的花穗开花时，家家户户就会在草地上搭起帐篷。人种学研究显示，这

1　牛防风草（*Heracleum lanatum*），独活属植物，是原产北美洲的唯一独活属物种，也被称为美国牛防风草、印第安芹或印第安大黄。

些季节性的聚会是家人团聚和庆祝的重要时刻，充满了欢声笑语，而美丽的草原一定也为这样的时刻增添了几分愉悦。这些时候，妇女们会花好几天时间用挖掘棒翻土，清除杂草和石头。她们把较大的球茎收到篮子里，重新种植较小的球茎，还要移植一些"野生的"糠百合来填补空位。不过有一种球茎，妇女们不辞辛苦地要将它们剔除，那就是开白花的毒棋盘花。这是一种棋盘花属的剧毒植物，但是酷似糠百合，只有开花的时候人们才容易将其区分出来。这种植物全株有毒，包括球茎和叶子，不小心食用往往会丧命。

有时候，肋筐恩人会往新挖的苗床上撒海藻，以此改善土壤，也会在秋天燃烧杂草和作物来增强土壤肥力。这种季节性的燃烧让灌木无法生长，否则它们会吞没糠百合。这样的燃烧也限制了针叶林的生长，却能帮助加里橡树繁殖，因为极端高温有助于这种稀有橡树的种子发芽。

妇女们采集的糠百合球茎看起来像小洋葱，在大锅里煮上几个小时，或者在地灶里烤上几天，最后会变得又软又甜，就像栗子一样，据说味道像烤梨。这些球茎一经煮熟，要么马上食用，要么放在太阳底下晒干，以备冬季之需。如果说种植糠百合是为了获取碳水化合物，那肋筐恩人可能早就放弃不种了，他们完全可以种植所需必要劳动强度较低的土豆，而且土豆提供了更可靠的淀粉来源。然而，糠百合的种植已融入他们的文化，而那些球茎也被视为美味佳肴。

道格拉斯到达后不久，殖民者就下令禁止焚烧草地。生态系统中人与植物的平衡随之发生了变化：快速生长的灌木吞没了糠百合，白橡树也越来越少；一些草地经过翻耕，种上了大麦、燕麦或者小麦；有些地方被改造成农场，饲养猪牛羊，其他地方用来建设哈德孙湾公司在维多利亚市的新驻地。道格拉斯以为，这里的"天然公园"植物繁茂，鲜花遍地，预示着在这里发展农业也前途光明，但他见到的只是这里春天生机盎然的景象，他想不到，这里的土壤保水性不好，到了夏天雨水很少。这片海岸属地中海式气候，所以许多移民农场里的作物在这里都没有长好。

殖民者把糠百合的球茎运到了北美其他地方和英国。人们把这些球茎种在花园里，不再为食用球茎，而是为了赏花。这些球茎种在我们家的花园里，每年春夏之交就会绽放两三周。它们的凋谢总让我很伤感，因为那修长雅致的花穗开成一片天空般的蔚蓝，这番景象真的美极了。

动物的啃食行为和人类的收割活动会让许多植物长得更好，这就是动植物之间存在的互利关系，而具有敏锐观察力的狩猎采集者不太可能忽略这一点。萨利希肋筐恩人的草地花园就是从简单的采集地发展而来的：挖出最大的球茎，把剩下的种回去，除掉毒棋盘花——这些行为都有助于糠百合的繁殖和茁壮成长。

2005 年，不列颠哥伦比亚省的维多利亚大学研究人员进行了一项试验，研究萨利希人的传统种植方法的效果。他们标出了未经处理的试验地，以模拟野生糠百合的生长环境；而在其他试验地中，他们复制了生活在海边的萨利希人的行为，随着季节变化经历一系列种植阶段——挖土、收割、移植和焚烧。几年后，那些人工照料的植物生长得更加茂盛，也产出了更大的鳞茎。毫无疑问，传统栽培方式有效地促进了糠百合的生长。

欧洲殖民者对当地种植方式的轻视，被古植物学家格莉妮丝·琼斯（Glynis Jones）称为"农业思维"。琼斯是谢菲尔德大学的考古学教授，她举了一个殖民者轻视传统毛利人园圃的例子。当时的殖民者认为毛利人的园圃是"原始的低技术农业"。直到近年，人们才认识到毛利人的耕种技术，如琼斯所说，是"成功的集约型园艺"。

毛利人有着悠久的耕作传统。他们的祖先坐着小船从波利尼西亚出发，也带上了准备种在自家园子里的植物。到了新西兰，他们不得不面对截然不同的气候，寻找能充分利用宝贵的太阳热能的地方，并且很快就学会了用芦苇和麦卢卡灌木制作围栏，帮助自己的园地抵挡寒冷的南风。此外，他们不得不放弃栽种一部分传统的可食用作物——香蕉、椰子树和面包果——但他们巧妙地利用小心放置的扁平石头加热土壤，继续种植库马拉（番薯）。

毛利人在土壤中掺入木炭和草木灰来保持肥力，还把较重的壤土与贝壳、沙子和砂石混在一起。他们种植芋头、山药、葫芦和库马拉，以此补充野生食物的不足，不过园子里还种了许多不同用途的植物，包括巨朱蕉树[1]（根可食用）、卡拉卡树[2]（果实可用）、构树（可制作塔帕布），还有观赏用的灌木，如大花鹦喙花[3]和木本婆婆纳。在欧洲移民最初对毛利人花园的记载中，把这些复杂的栽培技术都忽略了。

毛利人每年都会把第一批库马拉块茎种在另外的小片土地里，这是他们的"圣地"。欧洲人也没有认识到这些土地的文化意义。这些神圣花园里产出的食物不是供人食用的，而是单独供奉给农耕之神朗高（Rongo）的，这与查尔斯·海瑟描述的有关第一批果实收成的仪式十分相似。殖民者对耕种土地与宗教之间的密切关系嗤之以鼻：他们的礼拜场所与土地分离，他们的天堂是一个超凡脱俗的概念。对于殖民者来说，耕种土地是一种受经济利益驱使的功利主义行为，土地在他们眼里毫无深意，只是可供开发的资源。自然世界的世俗化让人类觉得自己可以掌控自

1　巨朱蕉树（*Cordyline australis*），龙舌兰科单子叶植物，树身可高达20米，树干挺拔，叶子会不断自然从下向上干枯脱落，仅仅树顶长有剑麻状叶子。

2　卡拉卡树（*Corynocarpus laevigatus*），又称新西兰月桂树，新西兰特有的棒果木科的一种常绿树，果核有剧毒。

3　大花鹦喙花（*Clianthus maximus*），原产于新西兰北岛的豆科灌木，红色的花朵像一种新西兰鹦鹉的喙。

然，也使人类丧失了对大地的尊重，直到今天，这种深深的误解还在困扰我们。

有一个古老的苏美尔神话讲述了人类园艺技术的来源，以及园丁如何背叛了他与大地的神圣关系。这个神话可以追溯到大约5000年前，是众多以伊南娜女神（Inanna）为主角的故事中的一个。伊南娜女神主司激情、生殖和力量，类似后来希腊神话中的女神阿芙洛狄忒[1]和德米特尔[2]。

苏美尔文明起源于底格里斯河和幼发拉底河之间的新月沃地，也就是现在的伊拉克南部。由于苏美尔人精通农业，这里出现了最早的城市。苏美尔人还发明了最早的书面文字，记录了最早的神话，其中一则就是由塞缪尔·诺亚·克莱默[3]翻译的《园丁的弥天大罪》（"The Gardener's Mortal Sin"）。故事中的园丁角色是第一个出现在文献记载中的园丁。故事的开始，一个名叫舒卡利图达的人正顶着恶劣的天气建造花园。炎热干燥的风把尘土刮到他的脸上，虽然他一直在给植物浇水，但烈日还是把植物烤到干死了。后来有一天，他举目四望，上天入地地寻觅，偶然窥

1　阿芙洛狄忒（Aphrodite），希腊神话中爱与美的女神。

2　德米特尔（Demeter），希腊神话中的大地与丰收女神。

3　塞缪尔·诺亚·克莱默（Samuel Noah Kramer, 1897—1990），著名的历史学家，专长于苏美尔历史问题研究。

到，在一棵树的树荫下，一些植物长得生机勃勃。他于是照这条大自然的"神圣法则"，种下一排名为"萨巴图"（*sarbatu*）的树，树木提供了急需的阴凉，他的花园终于繁茂起来了。

一天，女神伊南娜来到舒卡利图达的花园里躺下休息。女神在天地间长途跋涉，疲惫不堪，所以很快就睡着了。舒卡利图达在一边偷看她，遏制不住心中的欲火，趁她睡着的时候便奸污了她。黎明时分，女神醒来，发现自己被玷污了，惊恐万分，她发誓要找到并惩罚那个亵渎她的凡人。可是，舒卡利图达逃跑了，躲进了城市。怒火中烧的伊南娜向苏美尔人降下三大灾难。第一个灾难是把水变成血："她用鲜血灌满大地上的水井，用鲜血淹没大地上的树林和花园。"第二个灾难是席卷大地的毁灭性的狂风暴雨，但第三个灾难以及故事的结局仍是个谜，因为刻有这个故事的石碑的关键部分不见了。

对于苏美尔人来说，耕种土地象征性地与人类的繁衍联系在一起。他们相信土地的肥沃取决于苏美尔国王和伊南娜女神每年举行的象征性婚礼。克莱默翻译的其他苏美尔诗歌也在颂扬国王和女神的神圣结合，并把它描绘成一种充满爱与温柔的结合。杜姆兹国王是伊南娜女神的第一任丈夫，当他向女王求欢时，伊南娜热情地回应道："耕耘我的女阴吧，我的心上人。"在诗人的笔下，房事结束后，杜姆兹躺着休息，"谷物在他身边高高挺立"，"花园在他身边青葱繁茂"。

2003 年，伊拉克战争期间，巴格达国家博物馆丢失了一枚装饰精美的古苏美尔小印章。美军的坦克开进巴格达，对城市洗劫掠夺，这枚印章连同许多珍贵文物都被盗走了。这枚印章也许我们再也看不到了，但印章上描绘的丰收节场景在照片中保留了下来。这枚印章距今有 4500 年，雕刻精美，画面上的人们手捧装满蔬果的篮子，将其献给坐在宝座上的女神。苏美尔人相信他们有责任侍奉众神。再仔细观察，你会发现女神是坐在一名男子的背上。这就是第一个丰收节，跟苏美尔人所有的节日一样，象征着人们与众神契约的延续。

尽管苏美尔人有这样的信仰，他们最终还是对土地进行了过度开发。《园丁的弥天大罪》讲述的是对女神伊南娜的强暴，引申开来，就是对大地的蹂躏。故事描述的是人类违背了尊重自然的园艺伦理，给人与自然的关系带来了毁灭性的转变。尽管苏美尔人明白土地需要休息，就像神话中疲惫的女神需要睡眠来恢复体力一样，但他们还是对土地予取予夺，不让田地休耕。他们的行为造成了世界上第一次生态灾难，并最终导致了自己的覆灭。伊南娜在神话中施下的灾难与现实颇为类似。对土地缺乏维护导致水土流失，结果，河水带走了纤细的耕土，河道变红，沙尘暴也变得更加频繁。苏美尔人过度灌溉耕地，导致了地表形成白色的盐碱壳，这也许就是造成苏美尔人灭亡的第三次灾难。

尽管这个神话预示的是苏美尔历史上的事件，但对于后世，包括我们，这个故事依然具有警示性。你所能够奴役土地的时间只有这么长。欧洲殖民者过去常说开垦土地，就好像土地可以任其奴役一样。可实际上，对大地的关怀才能让我们安身立命。失去了对大地的关怀，我们就像舒卡利图达一样，失去了精神的家园，只能栖身于城市，漂泊无依。神话故事的寓意十分清楚：广义来讲，如果我们不遵循神圣法则，即大自然的法则，我们的花园就不会青葱繁茂。当我们在贪婪和欲望的驱使下违背这些法则时，我们便处于危险中了。

自然界是一个活生生的连续体，而人类对自然的征服，如心理学家荣格所写，"付出了高昂的代价"。荣格明白古人与土地的连接是有价值的，这种连接既是身体的，也是精神的。他认为现代生活的诸多问题，其核心就是一种"无根之痛"，因为太多城市居民已失去了与大地连接的机会。正如他所说，"人们就好像穿着太小的鞋子走路一样"。

荣格认为，不管我们多么现代，我们的原始祖先就像未被开发的资源库一样藏在我们体内。"难道我们不是承载了全部的人类历史吗？"他写道，"一个人 50 岁时，只有一部分的他活了 50 年，而另一部分在他的心灵里，也许已存在数百万年之久了……现代人不过是人类这一棵树上最近成熟的果子而已。"我们需要与他所说的"深藏在自我中的母性大地"重新建立联系，但我们在设法控制自然的过程中，已经把自己与大自然割裂开来，并且破坏了我们的自然史。在荣格看来，解决的办法不是沉醉在荒野中，他认为那不过是一种逃避，就像嗑药一样；我们要做的，应该是与土地亲密接触，见证土地如何孕育生命。荣格自己就种土豆，这给了他"很大的乐趣"，他认为"每个人都应该有一块地，让本能苏醒"。

现代神经生物学对这些助益生命的本能进行了区分。[1] 其中，探索系统让我们放眼未来，保持乐观，充满活力，并引发觅食行为和其他基于奖励的行为。关怀和照顾的本能无疑也在花园里得到了体现。另一个重要的本能则是性本能。荣格可能没有想到这个，因为他认为在精神分析理论中，太多的东西都可归因于升华的性。然而，在民族志研究和苏美尔神话这样的古代文学中，我们发现耕耘大地就被视为一种与大地的交媾形式。

自从人类第一次在大地上耕种以来，园艺实践并没有太大的变化，毕竟这并不太需要什么技术。人类的心灵也没有发生太大的变化。与生机蓬勃的自然界亲密接触，是深植于我们远古祖先心中的需求。虽然与种植相关的仪式在我们今天的文化中已不多见，但我们摆脱不了四季的流转，我们在一年之中依然从事着自古以来不变的耕作劳动。

---

1 神经科学家雅克·潘克塞普提出了存在于哺乳动物大脑中的7种情绪指令系统：探索、关怀、性欲、玩耍、恐惧、愤怒、恐慌。

从事园艺时，我们总会面对比我们自己更强大的力量。无论我们在某一处花了多少工夫，让它满足我们的需要——无论我们用什么方式来定义这些需要，花园都是独立的生命体，我们无法完全控制它。这是一种相互影响的关系：我们塑造花园的同时也被花园塑造。在我看来，这是园丁心灵成长的过程。

照料植物的过程会产生一种"简单的社会关系"，实践证明的确如此。我在自己的园艺实践中感受到了这一点，本书中我采访过的许多人也是如此，比如对桉树例行问候的埃迪，对温室植物倾吐秘密的薇薇安，还有从"温和的向导"那里学习战胜脆弱的弗朗西斯。

尽管在现代生活中，我们与大自然的给予和索取的关系面临威胁，但"我们照料花园，花园回报我们"依然是许多园艺师都懂的道理。美国园艺作家罗伯特·达什（Robert Dash）就指出了这一点，他写道，园艺的力量的根源"在于一种互惠行为：我们照料花园，花园也会回馈我们"。互利互惠的关系很重要，因为它培养了人们的一种尊重他人的意识。我们能感觉到自己获得了奖赏，并对大地的果实怀有一种感激之情。这与基于剥削的关系截然不同，剥削关系培养的是一种特权感，让人觉得自己可以从大地上拿走任何喜欢的东西。

温馨舒适的花园不仅仅是为我们自己而造：我们调动起一些东西，丰富了周围的环境，提高了生物多样性；我们为鸟类和昆虫创造了生存环境，让生态位有了活力。在其他任何地方我们都找不到这种连接的感觉，也没有任何一个地方有如此古老的渊源。通过采集、收割、种植、除草以及其他所有形式的给予和索取，我们又恢复了与大自然的基本关系。

第七章

花朵的力量

我总在花园里工作，心里满怀着爱。我最需要的，向来都是鲜花。

——克洛德·莫奈（Claude Monet，1840—1926）

我常常驻足欣赏我们的花园。记得有一次，我被一株飞燕草吸引，停下了脚步。那段时间我工作很忙，家里也有很多事要处理。花园里有一大堆活儿要干：新一批的种子要播下去，沙拉菜和香草需要疏苗，还要锄地。但是，那天早晨，我想在周末客人来之前把所有的活儿都干完，因为家里很快就要来好多人。我走出家门，直奔我们花园小屋里的冷冻柜。我经过的小路两旁长着飞燕草，走过最后一株飞燕草的时候，它那蓝色的花穗对我招招手，其中一朵绚丽的蓝色小花吸引了我的目光。这朵花在最高最挺立的花穗上，是斑驳的深蓝色花朵中颜色最深的一朵，阳光透过花瓣洒落一地，花朵耀眼的色泽吸引了我的注意。它仿佛在说：快看我，凑近点！于是，我仔细地看着它。我深深凝视着那一朵蓝花的花心。

　　其他飞燕草的花穗在我身边轻轻摇摆着，我陶醉其中，忘记了周围的一切。这时花园树篱上传来一只乌鸫的歌声。我的心绪刚刚还那么纷乱，现在却平静下来了。我心中关注的空间范围在扩大，扩展到了树篱上，又向上延伸到高空歌唱的云雀身上。其实鸟儿一直都在那里，我以前怎么一直没注意到，以至于对它们的歌声如此充耳不闻呢？

这是一个忙碌的早晨，一个简单的停顿却改变了我的一整天，把我从内心的狂乱中拯救出来。更重要的是，我之所以回想起这个时刻，一部分是因为那一刻的惊艳之美，一部分是因为它给了我一份警醒。它提醒着我，要时刻留意周遭的美。

18世纪哲学家康德描述了我们是如何"自由地爱着花朵本身的"。康德用花来说明他的"自由之美"的概念，无论这种美是否具有实用价值或者文化价值，我们都会对它做出反应。当然，我们看到美的事物，就会知道这是美的。我们马上就能把它认出来，就好像我们内心深处一直期待着它的出现。美的事物吸引着我们，渗透在我们的意识中。我们自己和世界的界限因此奇妙地发生着变化，在那美妙的时刻，我们感到充满活力。尽管这种感觉可能转瞬即逝，但美会在我们心中留下痕迹，就算它消逝了，它也留存在我们心中。

花朵向画家莫奈展现了一个充满色彩、宁静与和谐的迷人世界。"我成为一名画家，也许要归功于那些花。"他写道。他最初种植睡莲的时候，并没想过要画这些花。对他来说，园艺和绘画同样都是艺术活动。一战期间，他一直待在吉维尼镇（Giverny），待在他的花园里；即便敌军要来了，他也不愿离开。

弗洛伊德也非常喜欢花。儿时的他会在维也纳附近的树林里漫步，收集稀有植物和花卉标本。根据弗洛伊德的传记作家欧内斯特·琼斯（Ernest Jones）的说法，弗洛伊德"对花卉有一种超乎寻常的了解"，可谓业余的植物学家。自然之美赋予了弗洛伊德创造力，成年后，他常常躲进山里散步、写作。在阿尔卑斯漫长的夏日假期里，他也特意把对大自然的爱传递给他的孩子们，教他们认识野花、浆果和蘑菇。弗洛伊德非常着迷于美对我们的影响。"美的享受，"他写道，"有一种特别的微醺的感觉。"虽然美不能保护我们免遭痛苦，但如他所说，美可以"给我们很多补偿"。

我们如何诠释弗洛伊德描述的那种陶醉感？美丽的事物为什么能让我们着迷？直觉告诉我们，我们对美的反应，可能跟我们体验爱的能力有关，研究表明的确如此。伦敦大学学院神经美学教授萨米尔·泽基（Semir Zeki）认为，我们对美的需要深深地根植在我们的基因中。他的研究表明，无论美的来源是什么，无论我们用什么感官感知到美，美的体验总是伴随着大脑中独特的神经活动，研究者可以对大脑进行扫描观测到这些变化。

在最开始的实验中，泽基让受试者欣赏音乐和美术作品，包括莫奈的一幅画。接下来，他决定扩大实验领域，在原有基础上加入概念上的美——他加入了"优美的"数学方程式，也让一组数学家进入实验中。他为受试者提供一系列的视觉图像、音乐和方程式，看他们会作何反应。结果，这些受试者感受到美的时候，他们大脑的内侧眶额叶皮层、前扣带皮层和尾状核——构成愉悦和奖赏通路，同时与浪漫爱情相关的大脑区域——都产生了相同模式的反应。这些通路在整合我们的思想、感受和动机方面也发挥着作用。它们与我们的多巴胺、血清素和内源性阿片肽[1]系统有关，能抑制我们的恐惧和压力反应。因此，美的事物在使我们平静的同时，也让我们恢复活力。

人类会对各种呈现了规律与秩序、结合了变化与重复的形式产生审美感受。我们在自然界中发现的简单几何图形，最集中地体现在一朵花的形状上，这种美让人惊叹。例如，野花通常有五片花瓣，排列成对称的五边形。但不管一朵花的结构多么精巧或者简单，其各部分的形态结构都呈现出一定的比例关系，都有平衡与和谐之美。这样的花带给我们的感受，就跟音乐的节奏与和弦带来的体验一样。我们的审美反应可能与泽基的实验中人们对数学之美的反应相关。在人类文明的演化过程中，植物的形状结构一定发挥了某些作用，唤醒了人类大脑对抽象美和数学形式之

1　内源性阿片肽指存在于体内的具有阿片样作用的多肽物质，具有和吗啡相似的生物效应。它能给人以快感，使人心绪舒畅愉快；能提升人的工作效率、学习效率、智力和创造力。

美的认知。

恐龙时代结束后，开花植物才开始在地球上出现。植物无法移动，所以需要借助外物来进行繁殖。植物在进化中展示出各种颜色、花纹和气味，并不是为了吸引我们，而是为了招揽空中飞行的动物。

花朵是生物信号大师，它们以甜美的花蜜召唤昆虫、鸟类和蝙蝠前来进食。花香发出了一个信号，表明一朵花已经准备受精了。这对夜间活动的传粉者尤为重要，比如飞蛾，它们就是靠黑暗中的花香来为自己引路的。这种气味有些是真诚的，有些则是诱惑——作为信息素的气味能触发昆虫的交配行为，还有一些则是纯粹的欺骗——它们散发蜜般甜香，却没有花蜜。

不过，在多数情况下，昆虫与花的关系是互利互惠的。昆虫在花朵的"召唤"下，进入花的"卧房"，花朵得到了繁衍所需要的帮助，昆虫也收集到了甜美的花蜜作为回报。这种双向关系是在共同进化的过程中产生的，双方都从中受益。有时，这种关系却类似于独家享有的特权：一朵花专门吸引一种昆虫，而这种昆虫则专门吸食此花的花蜜。这种花与虫共同进化的最典型例子就是大彗星兰[1]。1862 年，达尔文收到了这种来自马达加斯加的花

1　大彗星兰（*Angraecum sesquipedale*），生活在非洲热带地区和印度洋群岛的附生兰，白色星状的花朵拖着一条长度可达30～40厘米的长长的花距，宛如天空中滑过的彗星。

朵标本。在那个时候，人们还不知道哪种昆虫有足够长的口器，能伸到 30 厘米下的花蜜管中为这种植物授粉。达尔文以他对共同进化的理解，断定存在某种拥有如此长的口器的昆虫尚未被发现。他的想法在当时受到了质疑，但 40 年后，人们发现了长喙天蛾。

"共同进化理论"比较难解释的是昆虫与采取性拟态策略的花朵的关系。以蜂兰为例，它们鲜明的花纹长得太像雌蜂了，因此能够吸引雄蜂停留在花朵上。达尔文相信，人们有一天一定会发现雄蜂得到了某些好处，比如蜂兰精心分泌的花蜜，这样就可以说明雄蜂为什么愿意大费周章试图与一朵花交配了。但事实并非如此，玄机在于"神经启动"。

即便是最小的动物，其神经系统也依赖多巴胺或者与多巴胺密切相关的分子来启动找寻行为。人类的奖赏通路比蜜蜂的复杂得多，但无论对人类还是对蜜蜂来说，奖励的承诺比结果更重要。花朵发出了"悬赏令"，蜜蜂受到激励，于是在多巴胺的作用下开始采蜜，而且，对大黄蜂的实验表明，当这种神经递质的传导被阻断后，它就不再寻找花蜜了。这一效应有助于解释为什么昆虫会忠于不守诺言的花朵。

举例来说，有些花的香味中含有信息素，其花瓣上的花纹也很像雌苍蝇的花纹，这些都可以吸引雄蝇。花朵利用这种性拟态策略有效地操纵了苍蝇的交配本能，它甚至会在花上射精，同时沾上一身花粉。这简直是昆虫版的"色情片"。生物学家称这种现象为"超常刺激"，说它"超常"，是因为伪装者的吸引力比真实的刺激更强。这类刺激夸大了关键的环境要素，比如图形、花纹，从而让动物的本能偏离了它原本的行动目的。不过，和人类一样，并不是所有的昆虫都同样好骗，有些种类的蜜蜂会谨慎行事，只选择花蜜少但可靠的花朵采蜜。

昆虫不只收集花蜜，有些时候，它们还采集花香本身。生活在热带雨林中的雄性兰花蜂是昆虫中的调香师。它从自己造访的每一朵花中提取花香，将其混合储存在它尾部的香囊里，从而调出独特的香味。这些蜜蜂总共能为雨林中生长的 700 多种兰花授粉。一只蜜蜂调出的花香越复杂，就说明它的游历越广，采集能力越强。无论哪种情况，这些蜜蜂收集的气味都充满诱惑力，有助于它们吸引雌蜂前来交配。

花朵让蜜蜂兴奋，也让我们兴奋。切花市场的规模就证明了这一点。花朵以一种不可捉摸的方式与我们进行无意识交流，仿佛在邀请我们："靠近一点，闻一闻我的香，把我摘下来，带我走……"有的花色泽纯美，有的花形态简洁，而有的花的形态更具诱惑力，甚至可以说更性感。花朵唤醒了我们对美的渴望，我们有时候也会像蜜蜂一样忠诚：大多数人都有自己偏爱的花。

弗洛伊德对兰花就情有独钟。每年他生日那天，同事、朋友和病人都会送他鲜花。这也成了一桩大事，维也纳的花店都会提前备货。据弗洛伊德的老朋友汉斯·萨克斯称，弗洛伊德75岁生日那天，"各种颜色和种类的兰花一大车一大车地送过来"。不过，弗洛伊德最喜欢的兰花在花店里却找不到。他最爱的是黑香草兰[1]，那是一种开深紫红色花的高山兰花，微辛的香味有点像巧克力和香草。弗洛伊德的儿子马丁·弗洛伊德后来说，这种小花唤起了他的父母新婚后在山上散步的回忆。当时两人发现一簇这种稀有的兰花，弗洛伊德还爬上一个陡峭的杂草丛生的山坡，摘了一束送给新婚妻子玛莎。

美国诗人希尔达·杜利特尔（Hilda Doolittle）在1930年代初去弗洛伊德那里看过病。有一次，她送给他一束水仙花，那浓郁的香味让弗洛伊德大为震撼。用杜利特尔的话来说，她觉得自己不知不觉"闯入了他的潜意识"。当然，没有什么比我们的嗅觉更能有效地开启潜意识。弗洛伊德告诉她，水仙花的芬芳，有人可能会说是甜腻的香，"几乎是我最喜爱的香味"。弗洛伊德在他的孩子还小时，和玛莎在萨尔茨堡附近的奥斯租了房子作为家庭度假的居所，房子周围潮湿的草地上，生长着一大片他所说的"诗人的水仙花"。对弗洛伊德来说，这个地方就是"天堂"。他

1　黑香草兰（*Nigritella nigra*），兰科黑紫兰属植物。阿尔卑斯山上生长着大量的黑香草兰，但在斯堪的纳维亚半岛它却是稀有物种。

接着告诉杜利特尔，只有一种花香比水仙花的香味更让他喜爱，那就是"栀子花的芬芳"。栀子花总让他"心情无比愉快"。他记得 20 年前在罗马的时候，他每天都要买一朵新鲜的栀子花插在纽扣眼里。

我们对花朵的依恋包含回忆与联想的成分，但毫无疑问这里也存在一些化学反应。各种花香的化学成分能激发我们的情绪，对个体警觉或者放松的程度造成影响。比如薰衣草，一直以来人们都知道它有安神的效果，而最近的研究显示，薰衣草可以提升我们的血清素水平。相比之下，迷迭香的气味更能提神，它可以提高多巴胺和乙酰胆碱的水平。橙花香则通过血清素和多巴胺的作用，让人精神振奋。玫瑰花香也许是与爱情联系最紧密的气味了，它有助于降低压力激素——肾上腺素的分泌量，有研究显示，它可减少高达 30% 的肾上腺素的分泌量。此外，通过苯乙胺化合物的作用，玫瑰花香抑制了我们体内内源性阿片类物质的分泌，让我们产生一种持久的平静感。

人类对花的热爱是从何而来的呢？知名进化心理学家史蒂文·平克（Steven Pinker）认为，人类之所以被花吸引，是因为它们预示了将来的食物供应。狩猎采集者对花和它们所在的位置感兴趣，过一段时间他们会回到这里来采集浆果和水果，这给他们带来了生存的有利条件。花朵也意味着马上就有收获，有花的地方就可能有蜜蜂，有蜜蜂的地方就可能有蜂蜜。我们的远祖和我们一样，无法抗拒糖的诱惑。

在加利利海沿岸欧哈娄 2 号遗址的狩猎采集者聚居地，人们发现了世界上最古老的花朵遗迹，距今已有 2.3 万年了。遗址的一间小屋里堆积着花的残留物，说明住在这里的人曾经采集了大量芥叶千里光[1]。芥叶千里光是这个地方特有的花，长得很像小小的黄菊花。它们并没有已知的食用、医药或者其他实际用途，所以这些花被带回营地来，很可能是为了在某种仪式或者其他特殊活动中使用。

目前已知最早的一座有鲜花的坟墓是一座以色列纳图菲人（Natufian）的坟墓，距今已有 1.4 万年之久。坟墓里的花可能是野外采来的，但研究者认为，人类在很早以前，大约 5000 年前，就开始种植花卉了。新泽西州立罗格斯大学心理学教授珍妮特·哈维兰 - 琼斯（Jeannette Haviland-Jones）和遗传学教授特里·麦奎尔（Terry McGuire）认为，我们的远祖采摘鲜花，是因为这让他们感到很愉悦，我们不应忽视这份愉悦的作用。人类最初栽培的许多花都是那些被耕作过的土地上长出来的花。哈维兰 - 琼斯和麦奎尔推测，在人类用于农耕而开辟出来的土地上会

---

1 芥叶千里光（*Senecio desfontainei*），菊科千里光属的一种，多生长于溪边多砂砾之地和山坡，为一年生草本植物，花期为7—8月。

长出花来，其中一些为人所喜爱，就被保留了下来。随着时间的推移，人类开始充当花的种子传播的媒介，有选择地为那些最芬芳、最美丽的花播种。因此，一种花在生态系统中的生态位，跟它在人们心中的地位相当。

鲜花能改善我们的心情，丰富我们的情感生活。慈善机构"柠檬树"最近开始在叙利亚难民营建造花园时，就发现了花卉的这一价值。尽管难民们急需食物，但他们选择种植的植物中大约有70%都是花，可见他们多么需要美化他们周围的环境。

我们的远古祖先最初获得的安慰很可能就是来自鲜花。当史前时期人类的自我意识萌芽时，人类就开始有了离别和生死的意识。从此以后，这些生存的困境一直伴随着我们，古老的问题浮现：生命的意义何在？如何面对生命中的痛苦？死亡面前，一切都变得支离破碎，而有生命的鲜花成了某种支柱和守护，可以用来对抗恐惧。虽然鲜花生命短暂且脆弱，但它们的生命却是可以延续的。因为再美丽的花朵也要凋亡，这样它才能结果，播下更多的种子，开出更多的花朵。

毫无疑问，在人类早期文明中，花朵有着深刻的意义。古埃及人更是把鲜花视为神的使者，他们用花环和花束装饰庙宇，有时候规模惊人。他们种植的花有茉莉、矢车菊、鸢尾花和铃兰，但是蓝色的睡莲或者荷花是最神圣的。在古埃及人的宗教中，莲花藏有重生的秘密。它甜美、馥郁的香味据说能将人的心智提升到一个更高的层面，仿佛它就是一座连接感官世界和精神世界的桥梁。

　　花朵在生命中的唯一目的就是确保顺利繁殖。花朵可以是性感的，因为性本来就是它们的生命要务，而在人类的眼中，有些花的样子的确很性感。我们在某些植物版画上看到的花朵，绚烂多彩，这样的生殖器官的确是性感的。现代画家乔治亚·奥基夫（Georgia O'Keeffe）不喜欢人们只关注她作品中的性感元素，这是可以理解的，也许是因为太露骨会破坏审美效果。只要这种体验停留在潜意识中，我们就能同时欣赏到性的美艳与纯真。

　　弗洛伊德和那个年代的追求者们一样，也向年轻的玛莎·伯奈斯献上了一朵红玫瑰，以此展开对她的追求。在他们订婚后的第一个夏天，玛莎外出度假，住在一个有漂亮花园的房子里。一天深夜，弗洛伊德给她写了一封信，在信的开头就向她的房东打招呼："本索园丁，你真是幸运啊，可以款待我的心上人儿！我怎么就当了医生和作家，而不是园丁呢？也许你需要一个年轻小伙在花园里为你工作。我就非常乐意效劳，每天我可以向我的小公主道早安，也许还能用一束鲜花索一个吻。"弗洛伊德写这封信的时候才 27 岁，刚刚开始他的医学生涯。19 年后，他发表了那部关于梦的开创性著作，一举成名。

　　弗洛伊德当园丁的愿望可能只是恋人在炎炎夏夜里一时兴起

的狂想而已，不过他的确十分喜爱花园。翻开《梦的解析》，可以发现书中提到了各种各样的花：仙客来、朝鲜蓟、铃兰、紫罗兰、石竹、康乃馨、樱花、郁金香和玫瑰。令弗洛伊德颇感兴趣的是植物的形象如何既体现又掩盖梦中的性内容。他说："性生活中最丑陋和最亲密的细节都会以看似纯真的形象出现在梦境中。"他指出，这些象征可以追溯到遥远的古代，包括《圣经》的《雅歌》卷中的处女花园。

弗洛伊德所诠释的一个梦揭示了一名年轻女性对性交的恐惧。在梦中，一开始，她从高高的地方落下来，翻过篱笆进入花园，在这个过程中她生怕把衣服扯破，伤了体面。她抱着一根粗大的树枝，枝上开着红色的花，像是樱花或者茶花。花园里的园丁们梳理着树上垂下来的一簇簇毛茸茸的寄生藤。这位年轻女子停下来询问园丁如何把她手里拿着的这枝花移植到她自己的花园里。一个园丁上前来拥抱她，被她断然拒绝，接着他提出请她带他到她自己的花园中，向她演示怎么扦插这枝花。她对性爱的渴望和对生活的困惑在梦中都很明显。在梦中，她希望那迷人的红色花朵能盛开在自己的花园中，而园丁梳理毛茸茸的寄生藤的画面又带给人一种厌恶感。梦里的花园不受社会惯例习俗的约束，在这里，对性表示好奇是安全的。

要改变一个房间的氛围，最简单的方法就是摆上鲜花。鲜花特别能影响我们的情绪，让我们感到放松。鲜花暗示着美好之物，预示着丰硕的成果，也许还能让人的思想如花朵般绽放。弗洛伊德在维也纳伯格斯的家中有一个小小的庭院花园，从他的书房往外望去，能看到园中的酸橙树和七叶树。玛莎在玻璃阳台上种了花，并从市场上买回鲜花来装饰家里。弗洛伊德的许多病人第一次来访时都惊讶地发现，他的咨询室竟然如此舒适美丽。他的一张桌上放着珍贵的古董，同时也摆放着当季的鲜花，如红郁金香、水仙或者兰花。谢尔盖·潘克杰夫[1]，又称"狼人"，从1910 年开始找弗洛伊德看病。在他的回忆中，植物给房间注入了生机活力，而且"这里的一切让人有种摆脱了匆忙的现代生活的感觉，也使人不再陷于自己每天的烦忧"。

弗洛伊德去世后，精神分析师兼牧师奥斯卡·普菲斯特（Oskar Pfister）给玛莎写了一封信，回忆起他在 1909 年第一次去弗洛伊德家的情景："在您的家里，我仿佛置身于明媚的春日花园，听到云雀和乌鸫欢快的歌声，看到鲜艳的花坛，还预感到夏天的繁茂景象。""看着鲜花会让人心情平静，它们没有情绪也没有冲突"这句话就是弗洛伊德说的。弗洛伊德平时苦苦探寻患者的内心冲突和情绪，而面对单纯的鲜花，自然是轻松许多了。

---

1 谢尔盖·潘克杰夫（Sergei Pankejeff, 1887—1979），弗洛伊德最著名的病人之一，俄罗斯一位贵族和大地主之子，长期患有精神疾病。弗洛伊德根据精神分析疗法，认为自己在潘克杰夫的梦中找到了答案。潘克杰夫告诉弗洛伊德，四岁时他梦见从卧室窗户向外看，发现一棵树上满是白狼，他害怕自己会被它们吃掉。弗洛伊德对这个梦的诠释举世闻名：潘克杰夫一岁半的时候曾见过他的父母穿着白色内衣性交，他的神经官能因此受到了影响。

花朵也让他回想起他的旅行：书房中的一盆兰花，带给他"明媚灿烂的阳光的幻觉"。

在那个时代，奥地利人深信大自然的疗愈力量，弗洛伊德也总是抓住机会去山中旅行。他还认为这是一剂"良药"，意即自然对人的身心都有疗愈作用。对弗洛伊德来说，沉浸在大自然中总是让他精神振奋，有助于恢复他的生命活力。

1913年夏天，弗洛伊德与诗人里尔克及其情人莎乐美在山中散步，事后，他在一篇题为《论无常》的文章中谈到了他们散步时的对话。他写道，里尔克对山中美景大加赞赏，却并未感到愉悦欢欣，因为美景注定要消失，冬天来临时就荡然无存了。面对美丽的大自然，里尔克却只能看到美丽的消亡。弗洛伊德试图让他的朋友相信无常会让我们更能感受到生命之美，他说："一朵只绽放一夜的花对我们来说似乎并未因此少了些可爱。"然而，他并没有说服里尔克和莎乐美。

弗洛伊德事后回忆他们的对话，认为一定有强烈的情感因素影响了他那两位同伴"敏感的心灵"。他指出，要欣赏短暂的美，我们需要敞开心怀，接受珍爱之物的丧失。他认为，我们要面对的，不仅仅是花儿短暂的美丽，也有季节的流转，因此随着冬天的临近，我们每年都必须要做一些哀悼的工作。弗洛伊德把哀悼称为"爱对丧失的反叛"，哀悼势必让人感到痛苦，而心灵"会本能地逃离让人痛苦的事物"。弗洛伊德得出结论：他的同伴无法分享他那天散步时的快乐，是他们"头脑中对哀悼的抗拒"使然。

当我们在生活中经历重大的丧失，我们会马上不由自主地产生回避心理。我们不想、也不能接受太痛苦的现实。哀悼可能是我们做过的最困难的情感功课，我们需要设身处地的体谅，需要来自某个东西、某个人或者某个地方的安慰，让我们在悲痛中支撑下去。不过，根据我们所失去之物的重要程度，哀悼也是轻重有别的。弗洛伊德写道，在我们的一生中，我们会遭遇形形色色的失去，仿佛我们总是在为某件事情哀悼。生命的轮回会给人启迪，因为在隆冬时节，我们相信春天一定会回来，这样的信念让我们能坚持下去。"至于自然之美，"弗洛伊德说，"每一次被冬天摧毁，都会在来年回归。因此，相对于我们的生命长度，大自然的美可以说是永恒的。"

在生活中，我们总是奔走在失去与找回之间，在时间一次次循环的舞蹈中，经历一次次的失而复得、得而复失。我们可以在公园里玩耍的孩童身上看到这一点——孩子看不到妈妈了就会跑回去找妈妈，找到后又跑开。我们也可以在某个年龄段的小孩特别爱玩的捉迷藏游戏中看到这一点，而且，这种破裂与修复的模式甚至贯穿了我们的一生。我们与某些人和物的亲密关系会不断打破，又再次修复。我们的爱与恨、成就与失落，都符合这个规律。这个悖论，深深根植在我们对生命的依恋与珍爱中。爱让我们的心灵宽广包容，同时又让我们面临丧失的风险。

弗洛伊德在《论无常》一文中提到的对话发生一年后，第一次世界大战爆发了。他写下这篇文章时，两个儿子正在前线作战。自然界流逝的美也许会给人带来遗憾，而战争让人承受的丧亲之痛比这大多了。弗洛伊德写道，毁灭性的战争摧毁了"乡村之美"，粉碎了人类对文明成就的骄傲，并使得"我们曾经认为永恒不变的东西转瞬即逝"得到了证实。弗洛伊德从大自然强大的恢复力中找到了希望的源泉。战争结束时，所有被摧毁的都有可能重建。他的两个儿子——恩斯特和马丁——在战争中活了下来，然而在战后席卷欧洲的西班牙流感中，弗洛伊德夫妇失去了他们的女儿苏菲。

带来创伤、改变人生的丧失，无论以什么形式出现，都会破坏我们的情感面貌，夺走我们珍视和希望保留的许多东西。在这样的危机时刻，世界仿佛永远地发生了改变，我们不知道什么时候会恢复正常，哪些事物会回归。当一切都不确定时，似乎什么都不可依靠，你的信仰、爱和希望将何处安放？有时，这个问题会陡然出现，然后，它就像一颗休眠的种子一样从我们内心深处萌芽，带来了春天总会到来的承诺，这是大自然赐予我们的答案。

战争期间，旅行变得困难重重，但战后那几年，弗洛伊德得以重返山间，沉浸在大自然中。这期间，他发展了自己的心理学理论，思考生本能和死本能在心理上的作用。他给女儿安娜的信中提到他独自散步和收集植物的经历，其中写道，"今天下雨，但我还是去了一个特别的地方采摘美丽的细距舌唇兰[1]，它们香极了。"弗洛伊德正在重新建立与生命的连接，并滋养他内在的生本能。

弗洛伊德在这一阶段研究中提出的生本能爱洛斯[2]和死本能塔纳托斯[3]理论，是他对一战作出的回应。他认为所有生物都具有生和死的驱动力，并描述了这两种驱动力是如何运作的。他在《文明与缺憾》（*Civilisation and its Discontents*）一书中引用了歌德的《浮士德》中的一段话来阐述自己的观点："被魔鬼称为对手的，不是什么神圣与善良，而是大自然创造和繁衍生命的力量——那就是'爱洛斯'。"而"塔纳托斯"的力量可以通过暴力和破坏性表现出来，或者以更静默的方式在心中呈现，把我们引向消极与情感上的死亡。人们有时候认为弗洛伊德的"爱欲"就是"性"，但其实这个生本能的内涵比性要广得多，它涵盖了我们的创造力和对生命的爱。

1960年代，精神分析学家和社会心理学家弗洛姆对爱欲的

1　细距舌唇兰（*Platanthera bifolia*），舌唇兰属，属于地生兰花品种，植株高28~42厘米，生于海拔200~2800米的山坡林下或湿草地中。
2　爱洛斯（Eros），古希腊神话中的爱神。
3　塔纳托斯（Thanatos），古希腊神话中的死神。

定义进行了修改，他用了"亲生命性"一词来定义"对生命和一切有生命之物的热爱"。对弗洛姆来说，健康的心灵都有进一步成长的愿望，"无论它是一个人、一棵植物、一个想法还是一个社会群体"。他还提出跟亲生命性相反的恋尸癖（necrophilia）：它与成长背道而驰，被死亡和死物所吸引。跟弗洛伊德的生的驱动力和死的驱动力一样，亲生命性与恋尸癖是一条线的两端。亲生命性的力量让我们在生活中坚持下去。弗洛姆认为，许多现代疾病都跟我们失去了与自然界无意识的亲密连接有关，由此造成了某种莫名的分离痛苦。"土地、动物、植物仍然是人类的世界，"他写道，"人类越是远离这些重要连接，就越是远离自然，就越是迫切地需要找到新的方式来逃避分离之苦。"

1980 年代，威尔逊再次提出"亲生命性"。之前已经讲过，"亲生命性"这一概念已经成为环境心理学的基石。威尔逊的进化论视角使我们更普遍地接受了这样一种观点，即我们天生就倾向对自然世界的某些方面做出反应。

在进化的过程中，人们变得善于建立关系。我们在这方面非常擅长，所以大脑被称为"关系器官"。植物也一样，在进化路上朝着建立关系的方向前进，因此在我们的史前时期，我们与植物或者花卉形成了如此紧密的联系也就不足为奇了。然而，在当代生活中，我们不仅缺乏与自然的接触，还关闭了心扉，用无益的东西填补我们的人生。我们就像被拟态的花朵误导的昆虫，尽情追逐超常刺激。我们很容易就走偏了。各种各样的人工刺激抓住了我们的注意力，劫持了多巴胺的奖赏通路，而多巴胺的奖赏通路是在自然界中为狩猎和采集而进化形成的。

我们在购物中心采集，我们在网络上探寻，同样的原始奖励系统驱动着我们，让我们成瘾。我们不是追逐奖励，而是在奖励系统的驱使下不断探寻，永不满足。我们的期待值不断抬高，实际得到的奖励却很少。这个过程榨干了我们的钱包和我们储备的多巴胺，以及我们的乐观精神和精力。多巴胺系统极易受到过度刺激，造成恶性循环，促使我们寻找更多刺激。最终的结果就是，我们渴望的东西，并不是我们真正想要的或者对我们有用的。

精神类药物和酒精也通过类似的方式影响我们，通过控制我们的多巴胺奖赏通路，最终让人形成一种身体上的依赖。成瘾会让人远离现实，最终远离生活。大自然中温和的刺激很难与之抗衡，但美丽的大自然，尤其是美丽的鲜花，有时候能重新唤起人们对生命的热爱。

我就遇到过一个典型例子。那是一位名叫蕾娜塔的女子，她参加了意大利一个戒毒疗养计划，就在亚得里亚海岸附近圣帕特里尼亚诺。过去两年半时间里，她都在疗养所的苗圃里种花。蕾娜塔在一个不安宁的问题家庭里长大，她还不到20岁就开始吸毒了。跟许多药物成瘾患者一样，一开始用来治疗心理伤痛的方法，后来却酿成了一种疾病，因此在20岁出头的时候，她就已经有严重的毒瘾了。

在圣帕特里尼亚诺，园艺治疗只是戒毒治疗中的一小部分内容。这个戒毒中心有1300名病人，分成了50个不同的技能小组，在三到四年的时间里，每个组员可以学习到一门新的手艺和行当。这里还有一个很大的葡萄园，是他们主要的收入来源之一。主办方相信，病人学习一项新的技术，有助于他们开始新的生活。要做到这一点，他们就必须跟过去说再见，所以在第一年的大部分时间里，他们都不被允许与亲友联系。

这里大多数的病人年近30岁，分成大约八人一组，如家人般生活在一起。治疗团队鼓励他们去面对自己最初吸毒的原因，并向他们提供情绪支持，帮助他们面对过去。圣帕特里尼亚诺戒毒所的理念非常简单却非常有说服力——把焦点放在他人的强项而不是短板上，更能助人成长。整个社区每天都聚集在大食堂里吃饭。我们坐在长长的餐桌边吃了三道家常菜，简单却十分美味。一千多人在这个巨大的空间里一起用餐，十分热闹，同时也让人感受到一种修道院的气息。

花园出产的蔬果除了供戒毒中心使用外，也提供给当地的饭店和超市。在5.5公顷的土地上，男性负责种植水果和蔬菜，女人负责种花。蕾娜塔年近30岁，剪了一头棱角分明的精灵式黑色短发。一开始，她很内敛，但谈到自己参与戒毒计划所做的事情时，却格外激动。她告诉我，她最大的变化就是，她意识到了自己想要活下去。

她要在大棚里浇花，所以我就在那儿陪着她。在此之前，我从来没有在一个地方看到过品种如此繁多的矮牵牛花，我根本就没想过矮牵牛有什么可爱的地方。大棚的一边，鲜红、紫色、黄色、粉色和白色的矮牵牛长在方形的花圃里，生机勃勃。这个画面实在是壮观，可真正吸引我目光的是大棚的另一边、贯穿整个大棚的那一长溜令人瞩目的紫红色矮牵牛。她在浇她的水，我站在那儿，大饱眼福。

我发现，蕾娜塔其实一直就很喜欢户外活动，她认为正是因此，组织方才为她选择了这个培训项目。尽管如此，她还是经过了很长一段时间才从工作中获得满足感。她说一开始她是多么"痛恨"这份工作，对自己照顾的植物也非常"厌恶"。从她刚到这里来，一直到第二年初夏，她在工作中体验到的主要都是这些不良情绪。

就像她对植物的态度一样，她与戒毒中心其他人的关系最开始也充满怨恨与不信任，而这些情绪改变起来很缓慢。她分析原因时毫不掩饰地说："我这人骄傲又自大，根本不理人。"来这里以前，她被毒瘾控制，做什么都没耐心，她说："我过去就像一个黑老大，希望所有事情都立马搞定。"

在蕾娜塔从小的记忆中，她内心一直有个"丑陋"的东西，她一直都想摆脱它，正是这种感觉导致吸毒成瘾。她解释说："你情绪不好的时候，可以嗑药来摆脱它，你情绪好的时候，嗑药会让你更爽。"在戒毒中心，她认识到，让她备受折磨的丑陋感觉跟她"过去心中充满怨恨"有关。

我们走到大棚外，忽然我看到大棚门口一角的木架子上摆着一排小仙人掌。我对这些鲜艳的橙色和粉色花朵大加赞赏。"这些是我的最爱！"蕾娜塔大声说。听她说起这些仙人掌对她来说是多么重要时，我意识到，我不经意间碰到关键点了。这些仙人掌被之前的人抛弃了。在将近一整年里，她都没有注意到它们，直到其中一株冒出了一朵小小的橙色花苞，这才引起了她的注意。她第一次意识到，这些植物就要凋零了，所以她决定要把这些花救活。

说这番话时，她对这些仙人掌的喜爱溢于言表。这些仙人掌就跟过去的她一样，被人忽视，浑身带刺，让人难以接近。不过，仙人掌并不容易死，在它体内，生命的汁液受到了重重保护——仙人掌擅长拼耐力的游戏。一个人心中维系生命的力量也许更容易崩溃，尤其是涉及致命的毒品时。然而，蕾娜塔内心深处的某个声音回应了那朵小小的橙色花苞和那些残破的仙人掌的呼唤。她能回归正道，它们起到了重要作用。现在，这么多仙人掌已经开花，真的是欣欣向荣。她因为拯救它们而感到欣喜，这份欣喜也传递给了我。我俩站在那儿，欣赏着那些仙人掌，分享着喜悦。

就重建人生而言，这类行为只是小小的修复，但正是这样的体验能够培养人们的信念——重获新生是有可能的。我们通过自己的行为改造世界，在这个过程中我们也改造了自己。

药物成瘾使人们找到了获得快乐与奖励的捷径，这一途径所给予人的奖励胜过了其他任何依恋关系，包括对生命的依恋。多年来，蕾娜塔的主要依恋关系就是对药物的依赖。要让戒毒者重建与生活的亲密连接是很困难的，如果过去的依恋关系本身就是具有破坏性的和消极负面的，那就更难了。圣帕特里尼亚诺戒毒所的理念就是要为新事物的生长创造条件。不过每个人的成长过程都不一样。你不会因为仙人掌有明显的疗愈效果就选择种一批生病的仙人掌，但蕾娜塔就是"收养"了它们，还平生第一次瞥见了她所谓的"生命的宁静"。

在户外花园里，我们开始谈论她接下来的打算。她知道自己还没准备好离开戒毒中心，但她已开始思考未来的生活了。有一件事她很确定，那就是绝对不会再回到原来的酒吧工作了。她非常清楚，稍有不慎就会"功亏一篑"。最近，她开始考虑接受培训，做一名社工。她发现自己想在生活中"多做点贡献"，于是渐渐有了一个想法：去癌症中心照顾小孩。

"植物就像人一样，"她告诉我，"它们需要你的帮助。没有你，它们就活不成。"她接着说："养花这件事儿，意味着你一直在对他人付出。"这些花给她、给花园里劳作的人带来了快乐，也给社区里用鲜花装饰桌面的人带来了快乐，还有——她急忙又补充道——那些在超市购买鲜花的人也收获了快乐。鲜花带给她的美好感觉改变了她对工作的看法。她开始体验到了园丁的付出与收获。"你照顾植物，"她对我说，"植物也会回报你。"

蕾娜塔的心境发生了变化，她摆脱了毒品，找到了新生的希望。在这个过程中，她的视野打开了，看到了不同的世界。就在分别之际，我久久凝视着那一排最初吸引了我目光的紫红色矮牵牛。蕾娜塔对我说的最后一句话，可以说是对她一路走来的总结。她脸上洋溢着灿烂的笑容，对我指了指那些花，大声说："你看到了吗？这些花多美啊！"

第八章

激进的疗法

忘记如何耕地、如何照料泥土，就等于忘记我们自己。

———"圣雄"甘地（Mahatma Gandhi，1869—1948）

一到秋天的某个时候，我就会突然发现，要是再不去打理那些报春花就来不及了。每年的这个时候，那些报春花都显出一副疲惫颓唐的样子，而且根部又长出了一丛丛新叶，显得很笨拙。这些嫩苗，或者说侧枝，是一种基生叶，就好像是从根上生出的一样，如果放任不管，它们就会长成茂密的一大丛。换盆的时候，要小心翼翼地把这些幼苗与母株分开，尽量避免伤到小苗的根。有些幼苗很好分开，有些则紧紧地和母株长在一起。尽管总会弄死一些小苗，但每株报春花通常会再长出三四株新芽，所以我的报春花越来越多了。

　　一年中的大部分时间里，野生报春花生长的山坡地带气候都相对干燥，这意味着，报春花花期过后，它们需要的水就更少了。仅仅是把握好浇水的度，我就花了好几年时间来摸索，这期间有些报春花就开始生病了。我再仔细检查，发现有些花烂根了，唯一的补救办法就是切掉腐烂的组织。因此，为了救活这些花儿，我找来一把手术刀，一罐名为"硫化"的黄色的硫磺粉，带着点儿外科医生的情怀，在盆栽台上架起了一个"小诊所"。我把烂的根尖切掉，然后在胡萝卜状的根部涂上一层保护性的硫磺粉。在这个过程中，我同时扮演了医生和园丁的角色，竟十分有成就感。

这个植物手术就做了这么一次，后来我买了一些陶盆，我的报春花就开始长好了。在一次网上拍卖中，我竞价购买了三个花盆，完全没想到中标后，我得去英格兰北部取货，来回就是480公里的路程。结果，大约一周后，我就飞驰在前往谢菲尔德的高速路上了。我到了取货地址，那是在城郊一个大型现代住宅区的一座小巧的联排房屋，一名沉默寡言的男子给我开了门。

我和他立即把满是灰尘的木箱放进我的车里，箱子里都是叠放得整整齐齐的陶盆。我冒昧地问起那人这些花盆的来历。原来，这些花盆都是他父亲的，他父亲热爱园艺，最近去世了。他问我用这些花盆种什么。我说："种报春花。"我又问起他的父亲，他告诉我，他父亲也很喜欢种报春花。过去两个月，他一直在整理父亲的遗物，现在清理完了，这些陶盆是最后出清的。他说，他发现我不是做生意的，不会把这些花盆拆分出售，而是让这些花盆"有了一个好的归宿"，这让他很宽慰，说这话的时候他的态度也变得更温和了。我驱车离开，觉得自己仿佛承接了一笔遗产。我想象着他的父亲，就像想象自己的外祖父一样，想象着他在温室里培育宁静的美。用这些可爱的旧花盆种花，我会感受到一种持久的乐趣，这种乐趣很大程度上来自这种代代相传的感觉。

后来，我了解到，英格兰北部的工人一直就有种植报春花的传统。这个传统可以追溯到18世纪中叶英格兰北部工业革命兴起之时。当时谢菲尔德成为了铁器和餐具的制造中心，本地工厂的工人被称作"刀匠"，和邻近制造业城镇的纺织工一样以园艺技能闻名。事实上，最初把对花的热爱带到城市的，是丝织工人。他们被迫放弃手摇织机，从农村来到城里，在机械化工厂工作。

工人居住的联排房屋非常拥挤，但他们小院子里的阴凉地很适合种报春花。这些手艺人培育出了有着精美花纹的新品种"幻想"（fancies）和"花边"（edges），还有天鹅绒般深红和深紫的品种"自我"（selfs）。他们还培育出了叶片粉质高的品种。报春花叶子上的一层白灰就像面粉一样，在报春花自然生长的山间，空气稀薄，这些粉起到了防晒的作用，保护植株免受烈日的灼伤。有意思的是，这种进化适应的结果也在工业城镇中对植物起到了保护作用，帮助植物抵御城市空气中浓重刺鼻的烟尘。这里也许有一种协同效应：背井离乡的人们移栽报春花，而移栽的报春花向背井离乡的人们展示了它对环境的适应力。大规模生产不尊重技工们的技能，而在塑造与改良花卉的过程中，他们获得了一个表达自我和创意的出口。

　　花艺，即当时所称的花卉栽培，也成了社会生活的一项重要内容。大批人口从乡下涌进城市，他们脱离了原来的社群，人际关系也变得淡化，而各种花艺协会让业余园艺师聚在一起，彼此合作，也互相竞争。这些花艺协会多种多样，包括郁金香协会、报春花协会、康乃馨协会、石竹协会和三色堇协会等。许多刀具工人和纺织工擅长种植报春花，其他行业的工人也有他们各自的特长，比如煤矿工人就特别擅长栽培三色堇。当时也很流行种植醋栗，兰开夏郡的人尤其喜欢。许多制造业城镇都有醋栗俱乐部，一年一度的醋栗种植大赛也是人们社交日历上的固定活动。北方凉爽的气候也为醋栗提供了理想的生长条件，跟报春花一样，在小小的后院也可以种出足以拿奖的品种来。

　　大自然无视人类的社会等级结构，无论一个人财富多寡、地位高低，鲜花照样开放，蔬果照样生长。由于植物基本都会自我繁殖，所以打理花园也并不需要持续的资金投入。不过要想打造一个园子，你得先有一块地。许多早期的制造业中心会为居民分配栽种蔬果的土地。1769 年，医生兼作家的威廉·巴肯（William Buchan）来到谢菲尔德，他观察到："几乎所有的刀具匠人都有一块土地，可以用于打造花园。"他还注意到他们的园艺活动"颇有益处"。对于低收入的工人来说，自己种的菜是他们有营养食物的重要来源，而种菜也是一种很健康的活动，可以让他们暂时摆脱轰轰作响的机器和单调的工厂劳作。"泥土和新鲜香草的气味让人恢复活力，精神振奋，"巴肯写道，"而时时盼着果实成熟，会让人心中愉悦。"相比于繁重的工厂劳动，耕种带给人骄傲与尊严。

研究植物学也是与大自然保持联系的一个途径。在最大的工业中心曼彻斯特，工厂工人经常利用自己的植物学专长外出去乡村采集标本。与此同时，进入 19 世纪，工业发展使都市变成了园艺的沙漠。随着制造业的扩张，城市过度拥挤，庭院和花园的空间都没有了。即便在仍有植物的地方，人们看到的也是遭到破坏的自然，仅存的一些树木也枯萎了，沾满了乌黑的煤灰。维多利亚时期伟大的小说家伊丽莎白·盖斯凯尔（Elizabeth Gaskell），在描写曼彻斯特时哀叹道："唉！此处没有鲜花。"人们远离了自然，在当地的花展中找到了慰藉。花展成了非常热门的娱乐活动，在 1860 年代达到了顶峰，当时仅曼彻斯特一年就举办了八次花展。沉浸在鲜花世界中哪怕时间短暂也可以让人们精神振奋。

人类的审美需求常常遭到低估，但正如荣格所说："我们都需要心理上的滋养，而在没有一片绿色或者一棵开花的树的城市公寓里，不可能获得这样的滋养。"随着工业化的发展，工人与工作的关系也失去了对人的滋养。生产线将生产过程变得碎片化，人们只对结果中的一部分负责，而在过去手工艺盛行的时候，荣格写道，"工人能从自己的劳动成果中获得成就感，他能在这样的工作中进行充分的自我表达"。我们已经失去了重要的根基和平衡的来源：与自然的亲近，以及能带来成就感的工作。荣格认为这导致了一种"无根的意识状态"，他认为这种状态要么导致"过度自大"，要么相反，带来"自卑情结"。他写道："我完全相信，人类的生存应扎根于大地。"他提倡人们从事园艺，认为园艺能带来心灵的滋养："被圈养的动物不能重获自由，但是我们的工人可以。我们看到他们在城市内外的小片花园里获得了自由：这些花园表达了他们对自然的爱，对自己所拥有的土地的爱。"

今天，都市园艺运动正在复兴，我们仍然面临着荣格所描述的许多问题——我们失去了与大自然的连接，生活在贫瘠的都市环境里，还缺乏有意义的工作。跟都市耕种运动开始的时候一样，我们现在生活在一个社会和技术变革的时代，同时不平等的问题日益突出。今天，许多以前的工业中心都没落了，当地居民转而靠土地来维持生存，这与其说是在对抗工业化，不如说是在对抗工业化留下的祸害。

以曼彻斯特以北20英里三个深谷交汇处的托德摩登镇（Todmorden）为例，这里曾是繁荣的纺织业中心，而现在工厂早就倒闭了。数十年来，这里15000名居民的失业率一直居高不下。2008 年金融危机来袭时，空置和废弃的建筑越来越多，至于复苏的希望，人们更是想都不敢想。接着，经济紧缩的影响又出现了。公共事业开支减少了，城镇周围堆满了垃圾。一群朋友围坐在厨房餐桌旁，聊起他们亲眼见到环境一天比一天恶化，心中十分担忧。他们想为下一代创造更美好的未来，但是，该如何打造一个更加可持续发展的社会呢？

从一开始他们就很清楚一件事：一定得把重心放在食物上，因为每个人都需要食物。他们提出这个口号——"只要你能吃，你就是一分子"——反映了他们想要实现的极大包容性。他们试着想象，如果人们能在一个"可以食用的城镇景观"中生活和工作，那会是什么样子。已经废弃的健康中心就像小镇中心的一块伤疤，他们怀着一种实验精神，在这个健康中心的院子里撒下了红花菜豆种子和其他蔬菜种子。等到蔬菜成熟可以采收时，他们竖起了一块大牌子，上面写着"敬请自取"。这就是帕姆·沃赫斯特（Pam Warhurst）和玛丽·克莱尔（Mary Clear）两名女子倡导的"不可思议的食物运动"的伊始。她们召开公共会议，发现镇上的人们都大力支持这个活动。于是，活动组织者开始招募志愿者，在镇上其他地方帮忙种菜。

"不可思议的食物运动"为这处已变得灰暗、荒凉的城市风光带来了绿意。托德摩登镇各处根据需要种上了各种不同的植物：养老院外面种着草莓，因为很多老人们牙齿都掉了，他们喜欢吃较软的水果；肉店外面的苗圃里种着迷迭香、鼠尾草和百里香，店老板可以让顾客自己采摘香草回家烹饪；还有的植物具有乡土历史，比如醋栗，因为在店里买不到而广受欢迎。人们采摘醋栗来做馅饼，而托德摩登健康中心周围的地里种满了这种带刺的灌木。"这传递了什么信息？""不可思议的食物运动"发问，"健康中心不就该种植健康食品吗？"现在，健康中心里还有一个小小的草药园，里面种着洋甘菊、薰衣草和紫锥菊[1]等草药，大门外还种着樱桃树和梨树，供人随意采摘。

镇上一共有70多块菜地，任何人都可以自由取用其中的菜蔬食物。不管你朝哪个方向看，都能见到有人打理的花架、苗圃、小菜地。我沿着"可食用线路"散步，过运河桥，经过一幅色彩艳丽的"不可思议的食物"大壁画，走过门前种着果树的健康中心、门口种着香草的肉店，以及门外摆着一个个种植箱的警察局，最后走到授粉街（Pollination Street）——这条街是由"不可思议的食物运动"组织者说服镇议会重新命名的。社区园艺活动已经彻底突破了花园围墙的束缚，扩展到了整个城镇，让我叹为观止。托德摩登镇成了都市采集的一个激进实验。

激进的政治和农作物种植二者相辅相成。毕竟，"激进"

---

1 紫锥菊（*Echinacea purpurea*），又名松果菊，是原产于美洲的菊科野生花卉，多年生草本植物，花朵大，色彩艳丽，头状花序像松果。在西方，紫锥菊是闻名遐迩的"免疫增强能手"，为欧美地区广泛应用的健康植物之一。

（radical）一词就来源于植物界，拉丁语"*Radix*"就是"根"的意思。虽然现在"激进"一词往往用来形容影响深远的社会或政治变革，但也保留了"根源"的意思。过去在托德摩登，人们吃得起的新鲜食品种类并不多，但与其说"不可思议的食物运动"倡导耕种的目的是解决食物不够的问题，还不如说这个活动是一个促进变革的媒介。运动倡导者希望人们在采摘、烹饪和分享自己的劳动果实时会就一些问题展开讨论，促使他们用不同的眼光看待我们享用的食物和我们的生活方式。"不可思议的食物运动"还开始举办一些有关食物和园艺的社区活动，并与当地学校合作展开活动。沃赫斯特和克莱尔谈到了"宣传园艺"，这一措辞十分贴切，因为"宣传"（propaganda）一词也来源于植物界。"不可思议的食物"运动也证明了栽培植物是一种高效的交流方式。

不久，当地社会就出现了明显的变化。首先是镇上的反社会行为和破坏性行为减少了。克莱尔说："人们尊重食物，所以不会攻击食物。"渐渐地，大街上那些用木板钉死的店铺不见了，一家家咖啡馆和饭店开起来了，还有了一个热闹的市场，人们能在这里买到当地产的瓜果蔬菜。学校园艺活动也办起来了，这里的中学还获得了一个果园，里面有菜地，还养了蜜蜂。学校还为想拿园艺资格证的年轻人开设了一门新的园艺培训课程。当地政府对此项目也给予支持，并决心重新审查闲置土地，看能让出哪些地供人耕种。这个决策意义重大，因为这个镇上都是密集的联排房屋，这意味着留给花园的空间有限。2008 年，供人租用的园地只有 15 处，而最近的一项调查显示，现在，有四分之三的居民都在自己种菜，这也是当地显示出的一大变化了。

根据玛丽·克莱尔的说法，该项目背后的关键人物大多是"特定年龄的女性，都想为社会正义出一份力"，她还补充道："我们比以往任何时候都更加努力地工作。"的确，我见到她们时，她和她的朋友埃斯特尔·布朗刚刚播下 5000 颗蔬菜、花卉和香草的种子，种子条播在克莱尔家厨房窗台上的育苗盆里。"不可思议的食物运动"并不借助任何外来的资金，组织者想看看大家凭着合作与善意到底能走多远。"一旦你拿了补助，"克莱尔说，"就要做出别人期待的结果。"尽管"不可思议的食物运动"与镇议会、警察局和当地学校建立了密切联系，但多数情况下他们从未去寻求许可，因为他们知道那样会牵扯到层层繁琐的官僚主义。克莱尔说，"人们并不是想说'不'，而是他们不知道如何说'是'"。如果真的遇到反对意见，他们只要表达歉意就行了，不过这种情况很少发生。

在托德摩登隔周一次的周日集体园艺活动中，通常会有 30 人到场。这些志愿者的年龄从 3 岁到 73 岁不等，包含了社会各阶层人士。人们以小组的形式在镇上各处劳动，有的捡垃圾，有的打理花园。然后，他们聚在一个废弃的教堂里吃一顿简单的集体午餐。对一些志愿者来说，尤其是养老院或镇上某个住宅区的志愿者，这两周一次的活动就是他们主要的社交活动。克莱尔表示，这个运动的理念就是"让人们按照自己的时间和方式来做事"。她解释道，改变的迹象可能是"一个过去不说话的人开始说话了，或者更简单的，比如把外套脱下来"等等。她把这称为"人们的成长"。

卡莱尔谈到，这个运动旨在与我们时代日益严重的"孤独"病作斗争。现在，世界上四分之一的人饱受孤独折磨，人们的孤独感从未像现在这样普遍。过去人们一直认为孤独带来的副作用只是心理上的，如今，我们认识到了，孤独还影响到了身体健康。缺乏社会联系会使各种原因导致的早逝风险增加30%，这与肥胖或者每天抽15支烟造成的后果相当。孤独已经成为了一个重大的公共卫生问题。

从古至今，人类能设法在气候和环境最恶劣的地方生存下来，但无论是在北极、高原、丛林还是沙漠，人们总是生活在彼此间联系紧密的小群落中。而现在，有史以来第一次，全世界很大一部分人生活在孤独状态中，不仅与自然分离，也与彼此分离。社区园艺正好改变了这两种分离状态。人们能够与一个地方建立联系，并且依附于一个群体，这二者都能让人产生归属感——现代生活的危机从根本上来说就是缺乏归属感。

"不可思议的食物运动"已经从托德摩登镇蔓延到了更多地方。目前，英国有120个类似的非盈利组织，全都在"不可思议的食物"这一旗号下展开活动。全世界各大洲都开展了"不可思议的食物运动",现在已有1000多个这样的组织。在法国,"不可思议的食物"的理念格外流行,当地组织的口号是"分享食物"。"不可思议的食物"的组织网络是很松散的:不同的团体以不同的方式运作,但他们都有一个相同的目标,那就是打造更友好、更绿色和联系更紧密的社区。

园艺运动会在英格兰地区如火如荼地开展起来也许并非偶然,毕竟这里是工业革命的起源地。世界上率先进入工业化的地方应该率先解决后工业化衰退的问题,这似乎也十分合理。当时和现在的城市园艺有很多共同点,但是有一个很明显的区别:当时的社交活动主要是大受欢迎的花展和园艺比赛,而现在,竞争已经渗入生活的几乎每一个角落。社区园艺活动满足了不同层次的需求,许多人想暂时摆脱竞争,寻求合作,这也正是现代生活所缺乏的。

回顾历史,似乎我们对耕种的重视程度与我们人为造成的经济周期并不同步——在经济衰退和社会急剧变迁的时候,人们就回来务农。园艺已经成为一个全球性的社会运动,这是我们所处时代的症候。全世界都面临着城市化带来的问题,以及技术取代手工劳动的种种后果。正如社区园丁马克·哈丁所说,你被工业社会淘汰的时候,"大自然中总有你的一席之地"。

2014 年起，哈丁一直在开普敦的奥兰治吉赫特区帮助经营都市农场。在此之前，他做了 20 年的焊工，然后被裁掉了。过了三年没有工作的抑郁生活，他终于开始在农场干活了。年轻的时候，他被五光十色的"城市幻象"吸引，但城市的问题，用他的话说，就是"它不会给你任何依靠"。现在，他觉得踏实多了："现在我拥有的一切可以说是实实在在的了。"在大地上耕种培养了他的韧性，让他有了一种安全感，因为他的技能永远都派得上用场。"我能种粮食，不管去哪儿，这个天赋都跟着我。"

奥兰治吉赫特区都市农场位于开普敦郊区一个旧的草地滚球场，该场地已经废弃不用，变成了一个垃圾场。该都市农场经营项目也开展教育活动，每年有 1000 名儿童来到这里，学习播种、制作堆肥和营养学知识。开普敦还处在快速的城市化进程中，失业率很高。跨国餐饮公司大量出售高糖高脂的廉价速食，结果就是，城市贫困人口的肥胖、糖尿病、心脏病问题越来越显著。都市农场生产人人都吃得起的有机蔬菜在唤醒当地人民关注食品政治方面发挥了重要作用。奥兰治吉赫特区都市农场还在一个遭受了连续严重干旱的地区，帮助推广农作物种植需顺应时节的理念。这一项目最突出的成果就是奥兰治吉赫的农贸集市。一开始那不过是在农场上摆的几个摊位，后来变成了城市海滨地区每周一次大受欢迎的活动。当地 40 多个有机花园和农场在该市场出售产品，一些小型的食物生产商也在这里出售面包和其他手作食物。

农场的联合创办人雪莉·奥金斯基描述了农场的成长："都市农业不只是种植蔬菜而已，我们想要教育人们，打造社区，反思食品市场的运作方式。我们希望拆掉郊区的高墙，创造邻里交融的空间：人们可以在这里使用公园和公共绿地，社区居民可以在这里散步、骑车和坐公交车。"该项目旨在建立人际间的联系，打破种族和社会隔阂。哈丁说，种菜就是一种"健康的反击"。他谈到"大公司推出的都是保质期长的食品，但没多少营养"，他也很遗憾自己活了这么多年才意识到这些问题。通过在农场的工作，他获得了一个新的身份——"绿色反叛者"。

食品政治已经成为了当代社区园艺活动不可忽视的一个问题。非洲裔美国艺术家罗恩·芬利（Ron Finley）是洛杉矶南部的一名园艺活动家，也是一名"绿色反叛者"。洛杉矶南部是美国最大的"食品荒漠"，这里到处都是大量快餐店和酒水专卖店，但新鲜的农产品却少之又少。这个地方还频频发生黑帮暴力事件和驾车枪击案。芬利认为，虽然驾车枪击案很受关注，但戕害了更多人的却是"免下车点餐"的快餐。快餐带来的恶果太明显了：这个地方超过三成的人都过度肥胖，电动轮椅与透析中心越来越普遍。

芬利每次买新鲜食材都要开车45分钟前往市场，他实在受够了，于是开始在家门外狭窄的路边种蔬菜和水果。几个月后，曾经堆垃圾的这块地现在已经成果颇丰了。芬利把收获的羽衣甘蓝、甜玉米、辣椒、南瓜和甜瓜都分给了住在同一条街上的邻居们。但第二年，他因未经允许在城市土地上种菜被捕，尽管他被迫清除了这些植物，但他立即提出申诉，要求获准重新栽种这些植物。

那是2010年，就在头一年，当时的美国第一夫人米歇尔·奥巴马在白宫南草坪挖了一块地，请小学生来栽种和采收蔬菜。奥巴马倡导的"让我们动起来运动"所针对的就是儿童肥胖和糖尿病人数量激增的问题。时代风气渐渐发生了变化。《洛杉矶时报》报道了芬利的种菜事件，他的申诉也成功了，洛杉矶市紧接着修改了城市耕种的相关规定。芬利现在主持一个项目，支持人们在空地上种菜。他自称"黑帮园丁"，口号是"让铲子成为你的首选武器"。他要把园艺活动变得酷炫新潮，让学校的孩子们参与进来，而这些孩子的父辈甚至祖父辈，都没有栽过花种过草。

芬利的一个主要任务是打消人们对务农的羞耻感。美国农业的历史是建立在奴隶和佃农制度基础上的种族剥削史。这段历史带给人们的，用芬利的话说，是一种偏见，"你一定是遇到了很糟糕的事，才不得不自己种菜吃，尽管你做到了自给自足"。他认为，人们已经失去了自给自足的基本本能，而且"没有人真的会问，为什么那些快餐连锁店会扩张到这种程度"。能够自己种菜自己吃就算不是一项基本人权，也是基本的自由。正如芬利所说："如果你不自己动手准备自己的食物，你就是奴隶。"他认为，食品沙漠着实应该被称为"食品监狱"，因为"如果你想找到健康的食物，就必须逃离这个监狱"。芬利希望能带动人们，引起变革。

园艺作为一种政治抗争的形式由来已久，可以追溯到17世纪英格兰的"挖掘者"。当时社会动荡，粮食价格居高不下，这些"挖掘者"主张人们有权在公共土地上种植作物。现代的"游击队园艺"在1970年代初得名，当时濒临破产的纽约正在走向没落，一群自称"绿色游击队"的人对废弃的城市土地进行开荒改造，建起了一个个社区花园，并援引美国两次大战期间生产粮食的"胜利花园"之名。一些游击队园丁更擅长种花而不是种菜，比如理查德·雷诺兹，他于千禧年之交在伦敦发起了一场运动：晚上在伦敦南部的塔楼外悄悄种花。随后，一群群志愿者聚到一起，试图将自然之美带入伦敦城最破旧的区域。

时至今日，绿色游击队仍活跃在美国纽约各处，和这个组织有关的花园就有800座，可说是成果卓著。和"不可思议的食物运动"一样，这个运动也得到了市政府的批准，但依然要进行许多斗争。社区园艺的一个问题就是，打造出一个有吸引力的绿色空间后，这个地方往往就会士绅化，最糟糕的是，一个园艺项目想要帮助的人群，可能会因为没钱居住在这里而被迫迁移出去。

1990 年代，市政当局开始出售用于开发的土地，有 600 座社区花园受到威胁。绿色游击队努力抗争，经过漫长的抗争，终于保住了这些社区花园。

特里·凯勒是最早的绿色游击队队员之一，他与纽约植物园合作开展了一个非常成功的推广项目——布朗克斯绿化项目，意即在布朗克斯南部贫困地区的空地栽种蔬菜，恢复这里的生机。人们沿着布朗克斯主干道建起了新根社区农场。把这片没有任何植物的荒地改造成一个占地 2000 多平米的繁荣农场需要大量的艰苦工作。这里地面坡度较陡，2012 年夏天，许多志愿者都来帮忙挖掘沟渠，这是引导雨水分流、防止土壤侵蚀所必需的。纽约市卫生局提供了大量免费堆肥，纽约市植物园提供了堆肥的专业技术。人们在这里种上了果树，有樱桃、无花果、柿子和石榴树，还安装了蜂箱。所有针对土壤的准备工作都有收效，新搭好的抬高苗床很快就种上了一批蔬菜，包括番茄、羽衣甘蓝、西瓜和辣椒。昆虫们很快也来这里安家了，除了蜻蜓，还来了许多蝴蝶，包括赤蛱蝶（*Vanessa indica*）、黑凤蝶和优红蛱蝶。

布朗克斯绿化项目与国际救援委员会合作，引导来自不同地方和不同文化的人们聚在一起，携手耕作农场。逃离冈比亚或者阿富汗等国的新移民与来自中美洲或者加勒比海地区、在这里居住时间较长的居民一起工作。刚到一个陌生城市，人们都会面临巨大挑战。如果他们经历了创伤或者抑郁，就像新根农场的许多难民那样，面对挑战对他们来说就更困难了。园艺可以在许多层面帮到他们，但最重要的是，农场给了他们归属感。

研究表明，这样的城市花园能够非常有效地促进社会融合。这些城市花园往往会成为文化和社区中心，它们提供了一个在家和工作以外的"第三空间"，有助于缓解人们在社会中体会到的紧张感。花园促进社区融合的作用在多种族社区显得尤为重要，因为在这样的地方，人们很难融入彼此的生活。按照位于巴尔的摩的约翰·霍普金斯大学"宜居未来中心"的说法，食物是达成社区融合的关键："食物种植、烹饪和分享具有极大的社会文化价值，有助于促进花园发挥社交桥梁的作用。"都市农场营造了一种倡导合作的文化，就算不是分享产品，也是在分享快乐。园艺能改变人与人的关系，带来社会变化，很大程度上得益于这种互利效应。

所有生物都有塑造环境的基本生物学需求，但在城市中，环境改造的效果却事与愿违，因为人们没有权力改变他们的环境。当城市环境恶化时，事情会变得一发不可收拾。城市中的荒野有废弃的房屋、垃圾堆、碎玻璃、生锈的金属，以及一人高的野草。最糟糕的是，这些地方都很危险。一个地区环境恶化越严重，那里的居民就越不愿意待在户外。黑社会因此控制了街道。随着情况进一步恶化，恶性循环就出现了：条件越恶劣，暴力活动就越频繁。

唯一的补救方法就是改善环境。减少枪支犯罪是美国许多大城市的首要任务之一，人口统计数据清楚地显示，致命枪击事件往往集中在最贫穷、最破败的地区。以芝加哥为例，暴力事件主要集中在该市的南部和西部，这里的失业率很高，而且，这些主要由非裔美国人组成的社区，数十年来也少有人投资。2014年，芝加哥有两万多块空地，其中1.3万块土地归市政府所有。"大空地计划"于2014年开始试点，2016年正式启动，针对受影响最严重的社区，该计划使居民能够以1美元的价格购买其住宅附近的空地，前提是五年内他们不能出售该地，并承诺在此期间管理维护这块地。芝加哥总共有4000块土地以这种方式被分配出去了，其目的是将荒地改造成花园，加强周围分散社区的联系。

像这样的城市"清洁与绿化"项目，受到了20年前在费城进行的一系列开创性研究的启发。由哥伦比亚大学流行病学教授查尔斯·布拉纳斯（Charles Branas）领导的这项研究，也许是目前唯一在城市中进行的环境控制随机对照实验。1999年，费城与宾夕法尼亚园艺协会联合开展了土地关怀计划。从那时起，志愿者们清理了城市中数百块被破坏的空间和荒地，清除了垃圾瓦砾，植了树，种了草，搭建了低矮的木栅栏，而受益于这些干预措施的社区是随机选择的。

这项耗时长久的研究对人口结构相似地区的暴力犯罪率进行

了比较，结果发现，绿化改造后的街道与未经改造的街道相比，犯罪率的差别大得惊人。2018 年发布的最新研究发现，贫困线以下的社区获益最大，那里的犯罪率下降了 13% 以上，枪支暴力事件的发生频率下降了将近 30%。通过对整个城市的监测，研究人员确认，这些犯罪率的下降是真实的，而不是把问题转移到了隔壁街道或附近的地方。

在研究过程中，研究人员发现有些方法更行之有效：当使用铁栅栏保护绿化地带时，人们觉得自己被排斥在外，并开始把这些空地当作垃圾场。可是，使用木栅栏时，居民的社交互动效果就体现出来了。这些低矮的围栏很好攀爬，而且人们可以坐在栏杆上，所以大家就开始在这些地方休闲放松、交流互动了。原本没有机会碰面的邻居开始攀谈起来，当地儿童在户外也有了一个安全的地方玩耍。花园布局很简单，只有草坪和一些树，视线毫无遮挡，这对于那些有潜在不安全因素的地方来说特别重要。另外，花园简单的布局也给了人们进行改造的空间，所以人们开始下功夫打理花园了。

布拉纳斯的研究团队发现，在新近绿化过的地方，居民对外出的恐惧降低了 60%，这个显著的反应也跟该团队的其他研究发现一致——人们经过家附近的废弃空地时，每分钟心跳会陡然增加 9 次。这一发现也表明，人们并不习惯于破败的城市环境，这种破败的环境甚至会一直让人们感到不安全。破败的环境也像一面镜子一样，会降低人们的自我价值感，让人产生一种不被在乎的感觉。这种持续的被抛弃感和被遗忘感很容易让人陷入抑郁。的确，后续研究证实了这一点，研究人员发现，居住在新绿化地区的人抑郁与心理健康不佳的状况几乎减少了一半。不管以什么标准来看，这都是巨大的影响。可是，政府进行城市规划时，却一再忽视人们对社区绿地的需求。费城的研究表明，相对低成本的环境干预，对居民的健康和周围的犯罪率能够产生深远的影响。

如果要打破市中心贫民区的暴力犯罪和吸毒成瘾的恶性循环，让年轻人接近安全的绿色空间就格外重要。开展都市农场青年计划在这方面就是一个非常有效的途径。举例来说，芝加哥植物园就长期致力于社区推广计划。过去 15 年里，他们在芝加哥的贫困地区建起了 11 个农场，以解决健康和教育不平等的问题，其中一些农场为希望学习种植和创业的毕业生提供培训。有的农场会给年龄更小的孩子提供培训课程。每年的 5 到 10 月，该组织还会招募 100 名 15~18 岁的青少年加入他们的"风城丰收青年农场项目"，让他们在那儿劳动并接受培训。

这个项目的主任伊丽莎·富尼耶（Eliza Fournier）解释说，青少年在一开始参加这个项目时，大多数都是"植物盲"。很少人家里有花园或者户外空间，他们都不知道自己会不会喜欢栽种植物。富尼耶会问新加入的孩子一个问题：喜不喜欢吃披萨？当然，他们都喜欢吃。"如果你喜欢吃披萨，你就会喜欢植物"，她这样告诉他们，然后向他们解释，我们的食物追根溯源都来自植物。对于大多数参与者来说，亲手触摸泥土是一种全新的体验，他们需要一些时间来适应这个理念——"从泥土里长出来的食物对你有好处"，正如一个女孩所说。

华盛顿公园是芝加哥南部的一个食物荒漠。这里的青年农场位于公园的一角，四周围着铁栏杆。农场周围都是高大的树木，草地上是抬高的菜地，感觉更像一个花园，而不是城市农场。富尼耶观察到，孩子们来了几周后变得更健康了，吃得也更健康。她认为，他们要劳动，同样，他们也是孩子，这很重要。所以在每节课开始的时候，他们都会做一些简单的团队建设游戏，让年轻人有玩乐的机会。

这些年轻人中，很多人连最基本的安全需要都没得到满足。他们在花园边缘种上果树，纪念死在枪击案中的同龄人。很多计划参与者不仅居住的社区不安全，就连他们自己家也不安全；还有些人可以说干脆就没有家，只能到处借住别人家。农场就成了这些年轻人的安全地带，他们知道，需要帮助的时候，工作人员会倾听他们的倾诉。在这样的"绿色天堂"工作所产生一系列的"丰富环境效应"可以减轻压力、促进学习、提高社交能力。这些学生分成小组进行园艺活动，他们会学习怎么合作、怎么解决冲突。到了夏天，农场每周有一次集市，他们也学会了与公众打交道。一季活动结束时，每个年轻人都会收到工作人员对他们工作一对一的"直言不讳"的反馈。这样体贴到位的关注，大多数孩子以前从来就没有得到过。渐渐地，他们增长了自信，放下了防备。

该项目更长远的目标是通过园艺促进社交和情感方面的学习。这类项目可以改变人们的生活，人们也有理由相信，暴力、成瘾和青少年怀孕的概率也会因此降低。这些结果很难准确评估，但令人震惊的是，基本的统计数据显示，参加了"风城青年农场项目"的年轻人中有91%的人之后继续接受学校教育或者参加职业技能培训。就这类人群来说，这个比例已经远远超出了预期。

伊利诺伊大学最近对一系列不同类型的青年项目进行了评估，该研究得出的结论显示，风城丰收青年农场在传授生活技能、提供职业机会和改善家庭关系方面非常成功，而改善家庭关系方面的成功表明，该计划已经产生了深远的影响。富尼耶说："关爱植物是很有意义的行为，我们可借此谈及关爱他人。"花园提供了一种模式，帮助青少年相信他们可以为自己创造一种全新的生活。

其他物种不会像我们人类这样分享食物。就人类的进化而言，分享食物是人之为人的重要行为，可现代生活已经破坏了人与人之间这种强有力的联系。方便快餐的兴起，加上紧张而又繁忙的生活，使得现代家庭在一起吃饭的时间与比过去少多了。富尼耶强调，食物是一种"强大的连接器"，因此在该项目中扮演着重要角色。每周一次的活动结束时，参与者都要在花园里一起做饭、吃饭。对许多人来说，这是一个尝鲜的机会，但除了吃以外，一起做饭还产生了更重要的效果。

作为人类，物种的天性使我们习惯于规模相对较小的群体生活。如果团体规模太大，我们就会失去维系关系的重要连接。保持连接，不仅对我们的心理健康非常重要，而且，按照"自然教育学"理论，保持连接对我们的认知发展也很重要。提出该理论的认知科学研究者捷尔吉·盖尔盖伊（György Gergely）和盖尔盖伊·奇布劳（Gergely Csibra）认为，一个群体或者部落要生存下去，其亲密成员之间彼此共享知识太重要了，所以成员的大脑中都进化出了一个"特殊通道"，其功能类似于文化信息传递的快车道。我们信任他人时，这个特殊通道就会打开，并激发大脑吸收新知识。盖尔盖伊和奇布劳把这种现象称为"认知信任"，他们认为正是这种信任使我们的远祖发展出越来越复杂的技能，如制造工具、烹饪食物。社会学习是十分有效的学习方式，但是在危险与恐惧中成长起来的孩子，学会了压抑自己的好奇心。活在猜疑中会让人远离彼此，并且不愿向他人学习。反过来，如果能建立起信任，大脑就能更好地创建新的神经网络。像风城青年农场这类立足土地的项目以及开展耕种、收获和分享食物的活动之所以卓有成效，很大程度上是因为这些项目复制了基本的生活技能活动，再现了社会学习发展的过程。

今天的标准化教育方式严重低估了社会关系在促进学习方面起到的关键作用。我们没有认识到自身生物学根源的重要性，同时我们也受到了人类能自我塑造的现代观念影响。荣格指出："如果有人说动植物可以自我创造，我们一定会嘲笑他，但许多人相信，精神或者心灵进行了自我创造。"可是，大脑是若干年进化的产物。"大脑进化到现在这样的意识状态，"荣格写道，"就像一粒橡子长成一棵橡树。"

对我们的狩猎采集者祖先来说，识别当地的植物，了解哪些植物可以食用、哪些可以治病、哪些有毒，这些构成了第一个复杂的知识库。这样的文化信息代代相传，人们因而积累和完善自己的知识库。可是，如果这个传承的链条被打断，这些知识和技能就很容易失传，而打破传承只是一两代人的事。看看吧，我们的关怀文化和工作文化变化得多么快，以至于我们这么快就已经失去了与大地的联系。

植物学在 19 世纪非常流行，但进入 20 世纪就开始衰落了。对于许多在城里长大的现代人来说，植物几乎已经完全失去了意义或者价值。富尼耶所说的"植物盲"一词，是两位美国植物学家詹姆斯·万德西（James Wandersee）和伊丽莎白·舒斯勒

（Elisabeth Schussler）在 1998 年提出来的。他们担心，人类与大自然渐行渐远，植物在维持生命方面起到的根本作用，已经淡出了我们的集体意识。他们认为，尽管大脑很容易从意识中筛选出植物，可这也并没有改善现状。我们的感知系统对某些图纹非常敏感，特别是任何与人脸相似的信息。虽然花朵跟人脸有点像，能吸引我们的注意力，但大多数植物都不具备这种特征。此外，大脑的视觉皮层会优先关注和处理移动的或者具有潜在威胁的刺激。由于植物相对静止且变化缓慢，它们往往不会被人注意。这意味着，除非我们被点醒，否则我们可能永远都看不到真正的植物的世界。

万德西和舒斯勒观察到，人们对植物的爱，往往源自"植物导师"的影响：我们大多数人都需要一个重视并理解植物的人引领我们进入植物世界。我在社区花园项目中采访过的一个年轻人——丹尼尔，就向我描述了这样的经历。丹尼尔青少年时期的大多数时间都耗在网络游戏上，有一段时期他感到很迷茫。刚来到离家几条街远的社区花园时，他觉得更迷茫了。植物对他来说，就像是一个"美丽却陌生的世界"，他完全不知道怎么跟它们相处。其中一名花园项目协调人，只比丹尼尔年长几岁，鼓励丹尼尔把手伸进泥土里，并教给他照料植物的一些基本方法。那个过程，用丹尼尔的话说，就是"打开了我的心"。之后，他真的喜欢上了植物。他清楚地记得他来到花园的那天，觉得"现在我搞懂你是怎么回事了"，结果，他用在照料花园上的时间越来越多了。园艺跟网络游戏不一样，园艺给了他"真正"的可做的事情，让他有了巨大的动力。照顾植物真的改变了丹尼尔。有一段时间他去国外，在一个希腊难民营里做志愿者，自己也成了一名植物导师。通过园艺工作，他发现自己可以做一些有所不同的事情。

对丹尼尔来说，技术的世界令他感到舒适自在，而自然的世界是完全"陌生的"。在成长过程中，网络游戏成了他的栖身所，但那却让他渐渐远离了生活。今天，许多男孩面临的选择，要么是在网上玩各种竞技游戏，要么就是在街上晃荡，当小混混，打架斗殴是家常便饭。城市的环境并没有给人多少选择，对于那些低收入家庭的孩子来说更是如此。我问风城丰收青年农场的孩子们，要是他们不加入这个项目会做什么。他们给我的答案主要是这三个：睡觉、上网，或者惹是生非。

男孩有时候排斥园艺活动，因为他们觉得那是一种培养和养育的行为，一点都没有男人味。有些青年项目为了解决这个问题，把"花园"改为"农场"，但不管叫什么名，耕作不仅是滋养的工作，也是需要力量的。因此，我们在古希腊神话中发现，主生殖的男神普利阿普斯（Priapus）掌管着水果、蔬菜和葡萄园的生长。有时候他的形象是一个有着巨大生殖器的男人，身上装饰着他花园里的作物。

在《杰克与魔豆》("Jack and the Beanstalk")的童话中，我们也能看到植物的力量。这个古老的英国童话源于 5000 年前的一个神话。故事中，杰克就像一个容易上当的傻小子一样，用贫苦母亲的最后几枚硬币买来所谓的"神奇"种子，但后来种子发芽了，竟然长成了一株巨大的豌豆藤。杰克爬上豆藤，勇敢面对残暴的巨人，并拿回了巨人从他家里偷来的所有东西。这是一个男孩实现自己的潜能走向成人的故事，同时也是社会正义的寓言。就激进疗法而言，园艺可以帮助我们对付各种各样的"残暴巨人"——从压力和缺乏动力等个人问题，到社区支离破碎、新鲜食物缺乏和城市衰败等社会经济问题。今天，不管在什么地方，这些都是市区耕作项目试图解决的问题。这些项目向人们展示：耕种食物可以成为一种建设更美好社会的方式。

耕种可以赋予人力量，分享耕种的成果比其他任何方式都能更有效地促进人与人的信任与合作。我们都需要一种力量感，都需要给予照顾和接受滋养，而园艺的"炼金术"将这两种人性的需要合而为一。道理很简单，如果每座城市、每个城镇都被视为花园，允许并且鼓励人们照料自己社区的一小块土地，那么人与植物都会更好地生长，焕发勃勃生机。

第九章

战争与园艺

然而花园与战争
形成鲜明的对比，微小的努力
守住优雅与风度
对抗可怕的荒野

——维塔·萨克维尔-韦斯特（Vita Sackville-West，1892—1962）

在本书的写作过程中，我不止一次感到沮丧，因为汤姆在阳光下打理花园，我却只能闷在屋里伏案工作。有一年的秋天，这种沮丧感来得特别强烈。

那年，整整一个夏天我都在研究园艺疗法的起源与第一次世界大战的关系。工业化战争以前所未有的规模爆发，其毁灭性后果让人们越发觉得需要回去耕作土地了。我也一直在研读外祖父泰德·梅的生平文字，读到那些在土耳其的战俘所遭受的残忍虐待时，我震惊极了。我花了太多时间思考战争的事，秋天来临之际，我发现这已对我产生了消极影响，我觉得有必要把研究放在一边，花点时间在花园里。

我们的棚子里堆了几大箱球茎，我扛起几包绵枣儿（*Barnardia japonica*）[1]，来到一个大花坛边跟汤姆一起干活。重新

---

1 绵枣儿是百合科、绵枣儿属植物。

触摸到泥土的感觉真是太惬意了！我用一个挖洞器挖土，新鲜干净的泥土的气息沁人心脾，不久我就找到了节奏感，忘我地投入劳动。一年中的这个时候，天气和煦，温暖的阳光驱散了渐渐漫上心头的寒意。我干着干着活儿，突然冒出一个念头，觉得种下一颗球茎，就像是在安放一枚希望的定时炸弹。整个冬天，绵枣儿都藏在黑暗的地下，到了春天就悄无声息地爆炸，用艳丽的蓝色弹片淹没大地。

种子、鳞茎和球茎从地下冒出芽来，看似无生命的东西摇身变成艳丽花草，这是我们习以为常的事情。然而，谁都不会对战争感到习以为常。在战争中，想保全生命都成了问题，同时，自然之美与人性之善也会被放大。前线和战俘营这样的极端环境会夺走人们的生命，也会让人们看到一些经历的珍贵价值，这在别处是看不到的。

战争与园艺在很多方面都背道而驰。尽管两者都跟领土有关，但一个是在攻击或保卫领土，一个是在照料和滋养领土。很久以前，人们就相信这两种活动可以互相抵消，维持平衡。在两河流域的伟大文明中，人们认为战斗与耕作的技能同等重要。公元前 329 年，色诺芬[1]写道，对于波斯历任国王来说，战争与农

1　色诺芬（Xenophon，前427—前355），雅典人，军事家、文史学家。他以记录当时的希腊历史、苏格拉底语录而著称。

业的艺术堪称"最崇高、最必要的事业"。譬如，小赛勒斯 [1] 不仅设计了自己的花园，还亲自种植了许多树木。

战士与耕种者代表了人性的两极：侵略与破坏，和平与创造。1918 年一战期间，丘吉尔接受诗人齐格弗里德·萨松（Siegfried Sassoon）的采访，在那篇采访报道中，就提到了这种说法。萨松曾在战斗中因表现英勇而被授予勋章，但他也是著名反战人士。在战争快结束的最后几个月，时任军需大臣的丘吉尔召见萨松，在采访中，萨松发现丘吉尔想"跟他争个高下"，他们这场对话持续了一个小时，最后，丘吉尔叼着一根大雪茄在房间里来回踱步，宣称"坚决为军事主义辩护"。回想起这次会面，萨松写道："我很好奇，在说'战争是人类的正常活动'时，他是认真的吗？他的确也加了一句来缓和语气：'战争——还有园艺'。"

丘吉尔对战争和园艺都很认真，打造花园在他一生中都很重要。两年前，在达达尼尔海峡战役加利波利登陆惨败之后，丘吉尔被撤去了海军大臣的职务。那年夏天，用他的话说，他的心备受"屠杀与毁灭"的折磨，而在萨里郡，在农场的花园耕田锄草拯救了他。

大自然让人从战争中抽出身是一回事，在战争中创建花园则

1　小赛勒斯（Cyrus the Younger，公元前424—前401），波斯国王达里乌斯二世之子。

完全是另一回事。不过，在西线旷日持久的战斗中，真的就有人造出了花园。在弹壳遍地的战场上，美丽的花朵显得微不足道；但在这遭受严重毁坏的地方，大自然的美，尤其是花朵的美，能成为抚慰心灵的救生索，具有无可比拟的疗愈效果。士兵、牧师、医生和护士都来种花，有些花园小，有些花园很大；有纯粹的花园，也有菜园。法国和佛兰德斯地区的气候地理条件很适合栽种植物。气候、肥沃的土壤、战事的长时间僵局和行军的暂停都让园艺成为可能。壕沟战显示了花园的力量，回应了人类最深层次的生存需求。

人们在西线建造了众多花园，其中一个是由索姆河边第21号伤亡急救站的医院牧师约翰·斯坦霍普·沃克（John Stanhope Walker）打造的。沃克在1915年12月来到医院，第二年春天开始建造花园，把花园打造成一个庇护所。1916年7月初，索姆河战役[1]打响，急救站很快就挤满了伤兵。几乎每天都有上千名重伤士兵被带到这里来，沃克在三个月内埋葬了900人。索姆河战役进行了141天，是史上最血腥的战斗之一：300万人参加战斗，有100多万人丧命或致残。

沃克在家书中描述了急救站几乎无法应付的窘境。伤员"真

1　索姆河战役，第一次世界大战中规模最大的一次会战，英法联军为突破德军防御并将其击退到法德边境，在位于法国北方的索姆河区域实施作战。双方伤亡共计130万人，是一战中最惨烈的阵地战。

的是人叠着人——病床用完了，能在帐篷、小屋或者病房就地躺下来就很不错了。"他夜以继日地工作，只要不倒下，他就在工作，"身受重伤的小伙子们痛苦地躺着，许多人都在忍耐，有些人会发出呻吟，有一个人走到担架前，把手放在伤员额头上，他的额头冰凉，划亮火柴一看，他已经死了——这里要办圣餐礼，那边要赦罪，这里有瓶酒，那边有个疯子，还有一个热水瓶，如此种种。"面对这一切，他种下的花派上了用场："花园真的太美了，我们放下帐篷两侧的篷布，伤员们都凝望着外面的那些花儿。"

目睹如此"残破的人性"，在这种条件下工作，沃克有时会感到极度的无能为力；他也感到很失望，只有很少一部分康复期的病人来参加他的礼拜。尽管他的布道没能吸引他们前来，他的花园却十分令人心动。七月中旬，他写道："现在，花园里鲜花盛开，明媚娇艳，第一排豌豆已经结果了，那些伤痕累累的士兵们都特别喜欢这些硕大的豆荚。番茄结出了绿色的果实，还有小小的西葫芦，我们已经吃到香甜的胡萝卜了。"除了伤员，其他营房的人也很喜欢他的花园。让他特别高兴的是，医务总监安东尼·鲍比爵士对他的花园大加赞赏，沃克说："我的花给他留下了深刻印象，我种了这么多豌豆和豆子，他说我的名字会被登在战报上。"

八月，英军进军后，沃克和一名同事休息了一天，他第一次去了前线。他经过一片不久前还是无人区的土地，感叹道："啊，天哪，方圆数英里，横尸遍野，战争的可怕暴露无遗……彻彻底底的毁灭的景象，绵延数英里的乡野被破坏得面目全非。"他们继续前行，进入了英军刚拿下的地盘："德军的战壕被轰炸成杂乱的土堆，上面还留着带刺的铁丝网。巨大的地雷坑变成了一处处小湖和小山。这边，砖头、炮弹和泥土混在一起，这里是弗里考特；那边，断了树枝的枯树残缺不全地耸立着，那儿是马梅兹。"

一些德军的防空壕躲过了猛攻。他们爬下去，进入一个防空壕，只见内侧的墙上都装了木板，就像"瑞士小屋"一样，令人惊讶的是，地上还铺了地毯，摆了一张小床。防空壕外面也维护得不错，他们发现了一座花园，"盆里、窗口花箱、花盆里种满了报春花、灌木和玫瑰"。沃克在伤亡急救站打造的花园是在阵地后方，但这座精心打造的花园却是在阵地上。

尽管这很令人惊讶，但其实防空洞花园并不罕见，而且双方士兵都在打造花园。美国记者卡丽塔·斯宾塞（Carita Spencer）来到伊普尔附近的德帕内战区时，记录了英国士兵的园艺活动。战壕的后方，有些人打造了一座座花园："他们首先打造了一个小菜园，为了美观，紧挨着菜园又造了一座花园，挨着花园的是一片小墓地，然后又是菜园、花园、墓地。"她说："一周又一周，人与植物都生活在炮火的射程中"。她发现，"生与死呈现出一种新的关系。死亡随时都会到来，但同时生命还要延续。"

1915 年 2 月，阿盖尔和萨瑟兰高地军团的年轻军官亚历山大·道格拉斯·吉莱斯皮来到法国，不久前他的弟弟刚阵亡。三月，吉莱斯皮就种起了花。在一条被水淹的战壕边上他发现了几株角堇和其他花，便把这些花移栽到了用德军的炮弹壳做的花盆里。原本接连数周的阴雨让他和部下心情沮丧，可一个炮弹壳却让他们备受鼓舞："我把角堇种到了弹壳里，放到防空壕外面，大家都很开心。"

吉莱斯皮和他带的排在不同的战壕间活动，但整个春季和初夏，他们在自己待过的大部分地方都种上了花。他让父母寄来了旱金莲种子，三月下旬的一天，他在夜幕的掩护下把种子撒在了土里。初夏的时候，他写道，他种下了金盏花、罂粟花和紫罗兰，还把种子分给了另一名下级军官。

哪里有战线，哪里就有壕沟。一条条壕沟恣意地穿过田间地头、果园和花园。有时候，挖过的花会从壕沟壁上重新发出芽来，为壕沟平添了一些色彩。这些防空壕花园中有一部分花就是士兵们从荒废的花园里搜集移栽过来的。五月初，吉莱斯皮在他临时扎营的村庄里，花了一下午的时间，"从被摧毁的村子里挖来一些植物——桂竹香、芍药、三色堇和许多其他花，也许把这些花连根拔起移栽过来是很残忍的，但那里还有很多"。有些植物在它们的新家长得不好，但栽种的过程比什么都重要。

几天后，吉莱斯皮回到战壕，他写道："我们头上戴着防毒面具，观察着风向，以防毒气飘过来。"他继续写道："花园里的花生机勃勃，有铃兰、三色堇、勿忘我，还有我们喜欢的许多花。我们一直忙着给花浇水。"

六月中旬，吉莱斯皮的排被调遣到紧邻德军前线的战壕，那里炮火密集，养花是不可能了。不过，几周后，他又回到了以前的一个战壕里，这里有些位置距德军前线只有 320 米，两军之间是"一大片猩红的罂粟花"。他之前在那里种的花也非常茂盛："我们的壕沟里全是美丽的圣母百合[1]，不知道什么缘故，在清晨或傍晚的微光中，它们似乎闪闪发光，那是它们最美的时候。我写下这些文字的时候，这些花儿正绚烂夺目地绽放着。"然后，在停笔前，他找人要了几张捕蝇纸对付成群结队的苍蝇，还记下了一条坏消息："今天，阳光明媚的下午，一枚巨大的炮弹突然从天而降，击中战壕，五人身亡，四人受伤。"

美丽的百合花与致命的炮击，这种生与死的并存难免让人困惑，但也许只有从表面看才令人困惑吧？因为，据说战壕里的士兵会在梦中见到他们的母亲和花园——这样的梦表达了对安全的家的渴望。在疯狂与恐怖的战争中，花朵让人感到亲切，保持清

1　圣母百合（*Lilium candidum*），属白花百合杂种系，白色，有香味，被视为纯洁的象征，中世纪时期的基督徒常拿这种百合花供奉圣母玛利亚。

醒；在这种极端的创伤和与外界隔离的情境下，花朵给人们带来了生的希望。

九月，吉莱斯皮驻扎在当地一个村里，前去寻找他弟弟汤姆阵亡前不久待过的花园。他步行数英里，找到了那座城堡，发现里面居然还有人。从城堡阳台上看到的花园景色跟弟弟寄回家中的最后一张明信片一模一样。他感谢这家女主人在汤姆去年驻扎此处时对他"如此友好"。吉莱斯皮写道，这是一个"非常迷人的地方……池塘里有鸭子和水鸟在游水，还有好些花坛"。这也是吉莱斯皮最后一次离开战壕，不久后他在洛斯战役的第一天率兵发起进攻，结果阵亡，年仅26岁。

吉莱斯皮去世前不久写信给以前的长官，提出一项农垦行动。如今，一项名为"西线布道"的百年计划已将他的提议变成了现实。吉莱斯皮希望，和平最终到来时，在无人区种上遮荫的树木和果树，打造一条从瑞士到英吉利海峡的朝圣布道。在他的展望中，这条路"会成为世界上最美的路"，走在这条路上，人们会"思考并懂得战争意味着什么"。

随着战争进入第三年，军方开始统管那些自发的园艺活动。火线后方的菜地规模非常大，到了1918年，西线的新鲜农产品完全能自给自足了。在战争的第一个春天，人们打造壕沟花园不仅仅是为了获取食物，而是一种努力，用维塔·萨克维尔·韦斯特在诗歌《花园》（"The Garden"）中的话来说，是为了"保持优雅和风度"。这些花园表达了士兵们对人性与文明的渴望，不希望自己成为活在泥泞洞穴中的动物抑或庞大战争机器中的一枚螺丝钉。

战壕里的花园是铸剑为犁的一种方式。汽油罐被改造成了浇水壶，刺刀用来耕地。花园呈现了与战争截然相反的价值观，历史学家肯尼斯·赫尔芬德（Kenneth Helphand）还指出了花园暗含的反战意味。在他的《反战花园》（Defiant Gardens）一书中，他写道："和平并不是休战，而是一种更积极主动的状态……花园并不是避世之所，不是暂且休息的地方，而是对某种状态的肯定，是一种值得效仿的模式。"赫尔芬德认为，战时园艺可以让我们重新认识到花园"作为变革的力量——美化、安慰、传达意义"。

我们觉得什么东西温馨，什么东西带来希望，什么东西美丽，全都取决于我们所处的环境。在战场上耕作土地，花园的力量得到格外的彰显，当世界遭受如此巨大的破坏时，具有改变和改善的能力是格外重要的。

在《绿化红区》（Greening the Red Zone）一书中，社会生态学家凯斯·提鲍尔（Keith Tidball）写道，在地区冲突和自然灾害过后，人们会本能地走向自然。在这种情况下，他写道，"人们投身简单的园艺、种树或者其他绿化活动，这似乎有违本能"。然而，有大量的报道认为人们"从大自然的疗愈中获益"。提鲍尔认为这种从事园艺活动的冲动是他所谓"紧迫的亲生命性"的表现。

许多在战壕中直面恐怖战争的士兵迫切需要保持对大自然的热爱，进而保持对生命的热爱，这对他们来说是一项重要的生存策略。就像弗洛伊德的生本能与死本能的对峙一样，花朵为军人提供了一种对抗恐惧与绝望的弹药。这是否有助于减轻创伤对他们的长期影响尚无法判断，因为这是一场力量悬殊的战斗：许多人目睹的大规模死亡与毁灭事件，已超出了人类可承受的极限。

杰出的战争诗人威尔弗雷德·欧文（Wilfred Owen）在精神崩溃前几个月写信给他的母亲说，他可以忍受寒冷的天气以及许多其他困难和不适，但难以忍受在"不自然、破碎、荒凉"的战地环境中，跟"无所不在"的丑陋共处。"最糟糕的是"，他接着写道，"扭曲的死者、无法掩埋的尸身整天堆放在壕沟外面……正是这个让人逐渐丧失了军人的胆魄。"

欧文的诗《精神病》（"Mental Cases"）就取材于他自己的亲身经历。1917 年 5 月，他被送到了位于盖里的伤亡急救站，当时他神情恍惚，浑身颤抖，说话结结巴巴。在他的诗歌中，大自然无法安慰受伤的人，即便是旭日东升也无法带来慰藉，他写道："黎明破晓，就像再次渗血的伤口。"欧文饱受噩梦折磨，有时候觉得自己与世界脱节了。

接下来的一个月，欧文被诊断为"神经衰弱"，转到了爱丁堡郊外的克雷格洛克哈特（Craiglockhart）战争医院。"神经衰弱"是几十年前乔治·比尔德起的名字，用来形容居住在城市中的知识分子那种虚弱委顿的状态。现在，由于战争，神经衰弱获得了新的含义。"弹震症"这个词情感色彩太浓了，会激发大众的想象，随着战争的持续，官方越来越不鼓励军医使用这个词，于是神经衰弱就成了对受创伤军人的笼统诊断，但神经衰弱这个词的内涵并不适用于他们的情况。这些军人由于长期暴露在压力和恐惧中，逐渐丧失了生命力，很多人内心的平静已经被彻底打破了。

欧文很幸运，他被送到了克雷格洛克哈特战争医院，而不是其他军事医院——在那些医院里，他很可能接受的就是电击治疗，或者卧床休息、牛奶饮食疗法等等。相比之下，克雷格洛克哈特的治疗法则体现了这样一个信念，即与大自然的互动也能治愈身心。欧文的医生阿瑟·布洛克认为有必要"给大自然一个机会"。他认为战争创伤导致了人与环境的粗暴分离，要扭转这种局面，与环境产生身体上的接触很有必要。他的主要做法就是在医院场地里划分出一块块土地，让他的病人种蔬菜、养鸡，以此作为治疗方案的一部分。这个医院曾经是一个水疗中心，病人的园艺活动还包括养护球场，包括网球场、槌球场和滚木球场，这些球场也作为他们的休闲之用。布洛克也鼓励他的病人以其他方式与周围环境互动，比如在彭特兰山散步，实地考察当地的植物和地质。

布洛克的这些想法来自他的良师益友——苏格兰社会改革家、环境教育和城市规划的先驱——帕特里克·格迪斯（Patrick Geddes）。格迪斯把工作重心放在园艺上，战争爆发前，他把爱丁堡贫民窟的荒地改造成社区花园，为这些地区注入了活力。他认为人们的生活必须遵循伏尔泰的格言——"我们必须耕耘自己的园地"。对人的培养、对土地的耕种，都包含在格迪斯的"环境·工作·人"的概念中，他认为这个三元关系是社会的基石。他认为，工业化和城市生活削弱了人与环境之间的联系，对社会和个体健康都产生了负面影响，而在格迪斯的构想中，园艺工作重新建立了这些联系。

除了受到格迪斯的影响，克雷格洛克哈特医院的治疗方针也受到了弗洛伊德的影响。布洛克和他的同事威廉·里弗斯认为，人们经常提出的消除精神创伤记忆的建议只会延缓病人的康复，相反，他们鼓励患者在他们所能承受的范围内直面那些痛苦的回忆。布洛克在给弗洛伊德的一封信中写道："神经衰弱最典型的症状……就是这种缺乏整体感、支离破碎的感觉，"他接着写道，他的患者无法在社区中正常生活，因为他们"是孤立的个体，在空间和时间上跟任何人没有关联，就像他们思想的碎片一样"。

布洛克认为，通过对社区做贡献，这些人可以重新获得自我价值感，体验到融入群体的感觉。他根据患者的兴趣和技能来为他们制定包含多项活动的个性化的治疗方案。他认为医生的首要任务是帮助病人自助（尽管也有报道说他逼着患者早晨起床去散步），这在当时是很不寻常的。布洛克努力打造一个疗愈社区，而更富感召力的里弗斯专注于个体心理治疗。不管采取什么方式，克雷格洛克哈特医院的治疗目标都是帮助患者直面现实，所以看电影之类的逃避方式不受鼓励。布洛克认为，电影院提供了远比真实世界更光明的景象，对病人没有帮助。

身体的战斗结束很长时间以后，心灵的战争还要持续很长一段时间。尽管白天在医院里有各种活动和精神上的激励，但对许多病人来说，夜晚就面临着可怕的考验，他们的创伤与恐惧会在黑夜中卷土重来。布洛克是一位古典主义者，他用安泰俄斯（Antaeus）的神话来打了个比方，为病人的抗争赋予了几分崇高色彩。巨人安泰俄斯力大无穷，令人生畏，但是他只有脚踩大地时才无人能敌。赫拉克勒斯发现了安泰俄斯的秘密，在一次摔跤比赛中把他举到空中，打败了他。布洛克解释说："每一位来到克雷格洛克哈特的军官都承认，从某种程度上说，他们自己就是脱离了大地母亲的安泰俄斯，几乎被战争巨人和军事机器压垮了……安泰俄斯体现了克雷格洛克哈特医院职业病疗法的特点，他的故事证明了我们的方式是正确的。"

从事户外体力劳动、以各种方式影响环境，这些都会带给人力量，从而面对布洛克说的"心中的幻象"。布洛克所描述的病人与环境的分离，也就是我们所谓的分裂状态。现在人们已经认识到经历创伤后的"接地"活动确有疗效。身体活动与身体知觉有助于扭转分裂状态带来的分离感和不真实感。波士顿创伤中心主任、精神病学教授贝塞尔·范德科尔克（Bessel van der Kolk）认为，创伤经历从本质上会让人丧失力量，所以要从创伤中获得康复，人们需要重建作为生物有机体的身体效能感。

在多米尼克·希伯德（Dominic Hibberd）为威尔弗雷德·欧文撰写的传记中，他提到，欧文睡觉时被迫击炮炸飞的经历表明布洛克的理论很合理，即病人需要重建与大地的连接。欧文的母亲是个热心的园丁，欧文小时候就和外祖父一起种花。因此欧文有着丰富的园艺知识，他不用讲稿，就为田野俱乐部做了一次题为《植物会思考吗》的演讲。他指出，植物对阳光、水和温度的反应与我们的感觉系统类似。欧文还发表了一篇关于"土壤分类、土壤空气、土壤水分、根系吸收和肥力"的论文。

欧文在克雷格洛克哈特医院待了四个月。布洛克一开始就看出了他的诗性气质，建议他以安泰俄斯为题写一首诗。这首诗后来发表了，题为《摔跤手》。他在诗里写道，安泰俄斯的脚仿佛植物的根，从"大地中"吸取"秘密的营养"。随着欧文写作的成熟，布洛克鼓励他将自己的战争经历融入诗歌中，从而创造性地利用自己的创伤和噩梦。欧文的挚友齐格弗里德·萨松后来回忆道，"欧文的主治医生布洛克成功地让他的神经完全恢复了正常"。欧文自己也说，"完全恢复正常的危险"在于他必须再次回到前线，尽管他上前线的时间已经推迟，但后来他还是在战争结束前一周阵亡了。

壕沟战即便不是第一次世界大战**最具代表性**的特征，也是一大显著特征。从小到大，我对威尔弗雷德·欧文经历的战争，了解得比我外祖父特德经历的战争还要多。我小时候知道他做过战俘，但我只知道这是个事实，我根本不知道"战俘"一词背后的含义，也不知道做一名潜艇兵会经历些什么。

1910 年，特德加入皇家海军时只有 15 岁。他一定是很想入伍，所以才说服他的父亲把自己的年龄多报了一岁。第二年，他接受了马可尼无线电报发报员的培训。那些晶体收音机、用摩尔斯密码进行通讯的火花式发射机标志着一个新通讯时代的开始。我觉得在那个时候，特德根本就不像一个日后会成为园丁的人。事实上，我猜想，他正努力逃避跟种地有关的一切，因为当时的新技术和海上生活更有吸引力。

和无线电报一样，潜艇也是一项新发明。之前它们从未经过测试，能否在战场上使用它们在海军内部充满争议。皇家海军第一海务大臣阿瑟·威尔逊爵士（Admiral Sir Arthur Wilson）反对在战争中使用潜艇，因为他觉得这是"阴险而且不公平"的招数，"完全不符合英国人的风度"。据说他和丘吉尔把潜艇兵视为海盗，而这反过来也使潜艇兵形成了一副虚张声势的形象，还留下了不守规矩的名声。要做潜艇兵，你得有一种"孤注一掷"的心态。如果在深海遇到敌人，你完全没有生存的希望，在战争中，三个潜艇兵就有一个葬身大海。拉迪亚德·吉卜林[1]十分钦佩他们，并在他的诗歌《贸易》（"The Trade"）中描述了他们的冒险，将穿着脏兮兮白色羊毛套衫的潜艇兵形容成"没洗澡的司机"。

早期的潜艇非常简陋，发动机噪音大得吓人。潜到水下后，潜艇舱里很快又热又闷，空气中散发着油、汗水和柴油的难闻气味。船上没有卫生设施，只有一个装满油的桶，船内照明很差，靠的是电池发出的昏暗的光。潜艇兵出海时没法刷牙，便秘和缺氧引起的头痛是家常便饭。在恶劣的条件下工作，30 名潜艇兵必须忍受这些糟糕的情况：潜艇不断翻滚，剧烈地摇晃，突然下沉——一次性下沉的幅度会达到 6 米。潜艇兵在如此狭窄、憋闷的环境中工作，培养出了浓厚的战友情，日后他们在迥然不同的幽禁环境中活下来，也许就得益于这段经历。

特德在那本褪色的小记事本里用铅笔清晰地记录了战争的

1　拉迪亚德·吉卜林（Rudyard Kipling，1865—1936），英国小说家、诗人，1907年获得诺贝尔文学奖。

情况。战争开始的时候，他在北海的 E9 潜艇上担任无线电发报员。1914 年，E9 在黑尔戈兰湾海战和库克斯港空袭中参加了战斗，成为第一艘击沉德国战舰的英国潜艇。1915 年初，特德被调到另一艘潜艇——E15 上，该潜艇在马耳他和希腊群岛附近海域巡逻，与此同时，英法舰队正试图控制达达尼尔海峡。这条56 公里长、蜿蜒曲折的狭长海峡穿过马尔马拉海和博斯普鲁斯海峡，连接爱琴海和黑海，在第一次世界大战中具有重要的战略意义。

达达尼尔海峡海岸有重兵防守，海峡本身也布满了水雷。1915 年 3 月 18 日，盟军在一场大型海战中对海峡进行猛烈轰炸，英法舰队损失惨重：三艘军舰被击沉，三艘毁坏，1000 名协约军丧生。接下来的问题是，能否派一艘英国 E 级潜艇穿越海峡，破坏土耳其的通讯线路，帮助协约军在加利波利发动陆上进攻。几个月前，一艘法国潜艇因撞上一枚水雷而被击沉，要避免这种情况，意味着要在深达 27 米的海里航行，穿越十几个雷区。

E15 的潜艇长西奥多·布罗迪主动请缨穿越海峡。就在任务开始前几个小时，布罗迪的孪生兄弟查尔斯·布罗迪中校来送行。E15 "塞满了三周巡逻中需要的装备和食物"，查尔斯·布罗迪觉得这场面"混乱不堪，完全就是一场噩梦"。他看到，这些人"工作了一整晚，疲惫不堪，蓬头垢面，但干劲十足；在我看来，他们还非常年轻"——而特德是当中年纪最小的一个。要穿越海峡，就得经历查尔斯·布罗迪所谓的六个小时"盲目的死亡航程"。大部分时间他们都在水下，船员只能凭感觉和声音控制潜艇，如果他们听到水雷的锁链碰触到船体所发出的声音，他们就要改变方向。但是，在水下，绝不是只有水雷一个危险源，这里的水域水流湍急，上层是淡水，下层是咸水，两层洋流同时以不同的速度流动。

1915年4月17日清晨，E15号潜艇行进到三分之一的航程时，突然在凯佩兹角被卷入一股强涡流中。特德的日记中说，他们"很快就搁浅了"，一艘鱼雷艇随即瞄准了他们，"土耳其的炮台随后向我们开火，一枚大炮射入我们的指挥塔，击毙了正走上舰桥的潜艇长。又有几枚炮弹穿过船体，一枚打进了发动机，几根油管瞬时爆裂，船尾冒出了浓烟，但我们看不到那边的情况。"事实上，电池中的酸液碰到水时就释放出了氯气，六名船员因此窒息身亡。

还活着的潜艇兵不仅身处敌人的炮火攻击下，还得游将近1.2公里才能靠岸，危险重重。特德写道："有些人不敢跳海，我想就是因为这个，才有那么多人受伤。"他们一上岸，"所有的衣服都被扒掉了，只拿到了旧军装，衣服很脏，虱子很多。然后他们让我们脱下靴子、帽子和内衣行军。伤员上了推车，被送去医院。"绕着君士坦丁堡走了一圈游街示众之后，他们被带到了斯坦布尔监狱。4月25日，倒霉的协约国军队在加利波利海滩登陆并遭受惨重死伤时，他们就被囚禁在那个监狱里。

接下来的一周，这些被俘虏的潜艇兵搭火车在安纳托利亚高原上行进了三天，被送往阿菲永·卡拉·希萨尔——"鸦片黑堡"。特德把这个地方称为"卡拉"，是监狱集中营的集散中心。"在这里，我们被关在一个糟糕得无法形容的房间里，"他写道，"我在家时见过马厩和猪圈，但从没见过把人关在这样的地方。"他们一天23个小时都被关在牢房里，所有的人都挤在一个没有家具也没有床的小房间里，到处都是虱子、跳蚤和臭虫。在这样的环境里关押一个月后，他们被迫劳动，每天工作11到12个小时，敲碎石头铺路。

战俘营由一名土耳其海军军官管理，谁都知道他牛皮鞭子的厉害，为了一点小事他就会鞭笞战俘。战俘们除了一小份干巴巴的黑面包以外，所有食物和衣物都必须自己购买。特德在日记中写道，美国大使给他们每人一土耳其镑，"我从没见过人们为了这么点钱就如此感激涕零"。特德记录的最后一件事发生在第一年的仲夏。他们被迫步行前往乡村，在崎岖的山路上一直走到天黑，在野外露宿。"我们这一群人加起来都凑不出一套像样的衣服或一双靴子。"战争还要持续三年多才会结束，特德在野外记录的那个漫漫寒夜，预示着他们在未来的岁月里都将经历可怕的磨难。

尽管被俘的英国与印度军人总共超过 16000 人，但跟在德国被俘的俘虏不一样，在土耳其被俘的士兵经历了些什么并没有完整的记录，没有任何详细的历史资料记录。不过，我还是从一小部分被俘者的日记中了解到一些情况。1916 年 1 月，被俘的 E15 号和澳大利亚 AE2 号潜艇员被迫进行了为期四天的长途行军。他们每天要在荒凉、恶劣的环境中走上 32 公里。天气非常寒冷，大多数人都光着脚，一些人穿着旧靴子或土耳其拖鞋，还有一些人找来破布裹在脚上。他们忍饥挨饿、浑身几乎冻僵，时不时地滑进水塘或者泥潭里。有些人直接就倒在了路边。最后，战俘们抵达了安哥拉，这里海拔 900 米，即便情况最好的时候气候也很恶劣，何况那一年积雪很厚。许多战俘被从这里送往贝莱梅迪克村，在土耳其南部托罗斯山脉修铁路隧道，那是一条连通柏林和巴格达的新铁路线。在贝莱梅迪克村的几个月慢慢过去了，疟疾和斑疹伤寒爆发，痢疾肆虐，战争结束时，关押在土耳其的协约军战俘有将近 70% 死亡。

在战俘营中保留任何文字材料都是极其危险的，因此战俘必须想方设法藏好日记本。尽管特德已经不再写日记了，他还是牢牢守着他的日记本。那本日记记录了他的过去，是他的护身符，他一定觉得保护好日记本至关重要，这是他在保护被敌人无情剥夺的自我。这些日记也记录了几段快乐时光：E9 号在北海作战成功，他很自豪成为其中一员；他们在希腊群岛享受的和煦春光；还有他在马耳他的冒险："我上岸了，玩得很开心。"

制定逃跑计划帮助这些战俘保留士气，使他们对未来怀抱希望。要从土耳其警卫身边溜走并不难，难的是要穿越周围广袤的山区。他们没有地图，水和食物都匮乏。有时候逃跑的人几周后又投降了。特德在战争中两次被报告阵亡，很可能就是因为他逃跑失败后失踪了。

战争最后一年，特德被关在马尔拉马海沿岸盖布泽的一个战俘营里，在一家水泥厂工作，这里离他三年半前的被俘地不远。正是在这里，他和一小群战俘最终坐船逃走，在海上仅靠喝水撑了23天。我们知道，后来，他被停泊在东地中海的医疗船——"苏格兰圣玛格丽特号"——救了起来。

特德被搭救上船后，躺在床上，一名美国护工端着一大罐汤过来了，特德看着护工打开罐头，然后走开去拿平底锅。饥饿的人不会错过任何机会，他一跃而起，抓起罐头咕咚咕咚一口气就把汤喝下去了。他喝得太急太快，引起剧烈痉挛，身体受不了，把汤全给吐出来了。他后来说，那种感觉他之前从来没有体会过。回忆起这段经历时，他对我母亲说的都是那天他多么难受，而他在强迫劳动期间遭受的折磨以及他目睹的悲惨景象，他都没有说。

最终，特德在船上恢复了足够的体力，横穿欧洲回到了英国，与他的未婚妻范妮团聚。他瘦骨嶙峋、一脸沧桑，穿着破旧雨衣，戴着土耳其毡帽出现在她面前，她会作何感想呢？做了好几年苦工，营养不良，再加上 6400 多公里的长途旅程，他虚弱得几乎濒临死亡。在经历了这些极端折磨后，要恢复身体健康已经非常困难了，而要恢复心理健康则需要更长的时间。不过，在范妮的耐心照料下，特德开始长胖了，但 1919 年 9 月，他被诊断为神经衰弱，从海军退役了。

对于战争的可怕与光荣，人们书写得太多了，而战后漫长艰苦的恢复和重建过程却很少有人提起。身心的恢复一定要慢慢来，不能操之过急。就像特德猛地喝下汤后，他饥饿的身体因过度刺激而痛苦地抽搐一样，受伤的心灵也无法承受太多刺激。任何突然或者意外的事情都会带来过多的感官刺激，即便是最轻微的模棱两可也会引起误解，引发恐怖回忆或者精神崩溃。受到庇护的感觉和安全感至关重要。他们需要以一种不具威胁性且易于接受的方式来体验新事物，只有这样，他们才能坚持下去。

战争期间，瑞士医生阿道夫·维舍走访了英国和德国的战俘营。他提出了一种他称之为"铁丝网综合征"（barbed-wire syndrome）的病症，其症状是慌乱、记忆丧失、缺乏动力、退缩性焦虑。对困境的无力感、羞耻感和幸存者内疚感，让战俘们的心灵备受折磨。铁丝网综合征跟弹震症一样被视为神经衰弱。

获释的战俘一旦回家，想到那么多同伴都已战死或者残废，他们很难接受自己也曾遭受痛苦折磨的事实。长期来看，在一战中做过战俘的人情况特别糟糕。他们在 1920 年代和 1930 年代的死亡率是其他退伍军人的五倍。营养不良和疾病感染使他们中的许多人身体状况很差，他们更容易感到抑郁、情绪波动、焦虑，甚至自杀。

要帮助这些人恢复以前的活力，维舍认为，除了尽早与家人团聚外，他们还需要重新开始某种形式的工作。他并不鼓励这些人从事制造业，因为制造业"单调乏味"，他倒是认为务农具有"无限价值"。他写道，务农是"获释战俘的一个理想职业"，因为"它将人与乡土联系在一起。务农不需要跟一大群人在一起，也不会偶然遇到什么人，不会让人焦虑，而且大地也不受人类的影响"。跟布洛克一样，维舍认为要恢复健康，就有必要经过一个重建依恋关系的过程。

对于战俘和退役归来的士兵来说，他们要做许多调整才能开始新的生活。他们离家时，对于家乡的回忆不可避免地带上了理想色彩，而且固着不变；等他们回家时，看到的一切势必是不同于回忆的现实。此外，战争还带来了巨大的社会和文化变革。家真的是一个不同的地方，它创造了各种条件，让人们产生一种无益的怀旧情绪。人们要么是怀念战争前的家乡，要么是怀念战争中的战友情。除非重建亲密关系，否则这些人就面临着脱离生活、失业和在社会上无法立足的风险。事实上，到了 1920 年代，全国都在关注退伍军人的困境，关注他们的高患病率和高失业率。英国报纸经常报道康复计划和帮助他们开始新工作的培训课程。

劳工部和一些慈善机构，像救世军和不列颠郡宅地联合会（British County Homestead Association），都推出了一些培训计划，其中许多和园艺与农业相关，目的都是为了改善退伍军人的健康和生活状况。下议院议员、农业部秘书阿瑟·格里菲斯·博斯科恩爵士在肯特郡成立新的培训中心时说出了当时人们的心声，声称要"让我们英勇的军人拥有一方土地"。他提到了"在美丽乡村生活，呼吸新鲜空气"对健康的益处，说这些人"迫不及待地要耕种一小块土地，一小块他们为之战斗的土地，因此适当的培训非常重要"。

1920年初夏，特德开始接受这类培训。关于他的康复经过，我主要是从一封1921年5月24日的信中得知的，这是一封被折叠了多次的手写信，写信的人是特德在南安普敦附近索尔兹伯里庄园园艺科的导师——科尔先生。这封信证明特德在为期一年的"园艺全科"培训期间获得了丰富的业务知识，学会了"栽培耐寒水果、蔬菜以及葡萄、桃子、番茄、甜瓜和黄瓜的温室种植方法"，还有"草本植物和月季的种植方法"。

索尔兹伯里庄园（也就是冬青山庄园）在战时归美国政府所有，作为一所军事医院直接接受从附近南安普顿码头下船的伤员。战争结束后，英国政府将其收回，劳工部在那里为退伍军人开设了一系列的住校学习的课程。这个庄园有很多大花园，地界一直延伸到汉布尔河岸边，有一系列梯田状的湖泊与瀑布，还有一个洞穴和一个带围墙的大花园。据说这个庄园是19世纪中叶由著名的约瑟夫·帕克斯顿（Joseph Paxton）设计的。他在1851年的万国博览会上设计了伦敦水晶宫，因此闻名天下。

从1927年的销售手册里可以很清楚地看到特德在那儿时花园的样子。手册上列出来十个用于栽种各种外来植物的加热温室，有两个蜜桃园、两个葡萄园（其中一个种着玫瑰香葡萄），还有一个棕榈园、一个番茄温室、一个黄瓜温室、一个康乃馨温室以及一个菌菇温室、一个水果店。这里的花园面积达1.8公顷，其中近1公顷地四周有围墙，目录上的文字称该地"种植了大量的灌木类果树和其他树木"。

现在，这块地上建起了一个名为冬青山的公园。这是一个有围墙的花园，之前的房子和温室早已拆除，但我走在这郁郁葱葱的湖泊花园里，欣赏着这里的瀑布和长满树蕨的小岛，内心感到深深的平静。离开公园前，我偶然间来到一个被称为"下沉花园"的地方，花园中央有两株壮丽的山茶花，满树的花朵正在盛开。花树很高，我可以站在树下仰望它们深粉色的花朵。然后，我看到山茶花周围的蒲葵时才明白，原来这里过去就有一个加热温室。

当初特德刚来索尔兹伯里庄园参加培训的时候，暖暖的温室和阳光一定让人感到很惬意吧？在这个花园里工作，身边都是大地结出的果实，学习帮助草木结果，一定很治愈吧？我觉得特德是一个会本能地抓住生命的人：年轻的时候，他毫不犹豫地跳进危险的达达尼尔海峡，一把抓起罐头喝光汤，踏上漫长的回乡路。我想他这次也是抓住了机会参加培训。

长远来看，特德在索尔兹伯里庄园学习的那一年并没有为他带来园艺方面的就业机会，但短期来看确实帮他找到了工作。之后不久，他就带着科尔先生的信前往加拿大，信中写道："我很高兴地声明，特德是一个聪明、勤奋、可信且认真的人，因此我很乐意把他推荐给任何一位需要一把好手的人。"1923年夏天，特德来到温尼伯，以收割农作物为业，后来在艾伯塔省弗米利恩的一个农场找到了一份园丁的工作。两年的户外工作帮助他恢复了体力和复原力。

布洛克和维舍等临床医生一定认为种地对特德这样的人特别有帮助，但战后几乎没有后续研究来确定此类治疗的有效性。田园梦想很容易受到不理想的经济现实的影响，这就让事情变得复杂了。英国在战争时期努力提高殖民地的粮食产量，生产出大量过剩的廉价进口食品，由此导致了1920年代粮食价格暴跌，使许多小农的生计变得十分困难。务农十分艰苦，而且在一战结束后、二战之前的岁月里，有的人历尽艰辛，到头来却一无所获，希望破灭。

关于耕种的益处，最有利的证据来自美国医生诺曼·芬顿（Norman Fenton），1917 年他在法国的一家后方医院工作。1924年至 1955 年间，他对自己治疗的 750 名被诊断患有神经衰弱的患者进行了调查。芬顿的研究表明，战争结束七年后，许多病人依然没有恢复健康，并患有精神疾病。他们回乡后获得多少帮助对他们的康复有巨大的影响，那些得到情感支持并找到生活动力的人恢复得更好。芬顿特别想知道，退伍军人回归平民生活后，他们最能胜任哪一行工作。答案是"农业远胜过其他行业"。他收集到的信息显示："许多在城镇制造业工作有困难的人能够相当成功地重新适应农业工作。有些人甚至恢复得很好，能够自力更生，所有症状也渐渐消失了。"

两年后，特德从加拿大回国，他的户外工作生涯就这么结束了。园艺岗位可能很少，但他受过收发电报的培训，所以他在邮政部门找到了工作。几年后，他和范妮就买下一小块地。不过，儿时的我和弟弟对特德的鲜花和蔬菜并不感兴趣。我们最喜欢他带我们去他在花园里建的鸟舍，帮他喂鸟或照看刚出壳的小鸡。现在回想起来，特德对这些笼子里的小家伙的呵护，跟他自己被囚禁时的待遇真是天壤之别啊。

创伤会彻底改变一个人的内心世界，在这种情况下，园艺工作的亲身投入非常重要——你的指甲缝里会沾满泥土，你全身心投入在大地上，在这个过程中你就会重新建立与一处环境的联系以及与生命的联结。特德在索尔兹伯里庄园的那年，那里的"桃园、葡萄园、棕榈园、番茄温室和黄瓜温室，还有水果店"改变了他的生活，让他爱上栽种植物与照料土地。建造一个花园通常是一个再创造的过程，在这个过程中，我们试图再现另一个在我们心中留下深刻烙印并给我们启迪的地方。特德在索尔兹伯里庄园巨大的温室大棚里工作并渐渐恢复了健康。他后来为什么全心投入对他的温室和兰花的专业料理，并为他那台效率颇高的喷雾播种机洋洋得意，原因正在于此。

第十章

生命最后的季节

愿我每日在河畔徜徉，愿灵魂在我种下的林间休憩，愿我在我的梧桐树影下乘凉。

——埃及墓志铭

在冬天阴沉的日子里，花园里四分之三的植物都在沉睡。这是放手与遗忘的时节。需要照顾的生命已经休眠，但不会持续太久，很快就会有新芽出土，你又要继续照料它们了。即便是在12月，新的生命也已蓄势待发。在枯叶堆下，新鲜的绿芽就要破土而出了。

植物可以在一年里走完生命的所有阶段——从种子到繁殖，再到死亡。但植物的死亡不是我们经历的那种死亡，因为植物擅长死而复生。然而，我们人类的死亡打破了时间的连续性，我们可以预见到自己不再拥有未来，心爱的一切都会被夺走，所以我们竭力把死亡从生命中赶走，也就不足为奇了。但是，正如16世纪散文家、哲学家蒙田所说，这是一个错误，只会加剧我们对死亡的恐惧。蒙田认为，我们不应将死亡视为一个对手，在战场上跟它杀个你死我活，而是需要将死亡视为一种平常之物："我们必须消除对死亡的陌生感，要认识它、习惯它。"蒙田自己做到这一点也并不容易，事实上，年轻时的他因为恐惧死亡，并没有好好享受生活。

在思考自己的生命可能如何结束时，蒙田希望他会死在自己的菜园里："但愿死神降临时，我在种我的卷心菜；我对死满不在乎，对我未竟的园子更不在乎。"他明白生命是一个过程，没有什么是永恒不变的。不管我们多么渴望永恒，无论我们的生命是长是短，我们都无法完成我们计划好或者希望达成的一切。蒙田的卷心菜地象征着未完成的生命，但也让人想到了生命的连续性：这就好像话说到一半被打断了，但我们的话语和思想依然可以通过真实的或者隐喻的卷心菜继续存在。

在我拿到医师资格证的第二年，有一件事让我想到了蒙田和他那个希望死在卷心菜地里的心愿。那时我在心脏科上班，每天病房中的工作常常会被紧急入院的病人打断。那天早上也不例外。警报响起来了，一名快80岁的男子心脏骤停，正在送往急诊室的路上。我马上下楼到心脏复苏室，急救小组的其他成员已经在这里集合了，我们站在这儿等着，墙上的钟滴答滴答地走着，宝贵的时间一分钟一分钟地过去了。

后来，救护车急救人员从门口冲进来，房间里的人马上行动起来。他们抬进来的担架上躺着一个已走到生命冬季的男子，他一头银发，留着长长的灰色胡须。至少在我看来，他就像是绘本里的时间老人。死神在他除草的时候找上门来，他一定是倒在了新割过的草坪上，他的夹克、长裤和长筒靴上都是细碎的草屑。这些都让我觉得他更像时间老人了。人们把他从担架上转移到推车上，一些草就洒落到地板上，我们剪开他的衣服，从衣服上洒落了更多的草屑，满地都是。空气中弥漫着修剪过的青草味道，而我们则争分夺秒地严格执行着心肺复苏的救治程序。

后来，住院医生去跟该男子的妻子谈话时，我瞥见了她们。他的妻子看上去娇小、瘦弱，旁边站着一个年轻点儿的姑娘，也许是他们的女儿。也许，他在花园里干活时，妻子正在屋里做午饭？这一天分明一如往常，没有人知道会有如此猝不及防而又残酷的永别。

那天，细碎的青草洒落在洁白无菌的病房里，我仿佛看见了两种死亡在同时上演。病房里装着高科技屏幕和哔哔作响的机器，我们把这里打造成一个战胜死亡之力的地方。我们还把身体看成一台失灵的机器，但最终，我们还是要回归大地，这些绿色的草叶告诉人们，人注定一死，谁都逃不掉。

我们已经和自然太疏远了，甚至都忘了自己隶属于一个巨大的生命连续体。构成我们身体的原子来自大地，随着时间的推移，它们也会重回自然。我们与自然世界的连续性不仅体现在死亡中，在日常生活中也有所体现：我们脱落的皮屑变成了灰尘，我们呼出的二氧化碳促进了植物的生长。虽然我们生活在科技时代，躲在机器后面，但我们却很难理解死亡，而难以接纳死亡并不是现代人才有的问题。我们生来就无法理解我们一定会死，或许从来就不会理解。我们只是找到了更有效、更复杂的手段让自己远离死亡。

"我们是自然的一部分"，弗洛伊德第一次接触到这个观点的时候，他大为震惊。当时他只有六岁，他的妈妈跟他说，我们都是泥土做的，因此也必须回到大地。他压根儿就不相信这个说法。为了说服儿子，母亲搓了搓手掌，就像她平时揉面团那样，只不过这次是在揉搓自己的皮肤。弗洛伊德描述道，他母亲向他展示了"摩擦产生的灰黑色皮屑表明我们是泥土做的"。母亲的行为达到了她想要的效果。弗洛伊德说："这神奇的示范让我无比惊讶，后来我默默接受了这句话表达的信念：'你欠大自然一个死亡。'"

四年前，弗洛伊德才两岁时，他的小弟弟朱利叶斯就夭折了。弗洛伊德一生中每隔一段时间就会受到他所谓的"死亡恐惧"的折磨，他也明白这种恐惧感与"杀戮与被杀"的本能有着密切关系。他认为，在狩猎采集者部落中，死亡并不一定被视为一个自然事件，而是被归因于敌人或邪灵所为。

弗洛伊德也认为，我们在内心深处都觉得自己不会死，因为我们自己的死亡无法在潜意识中呈现出来。他认为，"所有人都会死"这话虽符合逻辑，但用在我们身上是毫无意义的，因为即便我们能想象自己的死亡，我们也是作为一个旁观者在想象。以色列巴伊兰大学最近的研究证明了这一点。在一系列的研究中，研究人员观察到，大脑的预测系统倾向于将死亡归类为发生在他人身上而不是我们自己身上的事情。我们抗拒"死亡与我们直接相关"这样的想法，这也许会让我们免受无法承受的焦虑折磨，但这也意味着，我们一生中的大部分时间都在否认自己生命的有限性。我们可以忽视死亡，也可以生活在恐惧中，但很难找到二者的中间地带。如果过多地思考死亡，我们的生活就会受到干扰，可如果从不思考，一旦遭遇死亡我们就会被打得措手不及。

人们总是试图将人类的起源与终结自然化。在许多神话中，世界上最早的人都是用泥土或者黏土造出来的。在古希腊神话中，普罗米修斯用泥巴捏出了一个人，雅典娜为这个人注入了生气；《圣经》上则说上帝用尘土创造了亚当。这些故事不仅仅在讲述人类的起源，也传递了弗洛伊德的母亲所要表达的信息，提醒我们：无论我们与土壤和植物的生命多么不同，我们都是由相同的物质构成的，我们从哪里来，也必须回哪里去。

这种理解死亡的方式可以追溯到史前人类刚开始种植植物的时候。考古学家蒂莫西·泰勒（Timothy Taylor）认为，园艺不仅带来了一种不同的生活方式，还带来了一系列新的象征："人类第一次普遍地把大地视为母亲，大地母亲有子宫，死者可以像等待新春的种子一样，植入大地母亲的子宫中。"在《被埋葬的灵魂》（*The Buried Soul*）一书中，泰勒更是将"来世"这一信念的出现与对种子发芽的观察联系在一起："如果没有阳光、雨露等诸般'神灵'恰当地施展力量，埋在地下的干燥种子就不会发芽；同样，死者的重生也需要神的应允。"换句话说，种子的萌芽再生可能为复活或者重生思想的发展提供了一个范本。

在《圣经》中可以找到种子发芽与来世关系的隐喻，但表达得很晦涩，而在更古老的古埃及宗教中，人们明确表达了这种观念。在卢克索（Luxor）西岸的藤蔓墓上刻着这样的铭文："愿他死去的身体像种子一样在冥界萌芽。"这座装饰精美的陵墓的主人是受托监管城市各个花园的贵族塞内弗，因此这座陵墓也被称为园丁之墓。铭文是写给奥西里斯的，人们认为他是引领死者去往冥界的神，同时他也掌管植物的生长，某些涉及种子发芽的仪式也象征着他在春天的复活。

进入陵墓，沿着狭小陡峭的台阶往下走，你会看到这个私密的地下空间的顶部都画满了葡萄藤与一串串葡萄。壁画保存完好，仿佛一串串葡萄低垂下来，伸手就可以摘到。装饰考究的柱子上刻画的是塞内弗的生活场景。在一根柱子上的画中，来生的他坐在一棵神圣的无花果树树荫下，闻着一朵芬芳的莲花。从这座陵墓可以看到，对死亡的极度关注渗透进了古埃及人的信仰中。

古埃及的木乃伊制作是保护尸身不腐的一种方式，制作者不仅把尸体像种子一样放进果壳似的棺椁中，还在墓穴中播下真正的植物种子，进一步强化了这种象征。这些泥土做的容器被塑成奥西里斯神的样子，名为奥西里斯花坛。花坛大小各不相同，有些甚至有真人大小，在图坦卡蒙陵墓的一个大箱子里发现的一个花坛就有真人那么大。1920 年代，它最终被打开了，人们发现里面有几根枯萎的大麦芽，已经超过 7 厘米长了。

花园的绘画也常常出现在古埃及墓室的墙上。花园象征着休憩的地方，也为死者去往冥界途中提供了食物补给。这些画面并没有太过精致或者理想化，画面上画的大都是长方形的土地，以水渠灌溉，与真正的花园类似。花园的中心通常是一个水塘，里面有很多鱼，花园里的林荫道两边种着海枣树、无花果树和石榴树，还有葡萄藤和鲜花。

对死亡的恐惧是由生存本能产生的原始恐惧。面对这份恐惧，古埃及人着眼于通往来生的旅途，不过我们在今生也必须做一次心灵之旅，好让自己从容接受死亡。当我们踏上这场心灵之旅时，花园的象征意义会给予我们安慰和支持。园艺工作是对人与自然、生与死的各方面力量的协调平衡。我们会思考腐败与腐朽的必然性，而花园的力量大都来自与腐败事物的直接联系。如果你不是园丁，你可能会觉得很奇怪，在泥土中扒拉怎么可能找到生存的意义呢？但园艺衍生出了一套独有的哲学，是人类在花园中劳作时悟出的道理。

我们心爱之人的死会带来痛苦的创伤，那种决绝、无可挽回和残酷的诀别是我们无法掌控的。死亡打破了我们对时间连续性的感受，未来我们身边将不再有这个人。一切都需要重新调整。我们要做大量的工作，这都是我们没有做过的，因为每一个人的离去对我们来说都是不同的。我想，正是死亡来临的方式，让最自然不过的、最不可避免的生理现象，显得如此不自然。我们最深处的本能迫不及待地要抗拒死亡，仿佛死亡不应该发生。

2005年，美国诗人斯坦利·库尼茨（Stanley Kunitz）在他百岁生日前不久出版了一本不同凡响的书——《狂野的辫子》（*The Wild Braid*），当时他妻子已过世一年，而一年后他也与世长辞了。这本书包含了一些访谈文章，记录了他自己一生的写作、教学和园艺活动的心得。他在书中写道，他出生前父亲就自杀了，这给他的童年蒙上了一层阴影。后来，他十几岁的时候，继父又因心脏病发作突然离世，让他的青春期又覆上了同样可怕的阴影。面对这可怕的丧亲之痛，一种原始的恐惧折磨着库尼茨。他害怕睡着，因为他把无意识的状态跟死亡联系在一起。他的世界被深深地撼动了，他清楚地意识到生命的脆弱："在我的家族中有太多的人死了，我不得不接受死亡这一现实，否则心灵会备受煎熬，我无法每日每夜都活在那种恐惧中。"

继父去世几年后，库尼茨开始在附近的一个农场工作。他写道，在土地上耕作建立了自我与"自然宇宙其他事物"的连接。

他目睹了生长与凋零的循环，第一次明白了"地球上的生命要延续下去，死亡是必不可少的。"

蒙田说，如果我们将死亡视为敌人，不惜一切代价与之斗争，生活会变得困难许多。消除死亡的陌生感，把死亡看成平常事，死就没有那么可怕了。库尼茨渐渐认识到死亡是生命中无可避免的事，他的焦虑消失了，还感受到了一种新的力量："当我意识这一点时，我觉得自己仿佛重获新生，这是纯粹的内心体验。"

接近60岁的时候，在科德角的普罗温斯敦（Provincetown），库尼茨开始在房前陡峭的沙丘上打造花园。就像早年对死亡的恐惧已转化为内心的宁静一样，临海造园，也是一种改造的行为。他在竭尽所能地把握自己的生活。首先，他用砖砌起了三层梯田，然后用贝壳碎片铺路。接下来，他在沙地里拌上土壤、堆肥以及从岸边捡来的海草，让沙地更肥沃些。他花了几年打造花园，随着时间的推移，花园里长出了各种各样的植物——多达69种——也成了野生动物的家园。花园里开满了鲜艳的花朵，仿佛一个珠宝盒。

花园里的植物必然有死去的一天，这是无法回避的事实，我们的死亡也是。库尼茨说："这是一个残酷的事实，也许是我们不得不面对的最残酷的事实。"一株开花植物的生命会"非常短促，"他写道，"因季节变化而如此短促，这似乎就是一个缩写版的人生寓言。"对他来说，就连肥料堆也在提醒着人们"有一天我们也会变成堆肥"。发挥创造力是理解我们与存在本质之间的关系的一种方式。库尼茨就认为栽花种草的过程就像写诗一样，事实上，他就把他的花园看作一首"活生生的诗"。两者都可以赋予我们富有想象力的生活方式，不过花园以及我们在花园里的劳作都是看得见摸得着的。

园艺是各种力量的相互作用，是人力与自然力的相互影响，所以对库尼茨莱来说，他的花园是一个"联合打造"的作品。他对花园做出反应，花园也对他做出回应。进入晚年，他觉得自己的生命力逐渐衰退，这时的他觉得照料植物就像一种繁殖行为："随着一个人年纪越来越大，就越来越需要更新与性冲动相关的能量。"花园在他心中成了一位"矢志不渝的伴侣"，一位缪斯。"即使我不在花园里，我也从来没有离开过花园。"他写道。2003年，他身患重病，差点死在医院里。他相信，就是回归花园的渴望帮助他康复的。这个花园既是真实的地方，也是想象中的。我们做着各种花园梦，给我们的花园无休止地制定各种计划。对许多人来说，惦记花园的时间，远比他们实际在花园中放松和劳作的时间多。哪怕就是照料窗台上的盆栽也能开启通往另一个世界的大门。

作家戴安娜·阿西尔（Diana Athill）60多岁的时候开始种花养草，在这个年纪，她也开启了作为回忆录作家的第二职业生涯。在她的表亲意外地把花园托付给她照料之前，她"连一根杂草都没有拔过"。她接过这副担子，却成功地开启了园艺生活："这辈子我第一次种植植物，它还真的长出来了，我一下子就上瘾了，到现在一直沉迷其中。"她在七八十岁的时候仍是一名热心的园丁，她喜欢那种沉醉在花园中的感觉，花园"让人忘却忧愁，总是让人精神焕发，身心受益"。对她来说，园艺的两大乐趣，一个是让事情发生的喜悦，一个是有植物相伴的喜悦，"充满了生命的神秘，和我们自己的生命一样。"

我与阿西尔初次见面时，她已 97 岁高龄，带着侄子菲尔和侄媳安娜贝尔在盛夏时节来看我们的花园。要逛遍我们的花园对她来说有点累，所以她坐在轮椅里，菲尔推着她，安娜贝尔则撑着一把阳伞为她遮阴。阿西尔很敏锐地注意到各种细节，所以我们时不时地停下来看一株株植物和树木。她穿着时髦，说话直截了当，给人感觉十分坦率。让我深有感触的是，她已找到了办法接受老年带来的种种限制，同时又绝不服老。

90 多岁的时候，阿西尔搬进了伦敦北部一个绿树成荫的养老院。很幸运，这里有一个大花园，她的窗外就立着一棵美丽的玉兰树。她的房间连着阳台，她在阳台上放了两个大花盆，还有三个窗台花盆。在她所谓的"迟暮之年"，她仍然喜欢花园，但没法像以前那样事必躬亲地打理了，不过仍在照顾她的盆栽。用她的话说，花朵及其鲜艳的色彩让她"着魔"。她那些茂盛的盆栽有百子莲、香豌豆和牵牛花，还有她过去不太喜欢的秋海棠。她最喜欢的是她那株"花中明星"，花色最红最粉，还是"花期冠军"。整个夏天，她都会坐在它们身旁，享受"意外出现的片刻阳光"。

秋天，她种下了三色堇。"可爱又顽强的三色堇，看起来很娇嫩，花期却从十月持续到来年五月，遇到严重的霜冻时会有点蔫，但总是很快就顽强地恢复了"——就像她一样。阿西尔很清楚，人活到这么大的年纪，生活十分不易，很多乐趣都放弃了，但花草树木带给她的快乐是无须放弃的。

阿西尔和库尼茨都是在中年后开始打造他们的花园，把他们的健康和长寿部分归功于园艺并不牵强。人到中年，会感觉到死亡渐渐逼近，这个时候我们也会感受到创造力的迸发，就像他俩一样。发展心理学家、精神分析师埃里克·埃里克森把这种现象称为"繁殖感"（generativity），他认为，在生命的后半段，能以各种方式来进行传承和创新对于我们的情绪健康非常重要。埃里克森所说的"繁殖感"指的是用超越自身生命的视角来看待问题。这跟创造力有交集，也与向后辈传递知识技能有关，与带给我们期待、我们死后还继续存在的事物有关。相反，如果时间的流逝让我们感到"工作生活有什么意义呢？"，我们就会进入一种"停滞"状态，生活也失去了意义。

哈佛大学的格兰特研究（the Harvard Grant Study）是有史

以来规模最大的关于老龄和生活品质的心理学研究，该研究历时几十年，研究对象超过 1000 人。其中一个最令人震惊的发现是，50 多岁时找到各种方式维持繁殖感的男男女女在 80 岁时还生机焕发的概率比一般人高出三倍。这一发现让研究人员非常惊讶，他们原以为经济因素会发挥重要作用，但经济因素跟生活质量并没有那么强的相关性。同样惊人的发现是，身体健康本身跟人们如何应对衰老带来的变化和丧失之痛的关系并不大。关键的因素其实是人们的情感生活和他们所从事的活动。老年人生活质量低下的最重要原因，是孤独、不愉快的人际关系和目标匮乏。

精神病学家乔治·维兰特（George Vaillant）是这项为期 30 年的研究带头人，他在《优雅地老去》（*Aging Well*）一书中写道：生活会带给你怎样的逆境并不是最要紧的，更重要的是你怎么应对逆境。他说，最重要的事情是培养最亲密的关系，因为这些关系比任何其他东西都更能给我们支持，这一点怎么强调也不为过。第二个重要的因素就是你如何打发时间——这里的重点不是要有产出，而是要有"繁殖感"，各种形式的"创意游戏"也包括在内。能做到这些的方法当然很多，但园艺无疑是其中之一。

大家都知道，温尼科特在他的精神分析理论和他自己的生活中都充满童心与创意。果然，他也很喜欢种花养草。他以自己在伦敦的屋顶花园为傲，也在德文郡照料农舍花园。他的妻子克莱尔·温尼科特说，他到了老年也保留着玩乐的天分，甚至可以双脚踩在自行车车把上一路溜下坡。满70岁后不久，温尼科特有几次严重的心脏病发作，这让他以此为契机开始撰写自传。在笔记的空白处，他写下了这一句："上帝啊！但愿我在死的时候仍然充满活力。"我们之中有多少人怀着同样的希望呢？温尼科特发自心底的呐喊，表达了他渴望充实地度过一生的愿望，也希望能避免人们走向衰亡前常感到的忧郁。

温尼科特的夫人克莱尔说，他"冠心病发作了六次，康复了六次"，依然我行我素。他74岁时，去世前几个月的一天，在德文郡家中的花园里，克莱尔发现他居然爬到了树上。克莱尔大声喊道："天哪，你在那上面干什么？"他回答道："我一直就想给这棵树削顶，它把我们窗外的视线挡住了。"这也许就是他一直想做却没做成的事，现在快要走到人生尽头了，他终于把这事儿做成了。很明显，这象征着，他还不想死，他还展望着更长远的人生风景。当然，没有什么比释放一点攻击性更能让我们感觉到自己的生命力的了。

同年秋天，温尼科特越来越频繁地思考死亡的事。在他最后几场演讲的开头，他都这样讲述自己的困境："许多成长都是向下的生长。要是我活得够长，我希望我自己能变小，小得足以通过那个叫做死亡的小洞。"对温尼科特来说，死亡是一种两难处境：向下生长，同时又保持活力。他把幻想注入对衰老与死亡的表达中，把走向死亡的过程描绘成和我们来到世界相反的旅程，用惯有的幽默来获得对无望处境的些许控制。

温尼科特描述的"向下生长"是我们所有人都面临的问题，它还带来无可回避的丧失感。随着我们走向衰老，我们的人生图景也必定会渐渐缩小。我们会失去许多东西，再也无法触及。我们的计划和梦想也必须缩减。面对这一切，园艺有助于我们保持一种目标感，有助于我们找到在世界上的立足点，并获得对生活的一点掌控感——至少有一些东西在我们的掌控之下，并不是所有东西都正从我们指尖溜走。对死亡的忧虑也许难以察觉，但没有什么比向上生长的东西更能补偿我们向下生长的遗憾的了。

园艺要想达到这样的积极效果，就要把工作限制在一个可控的范围内。从窗户望出去，如果看到曾经让人引以为傲的花园变成一片无人打理、杂草丛生的荒地，这会让人感觉比没有花园还要糟糕。这样的场景让人难过，觉得自己无能为力。不过，花园共享计划可以解决这个问题。譬如，苏格兰的"爱丁堡花园合作伙伴计划"就致力于给"热衷于种菜却没有土地的人"与"有花园却没法自己打理的人"牵线搭桥，这样双方都有明显的获益。共同的兴趣可以带来新的快乐体验，并建立新的友谊，这有助于克服老年的孤独感。多年来，伦敦郡南部的旺兹沃思也展开了类似的计划，研究显示，这类计划大大改善了年老的花园主人的生活品质——他们的体力活动更多了，焦虑和抑郁的症状减轻了。

要解决当代社会的老龄化问题，我们需要提出类似这样的创造性解决方案，但大多数情况下，我们缺乏一个可行的方式。随着老年人的年龄增长，我们对他们的照顾比任何时候都重要。如果生活没有品质，再多活一二十年又有什么意义？老年人常常被扔到一边，"搁在"看不见的角落。老年人的需要常常得不到尊重，他们的人生智慧和回忆也引不起人们的兴趣。戴安娜·阿西尔很清楚，她自己很幸运，能够享有如此美丽的花园，欣赏阳台上的植物。许多养老院跟她住的不一样，可以说大多数养老院都没有那样的环境。很多时候，老人的疗养生活都局限在室内，在一个相对来说既不美丽也无变化的环境中过着一成不变的生活。活着沦为一种等待——等着服药，等着吃饭，基本上，也就是在等死。

在《最好的告别》（*Being Mortal*）一书中，阿图·葛文德（Atul Gawande）写道，在我们走向人生终点的过程中，找到生命的意义非常重要。遗憾的是，大多数养老院都没有提供这样的帮助。"随着人们意识到自身生命的有限性，"他写道，"他们不会要求更多，不会追求更多的财富，也不会渴求更多的权力，他们只要求可以尽量继续书写自己的人生故事。"养老院通常不太允许个人"书写人生故事"，但这也不是绝对的。葛文德接着描述了人们把宠物和植物带入纽约大通纪念疗养院之后发生的变化——他们打造了菜地和花园，还种植了上百盆盆栽。兔子、母鸡、长尾鹦鹉、猫猫狗狗也为这个地方注入了生机。这些措施带来了十分戏剧性的效果：原来几乎不说话的人开始交流，不那么活跃的人也被吸引到新的活动中，原来焦虑易怒的人也变得更加平静和快乐了。

两年来，研究人员对大通纪念养老院的变化进行了评估，还把它和附近一家普通养老院作了比较，发现大通纪念养老院的老人不仅忧郁程度较低，更加清醒，而且死亡率也下降了15%，药物治疗的处方率下降了一半。小小的改变就带来了巨大的成果。正如葛文德所写，被遗忘和被孤立的感觉消失了，"对疾病和老年的恐惧不仅仅是对必须面对的丧失的恐惧，也是对被孤立的恐惧。"

孤独可能是人在老去过程中最痛苦的一件事。老人会陷入一种低程度的分离焦虑，对健康产生不利影响。精神分析学家梅兰妮·克莱因写的最后一篇论文在她去世前一年完成，主题就是孤独：当我们独自一人时，感受到的孤独程度大多取决于我们如何看待自己的人生经历。克莱因认为，如果我们因为许多乐趣都已不在而心怀怨恨与不满，我们就会更加觉得人生空虚，感到更加孤独；而要是我们能培养起对过去的感激之情的话，快乐时光的回忆则可以成为一种情感资源。

对美的欣赏可以提供一种陪伴，减轻孤独感。哲学家罗杰·斯克鲁顿（Roger Scruton）把美好事物带来的愉悦感比喻为"就像是送给某人的礼物又回赠给我"，他认为，"从这方面讲，它类似于人们跟朋友待在一起时感受到的愉悦。"欣赏美的事物与感激相关，而这种体验会让我们感觉温馨惬意。对花的热爱的确让弗洛伊德体验到了这一点。弗洛伊德 80 多岁时，在写给美国诗人希尔达·杜利特尔的一封信中，感谢她送给自己的圣诞礼物——一株曼陀罗。他写道："我的窗前有一株秀丽挺拔的散发着香味的植物。我只在花园里看到过两次这种植物开花，一次是在加尔达湖，一次是在卢加诺湖。它让我想起了那些过去的日子，那时我还能四处走动，亲身体验南方大自然的阳光。"

弗洛伊德的旅行给他留下了许多值得回味的记忆。例如，他初次造访意大利时，偶然来到一个令人难忘的花园。旅行接近尾声时，他的脚也走痛了，人也十分疲惫，他和弟弟亚历山大来到了佛罗伦萨城外山上的加洛塔，他们在那里逗留了四天。他在给玛莎的信中写道，这是个非比寻常的休憩之地。"在这个天堂般美丽的花园里，你什么都做不了，"他写道，"这里美得让人窒息……天堂花园名副其实，引诱我们在无花果树下睡了好几个小时。"这个花园不仅美不胜收，而且其中出产的水果蔬菜也带来无尽的感官享受："除了上等的牛肉，我们整顿饭的食材都来自花园。新鲜的无花果、桃子、杏仁，都是从这几天我们看到的果树上来的。"从这个花园可以眺望整个佛罗伦萨，园区很大，可以自由自在地散步，尽情感受"令人眼花缭乱的南方美景"。

刚从树上摘下来的成熟桃子还带着阳光的热度，一口咬下去芬芳多汁，还有比这更奢侈的事吗？躺在无花果树下，在恍恍惚惚中思绪任意游走，还有比这更放松的吗？在这样一个盛夏之日，在这样一个地方渐入梦乡，耳边只有昆虫柔和的嗡嗡声和温柔至极的微风，没有街道的喧嚣，没有外人突然惊扰，这是多么的舒适惬意！天堂花园带给人一种极度安全和令人愉悦的体验，我们多么想重拾这份美好——我们清楚地记得，这就是生命最初时的感觉啊。我们可以在一个吃饱了的婴儿身上找到这份美好的感受：婴儿静静地躺着，在安抚中睡意朦胧，熟悉的安抚的声音渐渐淡去，对他来说没有什么可以害怕的。

弗洛伊德从来没有失去对美的渴望，随着年龄渐长，他待在花园里的时间越来越多。在他快 70 岁时，他动了一个手术，从嘴里切除了一个癌症肿瘤，医生禁止他外出旅行。他觉得自己无法忍受这样的活动限制，用他的话来说，无法忍受"服刑般的生活"。他开始在维也纳郊外租别墅，每年的春夏两季，他的病人就驱车到这里来找他咨询。弗洛伊德的主要诉求就是，房子必须要有美丽的花园——让人能联想到天堂乐园的花园。在波茨莱恩斯多夫 Pötzleinsdorf 的别墅，他找到了"难以置信的美、平静以及与大自然的亲近"，他还喜欢贝希特斯加登小镇上"田园般宁静美丽"的避暑别墅。但是，格林津的庄园拥有最优美的环境，被他描述成"美得就像童话一样"，他一发现这个地方，就再也不想去别处了。

弗洛伊德的儿子马丁回忆说，格林津庄园"大得可以称为一个公园，人在里面都会迷路"，而且这里还有一个"很棒的果园，有美味的杏子，很早就成熟了"。庄园围墙内占地面积超过4公顷，可以望见外面的葡萄园和远处的风光。弗洛伊德在这里放了一个户外秋千椅，找人做了一把阳伞遮阴，他会在这里读书、睡觉和接待来访者。他说，这是一个不错的地方，可以"在美景中死去"。在这个阶段，尽管弗洛伊德还在工作，却基本上已退出了公众生活。在患病期间，他一共接受了33次下巴和口腔的手术。手术延长了他的生命，但也让他痛苦不堪，而且还伴有多种并发症和数次感染。

在弗洛伊德70岁生日之后不久的一次采访中，他谈到了对植物的热爱。采访他的是美国记者乔治·菲尔埃克（George Viereck），他们在花园里边散步边聊天。"让我享受的东西很多，"弗洛伊德对菲尔埃克说，"我跟我太太的感情、孩子、夕阳，以及看着植物在春天里生长。"他还补充道，他经历的一切教会了他"愉快而谦卑地接受生活"。菲尔埃克偶然发现弗洛伊德说话有点障碍——手术拿掉了弗洛伊德口腔中的肿瘤，用一个机械装置替代了下巴。弗洛伊德告诉菲尔埃克，这个肿瘤耗尽了他宝贵的气力。但他强调，尽管身体状况不佳，他仍能享受自己的工作、家庭和花园。他对菲尔埃克说："我没有痛苦，生活中有这么多微小的快乐，还有孩子和我的花！这一切让我心存感激。"弗洛伊德不愿意去谈他死后会留下些什么，在菲尔埃克的追问下，他停下来，"用敏感的双手轻轻地抚摸正在开花的灌木"，同时说道，"比起我死后发生的事情，我对这朵花的兴趣要大得多。"他们边走边谈，聊了很多，采访结束的时候弗洛伊德又把话题转回到花上。分别的时候，他对菲尔埃克说："幸好花儿既没有个性，也不复杂。我爱我的花，我很快乐——至少没有比其他人更不快乐。"

衰老和疾病限制了我们体验新鲜事物的可能性，但花园提供了这样一种环境：我们观察得越仔细，我们看到的就越多。当一棵树一夜之间盛放满树花苞，或者第一朵牡丹盛开，我们都会不由自主地用全新的眼光来看这个世界。弗洛伊德的老朋友汉斯·萨克斯说，弗洛伊德"满怀热情地观察花园里的每一个细节，能给你讲许多花园趣事，就跟他以前精力充沛时一样。以前他谈起外国的艺术和文明以及它们的遥远过去，以及他实地考察过的古迹，能滔滔不绝地讲许多话"。

将近80岁时，弗洛伊德的病情进一步恶化，让他有时陷入一种"对新痛苦的恐惧"中。纳粹上台，花园外的世界很快就变得让人害怕和迷惑。他的作品在1933年5月柏林焚书事件中被销毁，"盖世太保"继续到各个书店里没收他的著作。"我身边的世界变得越来越黑暗了，越来越阴郁可怕。"弗洛伊德写道。但是他并不想逃走，尽管他的朋友和同事们都已离开了。他问他的朋友茨威格："我没法自理，我身体不行了，还能去哪儿呢？"即便能为他和他的家人找到一个地方，他也不确定自己的身体是否经得起这样的折腾，于是他决定，至少暂时这样，"听天由命吧"。

弗洛伊德80岁生日后不久，萨克斯到格林津来看他，发现他变化很大。不久前他因癌症复发做了一次手术，因此变得"佝偻着腰，皮肤灰白，整个人都干瘪了"。尽管如此，他还是坚持每天在花园里散步。"他曾经可以健步如飞，不知疲倦，而现在，身体状况好的时候，还能一步步沿着花园小径的台阶爬上去，其他时候，他就坐在轮椅里，我则走在他身边。"萨克斯写道，"他很少谈他的工作，却总是提起花园里的趣事。"即便身体虚弱，弗洛伊德仍然坚持有意识地将自己的心思放到有趣和美好的事物上，而不是自己身上。

当我们的生命一点点流逝，最难面对的事情，就是感到自己没有未来了。我们必须充分利用仅有的一点点资源，找到值得期待的小事。蒙田也采用了这一策略，他发现处理老年丧失感的一个有效方法就是"忽略掉负面的感受，安住在美好的感受中"。他每天在果园里散步，如果脑子里冒出了负面的想法，他就会有意识地把自己的注意力转移到周围的环境上。生活中的点滴快乐其实并不少，只是我们习惯了将这些小事视为理所当然。

1938年春天，弗洛伊德无法再回到格林津的世外桃源了。在纳粹统治下，他实际上就是被软禁在伯格加斯街的公寓里。很多国外人士为他陈情，其中包括罗斯福总统。弗洛伊德度过了几个月前途未卜的日子，终于，在六月初，他和他的直系亲属获准前往英国。尽管他努力想带上他的三个妹妹，但纳粹不准她们离开维也纳，后来她们死在了奥斯威辛集中营里。

弗洛伊德抵达伦敦的时候受到无比热情的欢迎，让他不知所措。有陌生人听说他珍贵的藏品连同他的积蓄都被纳粹没收了，给他寄来了一件件古董。他热爱鲜花的消息也传遍了伦敦。花店的送货车载着大量的植物和花束来到这里，弗洛伊德以他特有的黑色幽默调侃道："我们葬身花丛了。"弗洛伊德一家就住在瑞士村埃尔斯沃西路上的出租屋里，挨着樱草山公园。时值盛夏，出租屋的花园里鲜花盛开，色彩缤纷。对弗洛伊德来说，这就是巨大的快乐源泉。"我的房间外面就是一个阳台，"他写道，"站在阳台上可以俯瞰我们的花园，花园的边缘是花田，外面是一个树木繁茂的大公园。"他的好朋友玛丽·波拿巴公主还给他录了一段家庭影像。在影像中，一家人在阳台上喝茶，然后镜头切换到弗洛伊德身上，只见他和两个孙子卢西恩和斯蒂芬站在一起，看着荷花池里的鱼儿。据说，这个花园又让他重新充满了活力。在视频中，他一发现水中有什么东西，便朝水池另一边走去，他的步伐确实挺有力的。

作为身处异国的难民，弗洛伊德从埃尔斯沃西路上熟悉的花草树木中获得了些许慰藉。"我们就好像住在格林津一样。"他写道。弗洛伊德还有一个盆栽，也象征着与家的连接。我之所以知道他有这盆植物，是因为朋友送给我的一株插条就来自弗洛伊德的这盆植物。这是一株垂蕾树[1]，或者说是室内椴树盆栽，据说是弗洛伊德一家从伯格加斯街公寓温室里的树上剪下一枝，带来伦敦扦插的。垂蕾树有着硕大鲜嫩的绿叶，开美丽的白花，长得非常快，从我们扦插枝条的生长速度来看，弗洛伊德的盆栽到了第二年，应该就有几英尺高了。

1938年9月，弗洛伊德一家搬到了汉普斯特德，住进了梅尔斯菲尔德花园路上的新家。欧内斯特·琼斯说"他太喜欢那里的漂亮花园了"。与弗洛伊德喜爱的维也纳花园相比，这座花园相对较小，却是这家人拥有的第一座花园。弗洛伊德想欣赏花园的四季景色，过去租住别墅的时候从没有这样的机会，现在他如愿以偿了。他最爱与他的女儿安娜·弗洛伊德分享对大自然的热爱，后来她成了儿童精神分析界的先驱人物，当时就是她在照料这些植物。

---

1 垂蕾树（*Sparmannia africana*），锦葵科垂蕾树属常绿灌木或小乔木，高3~6米，花簇生，白色，雄蕊红色及黄色，原产非洲。

弗洛伊德的儿子恩斯特是一名建筑师，他在房子后面安装了宽大的对开门，从父亲的书房直接通到花园。这样一来，弗洛伊德的书桌沐浴在阳光下，在书房里就可以看到外面的美景。这座围墙花园真是一个绝好的地方，他们又可以在花园里架起秋千椅了，秋千椅还是从格林津一路带到伦敦来的。那年10月拍摄的一段视频显示，弗洛伊德蜷缩在摇椅上，身上裹着毯子取暖。萨克斯回忆道，附近花园里的大树"从围墙外面探过来"，给这个地方平添一种与世隔绝之感。弗洛伊德那时栽种的许多植物，像铁线莲、月季和绣球花，今天依然生长在弗洛伊德博物馆的花园里。

弗洛伊德抵达英国几个月后，纳粹政府决定归还他收藏的那些珍贵古董。古董送回来后，弗洛伊德马上告诉他的朋友兼同事让娜·格卢特："所有埃及、中国和希腊的古董都到了，在旅途中几乎没有损坏，放在这里比放在伯格加斯街公寓里更美。"古董回来了，一家人都很兴奋，也让弗洛伊德大大松了一口气，但他的兴奋中又带着一种淡定。"只有一个问题，"他写道，"不再收集新的藏品，收藏也真的就结束了。"

弗洛伊德的古董是他的重要遗产，但他生命中的那一阶段已经结束，由于资金缺乏，精力不足，他不再收集新的藏品了。此外，财物是死的，一个人走向死亡时，往往会放下这些身外之物。我们必须对物品赋予意义才能让它们获得生命，而自然界的美能赋予我们生命。与那些古董藏品不同，弗洛伊德的花园会一直生长，他本人也会和安娜一起规划打理花园。

精神病学家罗伯特·利夫顿（Robert Lifton）在关于死亡心理学的著作中，展示了寻找不朽象征的重要性。他的研究以弗洛伊德的理论观点为基础，即我们自己的死亡无法在潜意识中显露。利夫顿认为，我们需要否定死亡，至少是部分否定，而有些矛盾的是，否定死亡反倒有助于我们接受死亡的现实。死亡太可怕了，我们的大脑无法接纳死亡，需要竭力让死亡显得不那么残酷。我们可以通过利夫顿所说的各种形式的"象征性生存"来做到这一点。利夫顿认为，"象征性生存"可以体现在这些方面：把我们的基因遗传给下一代、我们有关来世的信仰、我们自己的创造力，还有生生不息的大自然。

我们对于象征性生存的深刻需求，说明了为什么当人面临死亡时，与自然的关系往往会产生全新的意义。大自然的这一特点不仅能慰藉将死之人，还能抚慰失去亲人的人。种一棵树来纪念逝者就是一种有效的"象征性生存"：我们知道时间会让我们淡忘一切，但这棵树生生不息，它深深扎根，仿佛带给我们一种保证，来对抗遗忘。

对花的喜爱是可以分享的，弗洛伊德一生中非常喜欢给他欣赏的女性送花。当弗吉尼亚·伍尔夫来梅尔斯菲尔德花园街拜访他时，他不失时机地送上了一朵花。在伍尔夫的丈夫伦纳德·伍尔夫的记录中，弗洛伊德"有一种很正式的老派作风，异常地彬彬有礼"，而且"几乎是带着一种仪式感赠花"给伍尔夫。弗洛伊德的病情在发展，身体在走下坡路，现实很残酷。那年冬天，弗洛伊德变得十分羸弱，伍尔夫在 1939 年 1 月 29 号那天的日记里这样记录："他的动作麻木，身体抽搐，口齿不清，但他很清醒。"尽管他不能正常说话了，但花有自己的语言，弗洛伊德送给伍尔夫的花是他自己最喜爱的一种：水仙。

那年春天的到来，对于垂暮的弗洛伊德来说格外重要。那时架起秋千椅还为时过早，不过他可以坐在恩斯特在屋后修建的凉廊里。凉廊朝一侧开放，同时也有遮蔽功能，坐在这里可以欣赏花园景色。凉廊、温室、阳台和露台这些建筑结构被称为临界空间（threshold space），它们提供了一种室内外兼有的体验，让我们同时享受到室内和室外的美好。

现在，人们越来越认识到临界空间这样的建筑结构对于老年人和将死之人的照护是多么重要。当生命本身也处于临界点时，真实世界中的临界点会带来慰藉。在这样的地方，看着风吹着云朵掠过天空，意味着生命还没有完全结束。花园能够提供一种持续的运动和变化的感觉，带给人惊喜，时时吸引着我们。当我们的双脚无法行走时，我们的目光还能四处游走；当鸟儿歌唱时，我们的心灵有时候也能翱翔，与鸟儿一起栖息在树梢。

初夏，和大多数气息奄奄的人一样，弗洛伊德睡得很多。他尽可能在户外睡。他白天睡觉的时候，家人有时也坐在他身边。他从来都不孤独，他的爱犬小伦是他的忠实伙伴。汉斯·萨克斯说，他"有时候躺着打盹，有时候抚摸着一刻也没有离开过身边的狗狗"。夏天天气越来越热，弗洛伊德下巴的开放性伤口严重感染，没有任何好转的迹象。多年来，他吃饭一直很困难，现在情况更糟了，他越来越虚弱了。他的床从楼上搬到了楼下书房，书房被改造成了病房，他就躺在这里观赏花园。

九月初，弗洛伊德颧骨上的皮肤出现了坏疽，开始散发出难闻的恶臭。他和爱犬小伦的亲密关系到此结束了。狗感到了本能的恐惧，被带进弗洛伊德的书房时，它就蜷缩在最远的角落里，怎么都不肯靠近他。不过，至少还有花园给人安慰。对开门尽量开着，弗洛伊德的床对着花园，这样他就能看到那些他喜爱的花朵。花朵无论如何也不会拒人于千里之外。

在他生命的最后几周，主要是安娜在照顾他，恩斯特的妻子露西也来帮忙。在后来的一封信中，露西写道，尽管弗洛伊德痛苦万分，但"病房里弥漫着一种平和、愉快甚至是温馨的氛围"。在他醒着的时候，他"对我们所有人都充满了难以言喻的友好和爱心，对一切事物都充满令人感动的耐心"。

弗洛伊德曾经写道，死亡是一种成就——当我们听到某人逝世的消息时，我们会对他产生一种类似钦佩的情感，钦佩他已完成自己的任务。毕竟，离开自己心爱的人，放下生活的一切，可以说人生已经完满了。1939 年 9 月 23 日凌晨，弗洛伊德逝世，这距离他家住进梅尔斯菲尔德花园路上的房子为时一年零一周。弗洛伊德第一次到那儿时，他就想看花园的四季景色，这个愿望已经实现了，花园陪伴他度过了生命中的最后一年。

在花园的庇护中，我们体验到的是大自然最温柔美丽的一面，在自然的庇护下，我们远离无常和危险。在这样的平静时刻，整个世界都是那么安宁和谐。当我们不得不准备迎接死亡时，我们的心灵就需要找一个安息之地，弗洛伊德找到的就是他的花园。

花园这个安息之地不仅有大自然的宁静与抚慰，还能勾起我们的回忆。对弗洛伊德来说，记忆中有许多美丽的花园：有"美得像童话"的格林津花园，他喜欢在那里散步；还有加洛塔的"天堂花园"，在他双脚酸痛疲惫不堪时深深吸引了他。此外，他还喜欢去山里寻找兰花和野草莓，在树荫浓密的林间他感觉自在极了。他也记得童年时他在出生地附近开满野花的原野上游荡。最后，是儿时他那年轻母亲的怀抱，她是第一个教他认识死亡的人。

毕竟，母亲的怀抱是我们最先熟悉的地方。弗洛伊德早早就认识到了这一点的重要性，那时他就写下"大地母亲"是如何再次拥抱我们的。"但是，"他又补充道，"老人渴望获得女人的爱，就像从前获得母亲的爱那样，这种愿望只会落空，只有第三位命运女神——沉默的死亡女神，会将他拥入怀中。"

海伦·邓莫尔（Helen Dunmore）在其最后一本诗集《浪潮之中》（*Inside the Wave*）中有力地表达了"死亡即回归"的思想。在这部作品中，她描绘了自己走向死亡的旅程，提出了寻找安息之地的诉求。最后一首诗是她在去世前 10 天写的，标题是《张开双臂》（"Hold Out Your Arms"）。诗歌开头，她渴望死亡"母亲般的爱抚"，然后把目光放在花园里的鸢尾花上："有髯鸢尾[1] 烤着根茎 / 靠着墙"，花朵"散发着芬芳"。她思忖着死亡会如何带走她，然后，她意识到：

> 没必要去问
> 母亲总会把孩子抱起来
> 就如同根茎，
> 必将一朵花高高举起。

然后，她进一步将死亡拟人化：

> 你将我的头发往后捋一捋

---

1 有髯鸢尾（bearded iris）是指外花瓣中肋上有细密髯毛状附属物的鸢尾种群，是鸢尾属中花色最为丰富的类群，包括德国鸢尾、香根鸢尾、矮鸢尾等。

——可以用梳子

不过没关系

你喃喃低语：

"我们就快到了。"

死亡没有真面目——任何这样的事物都让人畏惧，因为人死就像堕入虚无一样。我们抓到熟悉的事物时会感到更安全，就好比握住一只手的同时我们就可以放开另一只手。邓莫尔选择信任她的鸢尾花和鸢尾的根茎，这让她觉得，死亡是一个徐徐降临的自然过程。

我们用不同的方式来象征死亡。死亡可怕与否，以及生命结束的感觉是自然还是不自然，都取决于我们选择的象征物。人类文明伊始，植物和花朵就影响了人类对生死的理解，它们以一种有助于抵御恐惧和绝望的方式为我们提供了思想的框架。我们可以相信，一年又一年，春天必然会回归，不会与我们一同死去；我们因此觉得美好的一切将继续存在。这，就是花园带给我们的永恒慰藉吧。

第十一章

花园时间

园艺让我们从自然的视角看待时间的流逝。

——威廉·考珀（William Cowper，1731—1800）

当生活偏离方向时，园艺能激发你再次前进的动力。几年前的一个春天，我从一段时间的疾病和紧张的工作压力中恢复过来时，就亲身体验到了这一点。

在过去的 13 年里，我一直是一名精神科顾问医师，管理英国国民医疗服务体系的心理治疗部门。我们的病人通常病情严重且复杂，我已经习惯承担重任，在高压下工作。但后来，我所在的部门突然被要求大幅度缩减开支，在未来四年里减少高达 20%的经费。心理健康照护相关的资金投入一直都不足，现在还要进一步缩减，这太不合理了。

接下来一段时间，我们进行了机构重组，几个专家团队被解散，其中包括我所在的团队。我的一些同事被裁掉，在接下来的几个月里，一些同事决定离职。心理治疗团队解体，我的工作量增加，让我备感无力和孤独，然而，我决心坚持下去。第二年，我突然患上了炎症性关节炎，没法再撑下去了。我一直对工作尽心尽力，但那段时间我动弹不得，请假休息了好长一阵子，我才意识到，再也不能忽视过劳工作对健康的影响了。这种影响一直持续到第二年夏天我离职后：我刚一离职就被带状疱疹打倒了。

那年秋天来临的时候，我希望自己能恢复精力，但还是不行。这种病恹恹的状态一直持续到冬天，而冬天的寒意一直延续到了次年三月。通常每当春天来临的时候，我都迫不及待地去温室里种花，但那年不同，尽管我很早就订购了一批种子，可这些种子的包装都还没有拆封。

一个周末的清晨，汤姆建议我们一起整理温室。我们的温室亟需一场大扫除。我们说干就干，清理了枯叶、破旧花盆和去年留下的所有垃圾，接下来我们又重新摆放了架子上的植物，又在栽培桶中填入新鲜的堆肥。快完工的时候，我在放种子包装袋的盒子里扒拉着，生病以来第一次开始计划接下来要种什么。

第二天，吃完早餐我就出去了，准备去温室，在种盘里播种。我才出门不久，就迫不及待地想要赶紧种点什么。尽管很疲惫，我还是强撑着，仿佛其他的一切都不重要了。那天结束的时候，我已经在种盆和菜地里播下了生菜、芝麻菜、胡萝卜、菠菜、甜菜根、羽衣甘蓝、香菜、欧芹、罗勒和其他蔬菜的种子。我还种了花——金盏花、飞燕草、香豌豆和波斯菊——所有这些植物，不再是在我心里萌芽，而是种到了真正的泥土里，很快就会开始生长。几个月来，我孤立无援，就像一个倒霉的冲浪者看着身边的潮起潮落。但那一天，我搭上了时间的浪潮——也就是园艺的时机——季节的拉力和新生命的力量带着我前行。

种子里藏着未来，让人体验到制定计划的乐趣以及新的可能性带来的愉悦。种子给了你一个进入未来的立足点，这是一个你可以很容易想象得到的未来。你会知道，不管发生什么，至少你的生菜和金盏花会长大；尽管你也要对付害虫和恶劣的天气，但你还是可以避免损失：有些植物死了，总还有些一定会活得好好的。

一直以来，我们都在以各种方式投资未知的未来，当各种事情交织在一起、生活失控的时候，我们就不太敢去梦想什么。不过，花园作为梦想的起点是安全的，它有特定的结构和规律，花园里的可能性并不是无穷的。你无法与季节的变迁和自然生长力的节奏谈判，它的快慢并不由人。你必须服从花园里时间的节奏，在这个框架下工作。

花园在春天和初夏的步调最让人振奋。可是，无论这对我有多大的鼓舞，有时候，接踵而来的任务太多了，光是看着花园我都觉得疲惫。我真想说："你们就不能慢一点吗？！拜托，这个月能给我们多一周时间吗？"不过接下来我就会意识到，其实需要放慢脚步的是我自己。

我们会谈论时间感，可我们的大脑里并没有一个专门的神经中枢，也没有专门的感觉器官来感知时间的流逝。研究时间感知的神经科学家大卫·伊格尔曼（David Eagleman）将时间感知称为"大脑的分布特质"。他说，这是"超感官的，它凌驾于所有感觉之上"。其实，我们就是通过情感、感觉和记忆的复杂交织体验到时间的流逝的。这就是说，时间的流逝与我们的自我意识密切相关——事实上，有些人认为时间观念就是自我的产物。的确，我们的情绪会大大改变时间流逝的感觉。

我们可以活在当下，流连过去，展望未来。时间是一个观念物，我们对生命的体验很大程度上受到我们对时间的看法的影响，也与我们围绕时间形成的习惯有关。我们可以把时间理解为一系列的循环周期，或者可以像现在这样，以更现代的线性的视角来看待时间。

对于时间，人们最初采用的是循环时间观，对于那些亲近大地的人来说，这是十分合理的。时间的循环不仅仅体现在季节的轮回上，人类最早的故事也采用了一种循环的形式叙述。在神话、传说和民间故事中，我们总会发现一个英雄人物，他踏上冒险之旅，然后回来讲述他的冒险经历。亚瑟王传说中的骑士就是一个典型例子。故事兜了个圈，把英雄带回起点，也只有他回来了，故事才算讲完了。这种循环的叙事结构深深植根在我们祖先的心里，可以追溯到远古时期狩猎采集者的生活方式，以及晚上在篝火边讲述的冒险故事。

大脑不会以线性的方式看待时间，因为大脑是一个习惯预测未来的器官。我们总是不断地回到过去，以便理解当下和预测未来。如果我们在一段时间内做太多事情，节奏太快，我们终归需要回到一个更平静的状态，只有这样，我们才能反思和消化我们经历的一切。副交感神经的休息和消化状态与物理和心理的消化状态都有关，因为我们需要消化的不仅有腹中的食物，还有我们的情绪。我们就是在这个过程中建构了自己的故事。如果我们没有时间和心理空间来消化情绪和感受，那么我们经历的一切就会像一连串完全不同、没有关联的事件，生活就会缺乏意义。

花园可以把我们带回到生命最基本的节奏上。生命的步调就是植物的步调。在花园里，我们不得不放慢脚步，花园带给我们安全的封闭感和熟悉感，帮助我们进入一种更具有反思性的心态。花园也向我们展现了一个循环的叙事结构。四季轮回，我们有一种回归的感觉；有些东西改变了，有些还在。四季轮回的时间结构能宽慰人心，对心灵更加友善，因为它给了我们二次学习的机会：如果今年失败了，我们知道可以在明年同一时间再试一次。

线性时间就没有那么宽容了，它的有限性让它不那么可靠——它就像一支沿着固定轨道前行的箭，看不到我们的身体需要休息和恢复，也不顾大地需要休息。当一切都是为了最大限度地利用时间以获得最大产出时，我们就会拼命节省时间，并且会觉得时间总是不够。最终，我们就会赶着时钟的节奏生活，处处都要争分夺秒。

生活在各种兴奋和肾上腺素的刺激中会很容易上瘾，也会让人很疲惫，而不可思议的是，这种潜在的疲惫却让人很难停下来休息。这种情况下，人会逃避问题，而不是解决问题；会倾向加快进度，而不是放慢角度审视一番。

在这个快餐、约会速配、一键下单和快递当日送达的时代，满足各种需求的速度越快越好。面对无穷无尽的帖子、通知、电子邮件和推特，我们要吸收的新信息太多了，很难去评判哪些信息是有用的。我们没有时间去消化、理解，甚至记住这些信息，因为我们个人和机体的记忆越来越多地"外包"给了云空间。

我们对时间流逝的感觉与大脑储存的记忆量密切相关。在陌生的地方，或者需要我们注意很多细节的情况下，我们感觉时间过得更慢，因为我们正在储存更多记忆。相比之下，我们花在网上的时间过得飞快，因为上网并不需要我们消耗同样的注意力，我们也没有储存记忆。

我们这一生的时间线是由记忆构成的，但我们对时间流逝的感觉往往很模糊，这是因为记忆与地点的关系比与时钟年表的关系要紧密得多。因此，我们往往想不起一件事情是在什么时候发生的，但总是清楚地记得发生在哪里。我们的远古祖先生活在野外，需要在大脑里绘制地图，记下各种资源的位置。从进化史的角度看，位置在记忆系统中扮演着类似索引卡的作用。因而，在我们的一生中，地点与我们的人生故事和自我认知紧密地交织在一起。

可是现在，我们与时间、地点的关系都打破了。只要我们愿意，无论我们在哪里，我们几乎都可以在任何时间做任何事情。数字世界使我们很难完全生活在当下，我们总是处于半分心的状态，总是有一部分心思在别处。此外，工作时间和休息时间、白昼和夜晚的差别也变小了。睡眠时大脑中的小胶质细胞会进行修复性的修剪和"除草"工作，但许多人都缺乏这种最基本的休息和恢复时间。

这几十年来，越发严重的工作不安全感和过度工作的竞争文化导致与工作有关的压力急剧上升。在城市的各个地方，人们在办公室里一直工作到晚上。在许多机构里，员工不休完带薪假，竟被视为一种荣耀。许多教师、医生和护士要在资源不足的情况下应对越来越高的工作要求。无论哪个行业，人们都面临过劳的风险，这已成为一种常态了。现在，压力已经成为人们请病假最常见的理由。

当一个人缺乏足够的恢复时间并且丧失了压力调节能力时，就会发生过劳。过劳增加了罹患抑郁症的风险，还与心脏病、糖尿病等许多身体疾病的高发病率有关。1974 年，心理学家赫伯特·弗洛登伯格（Herbert Freudenberger）将过度工作或者压力导致的身心崩溃称为"过劳"。瑞典是用园艺疗法治疗过劳的重镇之一。在过去 15 年或更长时间里，帕特里克·格兰（Patrick Grahn）教授和他在阿尔纳普农业科技大学的同事一起开发了一个为期 12 周的园艺治疗集中计划。他们发表了大量报告，展示了"阿尔纳普模式"的成功之处。

阿尔纳普模式的精神是多学科合作。格兰有景观设计背景，他设计了花园，由一名职业治疗师、一名理疗师、一名心理动力治疗师和一名园艺师组成的团队运作该项目。他们的患者很多是从事教育、护理、医学与法律工作的女性，请了长期病假，而且接受过的其他治疗都没有效果。这些人通常都取得了较高成就，工作敬业，因工作和家庭负担过重病倒了。

她们患有焦虑症，也缺乏身心能量，所以很难集中精力，也很难做决定。由于她们的自尊主要建立在出色的工作表现上，所以在不工作的时候，她们往往感到内疚和羞愧。

阿尔纳普疗愈花园位于大学校园边缘，周围是一圈红褐色的尖头栅栏。该项目的运营中心在这片两公顷土地中央的一栋传统木结构房屋里。总的来说，这里的房间布局简洁，样式温馨，外面是一个木质露台，可以俯瞰菜台。远处是一片迷人的草地和树林，视野开阔。站在露台上，你不会觉得这是大学里的建筑，也不会觉得旁边就有一个热闹的校园，唯有远处高速公路上传来的车流声打破了这份与世隔绝的幻觉。

花园里既保留了原生野趣，也包含了人为打造的区域，因为人们在不同的治疗阶段有不同的需求。种植区包括两个温室和几块高低不一的菜地，用于种植蔬菜、水果和香草。相比之下，在花园的原生野趣区域，人们可以尽情享受大自然，不必强迫自己做任何事情。这里还有许多隐蔽的"花园屋"，人们可以躲在这里，静静地待着。

参与疗愈计划的人大多都没有园艺经验。他们每周有 4 个上午参加活动，整个疗程为期 12 周。经过几天的适应，治疗师会让他们选择一个安静的地方，他们可以在那里独处。有些人把床垫搬到花园里更原生态的地方，有些人则会用上吊床、秋千椅或者花园屋里的长椅。由于生病，他们已经与自己的身体和世界失去了联系，需要找到一种方法，通过感官和感受在最基本的层面上重新建立连接。

其中一间花园屋有个特别吸引人的林间角落，树上吊着一个吊床。五月，这里绿意盎然，白色的郁金香正在盛开，吊床就是在那一周挂起来的。每年，前方的芒草长起来，将吊床围住，形成一个私密的小空间；躺在这里休息，还可以闻到附近连香树[1]飘来的肉桂香味。这片树林的角落还有一个池塘，池塘周围是长满青苔的石头，一端还有一块大岩石。

---

1 连香树（*Cercidiphyllum japonicum*），落叶乔木，是较古老原始的木本植物，雌雄异株，结实较少，天然更新困难，资源稀少，已濒临灭绝。

在设计花园的时候，树木、石头和水的存在非常重要，设计者借鉴了美国精神病医生和精神分析学家哈罗德·西尔斯（Harold Searles）的一部分思想。在1960年代他撰写了相关著作，即便在那个时候，他也不安地看到，技术破坏了人与自然连接的能力。"在最近几十年里，"他写道，"我们已经从生活在接近自然生命或自然生命占主导地位的世界里，转而进入一个科技主宰的环境中。技术具有惊人的威力，却没有生命。"西尔斯认为，我们通过自然界领悟深刻意义的能力只有身陷危机时才会显现出来。对于一个与生活脱节的人来说，与一种更简单的生命形式建立联系对恢复连接很重要。西尔斯认为，按照关系的复杂程度排序，人与人的关系最复杂，其次是与动物的关系，然后是植物，最后是石头。

约翰·奥托森（Johan Ottosson）是格兰的同事，他在差不多20年前就亲身体验到了这一点。当时他骑自行车被撞倒在地，头部遭受重创，留下了终身残疾。他后来就自己的经历写了一篇论文，题为《自然在危机应对中的重要性》，其中的思想影响了后来的阿尔纳普计划。

奥托森写道，他的创伤使他陷入了一种严重的心理脱节状态。治疗期间，随着伤势渐渐恢复，他开始在医院周边的公园散步。在这里，他看到一块巨大的顽石，他觉得那块石头似乎是在与他"对话"。他看着岩石上铺的一层"地毯般的苔藓"，自打出事以来，他头一次体会到了"宁静与和谐"。通过与石头对话，他与石头建立了一种关系，让他渐渐能够再次对世界敞开心扉。他生活中的一切就在那一瞬间改变了。在这种情况下，这块石头永恒不变的特质让他感到安心："这块石头早在第一个人从这里经过前就已经存在了，一代代人从这里走过，每个人都有自己的生活和命运，他们都从这里走过。"他与这块石头的连接，让他感到深深的安宁。

阿尔纳普的工作人员常常观察到，病人需要回归与树木、水或者石头的简单关系。项目参与者能自由选择他们想交流的对象，有时候，有些人会爬上池塘边的大石头，坐在上面。像这样找到一种安全的方式与世界建立联系，有助于他们从封闭的状态中走出来。一到两周后，他们开始恢复好奇心，开始探索花园的其他地方。当他们这样做的时候，也有很多机会采集到新鲜的果子，比如野生草莓就格外受欢迎。

大约六周后，大多数参与者的睡眠质量都有所改善，他们的身心力量也有所提升。他们在赋能感与情绪一致性评定量表上的得分也显示出明显的改善。他们能够从事更长时间的园艺工作，这有助于缓解他们当中许多人的肌肉紧张问题。他们之所以感觉与世界脱节，是因为一直以来，他们都没有去倾听身体发出的警报。现在工作人员鼓励他们倾听身体的声音，在感到疲劳时就好好休息。

许多园艺工作都具有重复性，能让参与者找到节奏感。一旦找到节奏感，身心与环境就能融为一体，和谐运作。就几个不同层面而言，进入所谓的"心流"状态都具有深刻的修复作用：它增强了副交感神经系统的功能，增加了内啡肽、血清素和多巴胺等一系列抗抑郁的神经递质水平，同时也提高了脑源性神经营养因子水平，从而促进了大脑健康。这带来的综合效应就是一种愉悦而放松的专注。

1980 年代，心理学家米哈里·契克森米哈赖（Mihaly Csikszentmihalyi）在研究给人带来满足感的工作有哪些特质时，首次提出了心流状态。他指出，运动员、艺术家、音乐家、园丁、工匠等人从事的工作都能让人进入"化境"，使他们与他们的工作合而为一。用契克森米哈赖的话来说，就是"自我消失了。时间飞逝，动作、行为、思想如行云流水，自然流畅"。并不是所有有节奏感的活动都会产生心流，因为如果专注度不够的话，大脑仍然可以走神。契克森米哈赖认为，当技能和挑战相当时，心流状态更容易发生，因此任务不能太简单，也不能太难。

技术渗透到我们的生活中，并为我们的生活设定了节奏。当你不得不等待机器响应，或者忍受网络不畅时，你很难找到节奏感。但是，如果你动手做事，或者全身心投入一项任务，你就和物质世界建立了直接联系，没有中间物，你能自己设定节奏。当人们完全沉浸在一项活动中时，通常会把那种愉悦的感觉描绘成

"自我消融的状态"。这种不受约束的状态之所以出现，是因为我们进入心流状态时，大脑前额叶皮质活动会减慢，这种现象被称为"瞬时脑前额叶功能低下"。这个时候，我们的自我审查会比较少。虽然我们都需要有一些这样的时间，让我们摆脱自我批评和评判，但对那些有抑郁症和焦虑症的人来说，这样的时光会让他们格外放松，因为他们大脑中连接额叶皮质和杏仁核的自我监控回路过分活跃了。

随着阿尔纳普园艺计划的参与者与自己的身体和情绪建立起更多的连接，他们开始碰触到内心深处的痛苦情绪，这些情绪都源于他们过去无法承认的一些事情。有些人能够在小组讨论或者与治疗师一对一的咨询中表达这些感受，另一些人则会到花园的僻静处，在无人看到、无人听到的地方释放这些情绪。

在经过情感宣泄这一阶段之后，他们就进入了一个新的阶段，来自园艺的象征意义会变得更加重要，这也将花园疗法提升到了另一个层次。每个人进入新阶段的方式都是不同的，这取决于他们个人的生活史和各自的问题。照顾一棵幼苗可以让人们意识到他们对自己的关心是多么少，拔除杂草可以帮助人们释放内心的有害情绪，而堆肥可以让人们更容易相信，坏事也能变好事。治疗师们明白，这些大都是在潜意识中运作的，因此他们尽力帮助人们将自己的经历用语言表达出来。

阿尔纳普计划的最后几周，人们会花更多的时间在团体活动上。这时的治疗重点在社交活动上，而在这个阶段，参与者基本上已准备好参与社交了。后续研究显示，一年后，超过 60% 的参与者重新回到了工作岗位或者参加培训，他们看家庭医生的次数从平均每年 30 次下降到了 5 次。由于阿尔纳普模式有助于使长期请病假的人重返工作岗位，地方议会认为这是一个性价比不错的干预手段，因此也给予了支持。

阿尔纳普花园的其中一位首席研究员安娜·玛丽亚·帕尔斯多蒂尔（Anna María Pálsdóttir）发表了一篇题为《康复之旅》（"The Jonrney of Recovery"）的研究论文，论文中记录了治疗期间和治疗后三个月内对参与者的深度访谈。研究显示，参与者对自然的"无条件"接受对他们的治疗非常重要。安全感使他们能够体验并释放自己的情绪困扰。当我们害怕被拒绝，内心感到深深的愧疚与羞耻时，我们很难在人际交往中表现出脆弱的一面，但我们可以先在大自然中找一个安全的情绪容器，从这里开始，逐步进入到和治疗师深入对话的状态。

正如帕尔斯多蒂尔所说，参与者花时间接近大自然，懂得了"天下万务都有定时"[1]。他们开始明白，当生活的压力太大时，生活就缺乏意义，而停下来，如果能带来与生活的更深的连接，就不是浪费时间。一名女子说，光是观察"一个以自己的节奏运行

1　语出《圣经·传道书》（3：1）

的迷你世界"就给她带来了"在医院里无法找到的幸福感"。幼苗、树木和石头的生命周期比我们的短得多，也长得多。在花园中体验到的时间跨度是疗效逐渐显露的重要环节。

温尼科特曾经写过一篇文章，讲的是如何从身心的崩溃中实现自我的突破。人之所以会崩溃，是因为一直以来使用的策略和心理防御失效，并且带来了困扰。这个时候，就需要有一种全新的生活态度，而照料植物可以教会我们如何生活。

照料花园帮助我们实现自我关怀，就这样，伴随抑郁状态的失败感和严厉的自我批评开始减弱了。在项目结束三个月后，帕尔斯多蒂尔发现参与者都改变了他们的生活方式。他们已经了解了自己的身心休息和恢复活力的节奏，并且设法每周都花点时间接近大自然。一些人会花很长时间散步，一些人已经开始在家里种花养草，还有许多人则在租来的小块菜地里劳作。

我们可以把园艺理解为一种时空医学。户外工作有助于拓展我们的心灵空间，植物的生长周期可以改变我们与时间的关系。苏珊·桑塔格（Susan Sontag）曾经援引这样一句老话："时间的存在是为了避免所有事情同时发生……而空间的存在是为了避免所有事情都发生在同一个人身上。"当我们生病时，事情就反过来了。抑郁、创伤和焦虑都会缩小我们的时间视野，压缩我们的心灵空间。无望感和恐惧会缩短未来。我们沉湎在过去的伤痛中，过去和现在多多少少交织在一起，我们只向内关注自身，就好像"所有事情"都发生在我们身上一样。

要抵消那些负面体验，体验缓慢的时间非常重要。缓慢的时间并不是指做事情要放慢速度。被过劳和抑郁折磨的人已经大大放慢了节奏，还是没有恢复健康。缓慢的时间是指与当下建立一种鲜活的关系。荣格在博林根湖岸的塔楼上生活时，就建立了这种关系。在这里，由于缺乏电力，他进入了生活的自然节奏。他早上写作，午睡后出门干活，照料他的土豆和玉米地，还要砍柴。战争期间他耕种了更多的土地。除了玉米和土豆，他还种了豆子、小麦，以及榨油用的罂粟。这些活动总能让他恢复活力，精神抖擞。他写道，"是身体、感觉和本能让我们与大地联系在一起。"他扎根自然，体验到了生命广博的联系："有时，我觉得自己仿佛散布在风景中，在万物内部，我活在每一棵树上，在拍打的浪花中，云朵中，来来去去的动物中，季节的更迭中。"对荣格来说，在这样的体验中，他可以接触到"我们所有人心中那个两百万岁的自我"。

埃塞克斯大学环境与社会教授、绿色运动大师朱尔斯·普雷蒂（Jules Pretty）认为，这种沉浸式的体验是大自然有益我们心理健康的关键因素。仔细地观看和耐心地倾听能滋养我们，让我们恢复活力。然而，现代生活方式使我们缺乏这种沉浸式体验的机会——不过还是有许多人在业余时间通过徒步、钓鱼、观鸟、打理花园等活动寻求这种沉浸式体验。

　　普雷蒂的团队进行了一项研究，表明花时间亲近大自然不仅有助于人们从压力状态中恢复，还有助于管理后续的压力，换句话说，这提高了人们的复原力。他们对申请土地从事园艺的人进行了研究，发现比起条件类似但不从事园艺活动的人，前者的幸福感更高。打理他们的土地有助于减轻他们的紧张、愤怒和迷茫。哪怕只是每周一次 30 分钟的园艺活动，也足以显著改善情绪，提升自尊。

　　耕作一块分配的小菜园，就是在扎根，这是一份长期的承诺，需要投入相当多的劳力和心力。配给的份地[1]仍然用古代盎格鲁-撒克逊的杆制丈量，通常一块地五平方杆，大约 125 平米。许多分到地的人，夏天每周花六到八个小时在花园里劳作，冬天则是两个小时左右。数据显示，一旦人们持续了两年时间的园艺劳作，往往就会一直坚持下去。

　　在我家附近的一个小镇郊区，铁轨沿线的田地里就藏着一些份地。这些地有的一片绿色，有的只露着棕色的土，它们拼在一起，既统一又有个性。小棚屋、堆肥箱、果笼与豆架，这些事物给人一种温馨的劳动感。夏天，菜地里长满了蔬菜，也有一些

1　份地：指封建社会时期，农民从封建主那里领到的耕地。——编者注

人在地里种满了颜色鲜艳的植物———一团团粉红色和紫色的香豌豆，还有一丛丛明黄色的向日葵。

多萝西是份地的持有者之一。她30岁出头，身材娇小，留着一头金色长发。她告诉我们，自己是回归"低技术事物"的一代人。她谈及的是社会上逐渐觉醒的一种认识，即事事享受现成，并不会让人快乐。等待分配份地的人实在太多太多，多萝西等了好多年才分到了一块。待她终于领到份地的时候，她已经怀上了第一个孩子，是个男孩，取名罗宾。耕作份地一直是她的计划而不是她丈夫的，他俩都拿不准，在怀孕的时候拿下这块地，她能否承受得了，但等了那么久，她实在不想放弃。

多萝西分到的土地荒废了很久，长满了杂草。刚开始看到份地的时候她的心一沉，不过她找了个朋友帮忙，用他的拖拉机犁地。然后，她着手改良土壤，制作堆肥，又将堆肥埋在地里。她首先种了一棵苹果树，然后种了很多草莓，现在这块地的五分之一都是草莓。

一排大橡树和山楂树篱把份地围起来，让人感觉安静又隐蔽。这个环境对多萝西和她的两个孩子来说实在太好了，她觉得就算他们要在这里到处乱跑也是安全的。不过他们很少乱跑，多萝西除草的时候，罗宾的妹妹波比喜欢在地上爬来爬去找草莓吃，罗宾在玩自己的挖掘机。妈妈用树枝在地上划了个圈，他就在圈里玩。

不管我们多大年纪，园艺都可以是一种游戏。温尼科特这样描述游戏的心理意义："在游戏中，而且只有在游戏中，一个孩子……才能发挥创造性……只有具有了创造性，个体才能找到自我。"从这个意义上说，游戏并非人们以为的消遣娱乐，而是一项具有重要意义的恢复性活动。对多萝西来说，事实的确如此，她发现："如果你的生活中发生了非常重大的事情，你可以在花园里应对和理解这些事情。"

对多萝西来说，园艺有益身心的效果部分来自对童年的重温。她讲述了与父亲一起在份地里的情形。有许多次，父亲将她放在手推车里推着，她记得自己把大黄的叶子摘下来当伞玩。夏天，她和姐姐会在大黄下铺床。有一次，父亲发现姐妹俩蜷缩在一起，在大叶子下的阴凉处睡着了。

在家里，多萝西和丈夫只有一个很小的户外空间，她发现，在份地里照看罗宾这个"非常好动"的小男孩要轻松得多。在菜地里，每个人都很友好，还有很多喜爱孩子的爷爷奶奶。她自己也在那儿结交了一些朋友。园艺活动没什么竞争，也很容易寻求别人的建议、彼此交换想法，她很喜欢这一点。尽管在份地里可以结交朋友，但也不会有太多的社交，这对多萝西来说很重要。一般来说，人们会各忙各的，所以她也可以轻松地独处。

生孩子是最鼓舞人心、最具有创造性的一种体验，但也是最累人、最吃力的一种体验。波比出生后，多萝西就决定放下工作当全职妈妈。可是大约半年后，她发现自己每天都在以泪洗面。她进入人生的"向下循环"阶段，医生给她开了抗抑郁药，她也服用了一小段时间，可最大的问题是她失去了自尊，每天都在挣扎："你是一个母亲，你不挣钱，你觉得自己贬值了。"

这块份地帮她摆脱了恶性循环。她还特别注意到，大自然的时间表以及"机会窗口"是治疗拖延症的良药。她解释道："花园给了你目标和日程表，它约束着你，让你不得闲。"其他活动则不会如此。"要是让我制作拼布床单，我就没有动力，它可能在抽屉里放上好几年我都完不成。"

大地的日程表会形成一股牵引力。还有一个小时多萝西就要去幼儿园接罗宾了，但她最终还是在那之前把大蒜种好了。"当时雨下得很大，但我还是把蒜种好了——在外面待着真是太好了。天气那么糟，我都要笑起来了，但把这些蒜全都种在地里后，我真的感到很满足。"

花园也给了她一个自己的空间，"一个不在家里，但又属于自己的空间"。这种"离开"的感觉对她来说很重要，而且"这比在家静养的效果更好，因为我可以做成一些事情"。在家里，她通过家中整洁程度来衡量自己的表现，这就意味着，她得不断地收拾孩子们的烂摊子。当然，每次都是刚收拾完马上又弄乱了，但在花园中，泥土不是脏东西，而是肥沃的土壤。多萝西说："你无法强加给花园太多秩序，所以花园对你有益。你不能把泥土洗干净，而是用它培育植物。"

比起在家里打扫卫生和整理玩具，多萝西发现，花园里看得见的成果让她十分有成就感。去年，她种了大葱和其他许多蔬菜，有叶甜菜、甜菜根和南瓜等。她说："能够播种、栽培、收获，让自己和孩子来享用成果，这是非常令人满足的。"神经学家凯利·兰伯特认为，我们在塑造周围的物理环境时产生了这一信念——我们相信自己有能力塑造人生。当行动带来看得见、摸得着的结果时，我们就会感觉到与周围世界的连接更多了，也会体验到更多的控制感。她写道："我们致力于从事更少的体力劳动来获取我们想要的、需要的东西，在这个过程中，我们已失去了对我们心理健康至关重要的东西。"

根据兰伯特的说法，我们的大脑被设置成了操纵环境的模式，缺乏这样的机会时，我们对世界的掌控感就会减弱，更容易产生抑郁和焦虑情绪。她的大鼠实验表明，当大鼠必须付出努力获取食物而不是被投食时，它们在困难面前会表现得更加坚毅，她把这种现象称为"习得性坚持"（learned persistence）。她认为人类身上也有类似的现象。习得性坚持会让我们对自己影响生活的能力持乐观态度。与之相反的是"习得性无助"（learned helplessness），即觉得自己只能受外力支配。她认为，我们需要时时激励并提醒自己其实我们对生活有掌控力。她认为这会改变她所谓的"由努力驱动的奖赏回路"的生物化学构成，会激活它，让它更有能量。

兰伯特相信，双手的工作对健康至关重要，她还指出，人脑的很大一部分功能都跟手部运动相关。我们的双手有多种工作方式，包括 DIY 和制作手工艺品，但多萝西发现，园艺工作的优势在于，你没法拖延。兰伯特认为不可预测性也很重要。在她所谓"应急训练"的过程中，我们需要为应对不同的结果做好准备。

现在，在压力治疗中，人们非常强调培养安住于当下的能力，但我们也需要学习未来视角。在史前时期，人们最早就是在耕作中开始计划未来，并且相信他们努力的成果。在花园里，总有需要我们计划的事情，也有我们期待的东西。一个季节结束了，下一季的工作就开始了。像这类积极的期待有助于形成一种生命的延续感，带来一种稳定身心的效果。去年，多萝西让罗宾在她的地上种了一个南瓜。"南瓜很大，"她对我说，"我都说不出这个南瓜带给了我们多少满足和喜悦，罗宾非常骄傲地把南瓜从车上抱回家，他的爸爸还说，'好大一个南瓜啊！'"他们留了一些种子，这样罗宾明年就可以种更多的南瓜了。

多萝西收获蔬菜时的骄傲，以及她在自己儿子身上看到的那种自豪，就是她说的"更加纯粹的感觉"。她认为园艺不太会让人产生自负的心理，因为"这不是你一个人的功劳，而是你和大地合作的成果"。耕种土地带给她一种强烈的"与大地相连"的感觉。多萝西刚说出这话，就激动地叫起来："不，是宇宙，因为这与太阳和地球都有关。"她所说的这些已经超越了人类的时间观。"我不信教，"她说，"但我的确从中感受到了一些属灵的东西。"

荣格写道："人类觉得自己在宇宙中孤独无依，不再接触自然，也不再对自然事件投入情感，自然事件带给人类的象征意义也被抛在脑后。"多萝西描述的一种精神连接是许多园丁都熟悉的，但这种连接可能也很难用语言表达，这就导致研究园艺的益处时鲜有人提到这些体验。专门研究园艺治疗的社会学家乔·森皮克认为，我们需要考虑到这些精神连接的体验，因为它给人们的生活带来了非常重要的意义感和使命感。

自我与世界融为一体的感觉可能转瞬即逝，但那份记忆会长久地留驻于心。多萝西讲述了一个这样的经历。那时她正处在低谷期，她已经有一阵子没去她的份地了。可就在波比受洗前，她为仪式做准备时，打算去份地看看。令她惊讶的是，几乎整块地都开满了罂粟花。一年前，还没有这些花的影子，但就像她说的，"它们一定是一直都埋在地下。"一大片紫色的花朵，与波比（Poppy）同名的罂粟花（poppy），真是太巧了！她摘了几大束带回家。

生命中的一切都是那么短暂，多萝西曾经常常为此苦恼。她告诉我，这种感觉在夏天最为强烈，那时，她总是觉得时间飞逝。如果我们把时间看成一个个逝去的瞬间，那么我们只能对时间的流逝感到遗憾，但如果我们把这些瞬间看成一个更宏大故事中的片段，我们就没有必要感到遗憾了。那块份地，就向多萝西展现一个更宏大的故事。

第十二章

医院窗外

很多时候，花园和自然比任何药物的效力都更强大。

——奥利弗·萨克斯（Oliver Sacks，1933—2015）

郁金香生来就该插在花瓶里。它们的美与众不同，就连凋谢也那么优雅。我们把郁金香种在菜园里抬高的地垄上，一排一排，有红色、黄色、紫色和橙色。在我们蹒跚地走过缺少阳光的冬天、步入春天时，这些花儿就像在进行一场壮观的游行，盛开着向我们致意。

　　我们每年都会尝试一些新的郁金香品种，但在这场鲜花盛会中，没有什么能取代多年来的最爱：挺拔的橙色"芭蕾舞女"、树莓色波纹的"尼斯嘉年华"、具有异域风情的深红"阿布哈桑"，还有最美的、最热情洋溢的红黄条纹"米老鼠"。

　　在以前，人们还可以带鲜花到英国国民医疗服务体系医院病房时，我曾手捧一束自家花园里采的最鲜艳的郁金香去看望一位挚友。当时她被诊断出患有一种罕见疾病，需要动大手术，而手术结果还是个未知数，这着实令人担忧。她的世界因此完全坍塌了。我看到她孤独地躺在床上，面色苍白，神情焦虑，但当我扬起手中的郁金香时，她脸上立即绽放出了灿烂的笑容。一种喜悦在我俩心间涌动，她的眼睛盯着鲜艳的郁金香，发出一声欢呼："哇！"

这个例子表明，花朵的确具有疗愈的力量。据说，美丽的花朵会引发真正的微笑，那是一种不由自主的微笑，又被称为"杜兴式微笑"[1]。与礼貌的微笑不同，这种微笑会让整张脸都洋溢着欢乐，展示发自内心的喜悦。很少有人研究这种现象，但在2005年，新泽西罗格斯大学展开了一项这类研究。珍妮特·哈维兰·琼斯和同事们测试了人们收到鲜花和其他类似礼物的表现。结果表明，收到鲜花时人们的喜悦远远胜过收到其他礼物。每一个收到鲜花的人都绽放出"真正的微笑"，好心情持续的时间也更长久。

不久前，我摔了一跤，导致髋骨骨折。我动弹不得，又十分疼痛，只能躺着等待手术。一夜之间，我成了一个可怜虫，在病痛中什么都做不了，而其他人都继续着他们健康忙碌的生活——至少看起来是这样。我觉得自己被囚禁在一个四周都是白色墙壁的冰冷的地方，如果不是我床边窗户有阳光照进来，这种囚禁的

1　1862年，法国神经学家本亚明·杜兴提出，嘴部的微笑并不一定代表快乐，只有眼睛周围的肌肉收缩和嘴的微笑同时出现才是真正的微笑。为了纪念杜兴，人们把这种微笑称为"杜兴式微笑"。"杜兴式微笑"在心理学领域已成为真笑的代名词。

感觉会更强烈。窗外的景色并没有给我带来多少安慰，因为望出去就是一面脏兮兮的白色瓷砖墙，不过幸运的是，在这堵墙的后面，我可以看到一面更高的红砖墙，墙砖缝隙里生长着一些植物。我的目光一次次回到这一小簇绿意上，仿佛在努力寻找生活或者希望的迹象。当时我真的是吓坏了，因为我摔得非常严重，尽管现代医学能创造各种奇迹，但还是有很多不确定因素。

我接受髋关节置换手术的前一天，一位朋友给我带来一张明信片，我把它放在床边。明信片上是马蒂斯[1]的一幅杰作——《红色的和谐》。我在医院里，四面墙壁一片空白，我多么希望有点缤纷的色彩，这张明信片就成了我的精神支柱。画面中柔和的深红色房间成了我眼睛的口粮，向我打开了另一个世界的大门。画面中的装饰物——蓝色的花朵、花篮和摇曳的枝条向我诉说着美丽与优雅，而一名妇女在盘子上摆放水果的家常画面让人十分舒心。画面中还有一个元素也带给我力量——面向花园的一扇窗户。这就像是画中的又一幅画，那鲜绿的青草、开满鲜花的树和明黄的花朵，弥补了我真实窗外那堵墙的暗淡阴沉。

20 世纪下半叶，许多医院都采用功能主义的设计理念，把对感染的控制和医疗技术的应用置于首位，导致很多人在医院里

1　亨利·马蒂斯（Henri Matisse，1869—1954），法国著名画家、雕塑家、版画家，野兽派创始人和主要代表人物。

感到过度焦虑。英国大多数病房现在都不允许人们送鲜花，以免造成细菌感染。医院大楼本身通常缺乏阳光、绿色植物和新鲜空气——少了这些元素，病人及其家属会感到压力很大，就连工作人员也感受到了压力。现代医院已经忽视了住院病人的情感需求，还把大自然看作无关紧要或者有害健康的东西。监狱的犯人都还有权每天到户外活动，而医院病人，甚至是长期住院的病人，却没有这样的权利。新鲜空气和阳光有利于心理健康，而最近的研究显示，它们还是"被遗忘的抗生素"——若病房内光线充足、通风良好，病人住院的时间往往更短，细菌感染率也更低。

早在 19 世纪，弗罗伦斯·南丁格尔（Florence Nightingale）就认识到了这些有益健康的因素。她认为医院病房需要充足的自然光和良好的通风。她还观察到，如果病人经常被推到室外，他们会恢复得更快。南丁格尔在克里米亚战争中担任过护士，之后她写道："我永远不会忘记发烧病人见到一束艳丽的鲜花时那欣喜若狂的样子。我记得自己收到过一束小小的野花，从那一刻起，我康复的速度就加快了。"这段文字出自她 1859 年出版的《护理札记》（Notes on Nursing），该书清楚地表明，她懂得病人周围环境对身体康复的影响。"人们说这些影响只是心理作用，"她接着说，"其实并不是。环境对身体也有影响。虽然我们还不太了解形态、颜色和光线是怎么影响我们的，但我们的确知道，它们会实实在在地对身体产生影响。"

她目睹了在小木屋中接受护理的病人们的痛苦。屋里毫无风景可看，唯一可看的就是墙上的木头疙瘩。她认为鲜花和床边的窗户可以提供重要的美的滋养，但她听到护士们以"不健康"为由，禁止病人们摆放鲜花或者盆栽。她还看到，病人们希望看到鲜艳的颜色和不同的东西，可这些都被护士们看成是他们的"一时兴起"，都被否决了。她认为，病人们所渴望的东西，并非一时兴起，而是有助于康复的。

现在，南丁格尔的这个思想又流行起来了。人们越来越认识到，不该把环境视作与治疗无关的东西，环境其实是治疗的基本组成部分，需要认真打造。譬如，英国医学会在 2011 年发布了一套新的指南，呼吁人们在医院设计中多关注心理方面的需求，并建议所有新建医院都附设一个花园。

许多临床研究都证实了，在种种不同的临床环境中，包括心脏重症监护病房、支气管镜诊室和烧伤科病房，自然景观都起到了重要作用。环境心理学先驱罗杰·乌尔里克（Roger Ulric）在 1984 年率先展开了此类研究，发表论文《窗外景观对术后康复的影响》。乌尔里克小时候生病期间，就会观察窗外的树，受童年经历的启发，他在宾夕法尼亚州的一家小医院开展研究，把动了胆囊手术的病人分成两组，一组窗外有几棵落叶树，另一组则是一面棕色砖墙。结果显示，能看到树的病人恢复得更好，压力更小，情绪更积极，需要的止痛药也更少，平均提前一天出院。研究还显示，在护士的记录中，对这类病人的负面评价更少，这表明这些病人的压力更小，对护士提出的要求就更少。

持怀疑态度的人可能会想，从事其他娱乐活动，比如看电视，说不定结果也一样。不过，堪萨斯大学团队最近开展的一项研究显示，看电视达不到同样的效果。研究中总共有 90 名切除阑尾的患者，所有患者都可以看电视，但其中有一半患者床边还摆着一株开花植物，他们被随机分配到有花和没花的房间。在他们的术后恢复期，房间内有鲜花的患者说他们的情绪更好，不那么焦虑，血压和心率也更低，他们服用的止痛药也显著减少了。研究人员由此得出结论，开花植物是手术后康复病人"廉价且有效的药物"。他们还说，植物的存在，会让病人把医院视作一个充满关怀的地方——换句话说，绿色植物和鲜花让人萌生信任与慰藉之感。

前几章中讨论的自然对健康的所有益处当然都跟这些研究结果一致，不过，在医院环境中格外重要的是，希望和恐惧等基本情绪可以极大地影响病人的体验，有时候甚至会影响治疗结果。花园与开花植物的存在，意味着这是有人照料的地方，这会产生一种"安慰剂效应"。"安慰剂"一词的意思是"取悦"，在药物试验中控制组服用的就是安慰剂；医护人员对病人的共情会让病人产生积极的期待，也起到了安慰剂的作用。虽然安慰剂效应完全基于感觉和信念，但对大脑的影响却是实实在在的。在安慰剂的作用下，大脑会分泌内源性内啡肽，而内啡肽具有改善情绪、镇静和缓解疼痛的作用。人们认为，一个令人振奋的建筑物也有类似的效果。这就是为什么建筑作家查尔斯·詹克斯（Charles Jencks）提到"设计安慰剂效应"的原因。他和妻子麦琪成立慈善机构，共同创办了英国麦琪癌症关怀中心，意在对詹克斯所谓的"医院工厂"进行矫正，工作人员都是热心友好的义工。所有的关怀中心都由不同的一流设计师设计，因此每一座关怀中心都呈现不同的美学理念，但它们都利用光线、美感、居家感和花园将安慰剂效应发挥到极致。

我们生病时，生活的妙趣全都被剥夺了。我们被打回到一个简单的黑白世界，在这个世界里，我们会轻易给事物贴上或好或坏、或安全或危险的标签。在一个平静的人眼中无害的东西，在一个处于压力中的人眼里可能完全不同。我们焦虑时，受到一丁点刺激就会把担忧和恐惧投射到周围的环境中。乌尔里克对医院艺术品摆放的效果进行了研究，结果表示，我们必须谨慎地选择艺术品。他发现，在瑞典的一家精神病院，15年来病人只破坏了抽象画，却从未损坏一幅风景画。针对心脏手术康复患者的进一步研究显示，抽象艺术不如自然图像更让人平静，含有直线的画面尤其让人备感压力，也许是因为直线线条会带来一种囚禁或封闭之感。

乌尔里克还举了一个半抽象雕塑的例子。这是设在一家癌症治疗中心的鸟雀金属雕塑，体量巨大，有棱有角。在"鸟雀花园"的规划阶段，没有人注意到雕塑的造型可能会让人感到不适，但所有的"鸟雀"安放到位后，这种不适感就很明显了。超过20%的患者表示对那些雕塑有负面感受——不仅仅是不喜欢——一些人还认为这些雕塑带着敌意，令人畏惧。这些雕塑触到了一些患者对癌症的恐惧，没过多久，医院就将这些雕塑移走了。

鸟雀花园雕塑的例子说明，我们的生活体验受到了想象投射的影响。这种现象被19世纪的德国哲学家罗伯特·菲舍尔（Robert Vischer）命名为"共情"，意思是"感情进入"。菲舍尔创造这个词来表达我们感受外在世界的方式，即我们通过一种"动觉的"或在内部模拟（inner simulation）的方式感受世界。菲舍尔的思想超越了他所处的时代。当时流行的观念是，大脑被动地记录我们看到的东西，就像照相机一样。我们现在知道事实并非如此。我们看着外界的动作行为时，大脑也会模拟这些动作行为。这个复杂的过程源于名为"镜像神经元"的特殊细胞的作用。这些神经元存在于大脑的运动皮层，我们观察到别人的动作时，这些神经元就会放电，就好像我们自己正在做出那些动作，只不过没有把做动作的指令传输给肌肉去完成而已。菲舍尔认为

"共情"就是一个"内在模拟"的过程，事实差不多就是这样的。

镜像神经元有多种不同类型，在母婴关系中发挥着重要作用。镜像神经元帮助宝宝模仿母亲的表情，也促使我们形成共情能力。到目前为止，大多数对镜像神经元的研究主要集中在这些领域，但最近的研究显示，镜像神经元还更多地参与到了我们对周遭物理世界的感受中。这也许没什么好诧异的，因为狩猎采集者要生存，就必须要能察觉环境中的细小动静。意大利神经科学家维托里奥·加莱塞（Vittorio Gallese）领导的研究团队是专门研究镜像神经元系统的主要团队之一。他描述道，"一颗松果落在公园的长椅上，或是下大雨时雨滴溅在植物叶子上"都有可能让这些神经元活跃起来。

内部模拟意味着，我们会以解读肢体语言的方式来解读环境。这一现象解释了我们为何能从身边的事物中获得感同身受的愉悦，也能从大自然的各个角落找到共鸣。我们会入迷地看着一只鸟儿随着气流展翅翱翔，是因为某种程度上我们也在跟它一起翱翔。因为我们的大脑会积极模拟这种体验，所以我们能把自己投射到这只鸟儿身上，就好像我们正在和它一起飞翔似的。

我们生病或者虚弱的时候，看着大自然中运动的事物，会有跟婴儿看世界差不多的效果：婴儿对悬挂的饰物或摇曳的树枝等会动的物体特别着迷。这也意味着，当身体虚弱，身体动作受限时，大脑负责运动的部分仍然会受到刺激，让人感受到愉悦。

杰出的神经学家奥利弗·萨克斯在曼哈顿的贝斯·亚伯拉罕医院工作时，常常带他的病人到马路对面的纽约植物园散步。对于萨克斯来说，在治疗慢性神经性疾病时，有两种格外重要的非药物疗法：音乐和花园。他写道，这是因为二者"对我们的大脑都有镇静和整理的作用"。他观察到，帕金森病和抽动症等神经系统疾病的患者，处在自然环境中时症状会偶有缓解。对于其他疾病的患者，比如老年痴呆症和多动症患者，大自然也会起到镇静和让人专注的效果。这可能是因为神经系统紊乱时，我们对大自然的固有神经反应会更清楚地表现出来。无论如何，萨克斯都认为这些体验让大脑直接发生了改变。"大自然对健康的影响，"他说，"不仅仅发生在精神和情绪层面，也存在于身体和神经系统层面。我毫不怀疑，这些影响表明，大脑的生理机能发生了深层次的改变，甚至大脑的结构或许都被改变了。"

萨克斯的观点得到了近期一些研究结果的证实。譬如，人们发现开花植物与花园环境能提升大脑的 α 波，从而改变大脑的放电活动。α 波是一种神经性的营养素，促使大脑分泌让人镇静、抗抑郁的神经递质血清素，从而改善情绪。

室内环境往往是静态的，没有什么变化，而神经系统总能感知差异和变化。我们需要感官刺激，这能让我们感到自己还活着，但在过度刺激和刺激不足之间有一个理想的平衡状态。比如，林间的风声、轻柔的水声，这些都让人感觉舒适放松，因为在可预测的范围内，这些声音是无限变化着的。我们在自然界找到的图形花纹，也是对大脑的温和刺激。自然界的事物形态展示了一种名为"自相似性"的几何学，相同的图案会以不同的尺寸大小反复出现，就像音乐的主题变奏一样。众所周知，树的结构也许最清楚地展示了分形图案。树的各个组成部分，从叶脉到树干与根部，都有着相似的分支结构，而每一个结构又有细微的不同。人脑本质上就是一个寻找规律的器官，需要从大量输入的感官信息中迅速做出预测判断。分形图案能让大脑的工作变得更容易，因为它很容易预测，我们只要扫一眼，视觉皮层就会自动填空，拼凑出一幅更大的图像。

这些图形使自然景观更有助于所谓的"流畅的视觉处理"，也就是说我们无需过多的目光聚焦，轻松扫一眼，就可将整个环境纳入眼底。荷兰瓦赫宁根大学的环境心理学家阿格尼丝·范登伯格（Agnes van den Berg）研究分形图案，她认为我们在大自然中能感到放松，分形图案功不可没。她解释道，人工建造的环境充满了不规则的、棱角分明的图形，研究表明我们扫视这些图形时，需要多次目光聚焦来整理这些视觉信息。我们并不知道我们的眼睛在这样做，但同样，这也意味着我们需要耗费更多的能量来处理我们观看的东西。相比之下，理解自然就没那么费力了。或许正如范登伯格所说，"自然让大脑很放松"。当身体患病且能量很低时，我们接受的感官刺激需要在适当的水平上，不能太强也不能太弱，大自然中的温和图形就是最合适的了。

大自然也会唤醒我们的情感生活，但无论我们多么了解自然刺激对我们神经系统的影响，在这一方面，我们仍然所知甚少，而且这取决于我们自己的心境。有时候，我们在看，却视而不见；我们在听，却充耳不闻。热爱幻想的画家兼诗人威廉·布莱克（William Blake）明白，我们对世界的体验深受大脑感受力的影响。他写道："让一些人感动得流泪的树，在其他人眼里只是一个挡路的绿东西。"

作家伊芙·恩斯勒（Eve Ensler）记录了她住院时与一棵树的非同寻常的邂逅。不过，最开始的时候，正如布莱克说的那样，她窗外的树只是一个挡视线的"绿东西"。恩斯勒那时刚被查出子宫里长了一个巨大的恶性肿瘤，病情十分堪忧。在《世界的身体》（The Body of the World）中，她讲述了自己在极度疲惫的状态下入院的事。她的病房干净漂亮，十分惬意，但窗外视野不那么好，被一棵树给挡住了。她太虚弱了，不能看电影，也没法给朋友打电话，只能躺在病床上，看着那棵树。她以为自己会无聊得发疯，这棵树让她非常气恼。她说："我在美国长大，看重的都是未来、梦想、创造，没有当下。当下的东西没有价值，当下已经存在的东西只有制作成别的东西，或者开发出别的价值，才有价值。"以这样的思维模式看问题，一棵树只有砍了作为木材才有价值，换句话说，只有它死了才有价值。

开始的几天就这么过去了，恩斯勒的眼睛对自然毫无反应。接着，事情发生了一些变化，她不再把这棵树看成障碍，而是带着各种细节的活物："周二，我仔细琢磨树皮；周五，则是黄昏的阳光下，叶子闪烁的绿意。好几个小时中，我忘记了自己，我的身体、我的存在都与那棵树融为一体。"在这个世界上她竟与一棵树形成了如此亲密的连接，这是从未有过的体验："躺在病床上，看到树，进入树，找到这棵树天然的绿色生命，这就是觉醒。每天早晨，我都迫不及待地去关注这棵树，我想让它带走我。在光、风和雨的作用下，它每一天都不一样。这棵树是一剂良药，是一种疗愈，是导师，是教诲。"那棵树就像一直陪在她身边的朋友，让她从它身上学到东西，治愈了她毫无反应的眼睛。恩斯勒开始做化疗时，"柔美的白色五月花开始绽放"，让她欢喜不已。

恩斯勒一直以来都觉得和自己的身体、和大地很隔膜。她在童年和成年后都遭受过性侵，从小到大没有意识到自己的身体需要呵护。多年来，她渴望与母亲建立联系，却找不到一个"入口"。因此，人生逆旅，她觉得自己从来都只是一个"访客"，而不是一个"居民"；但这棵树却改变了这一点，树只是站在窗外，对她没有任何要求。不过，她发现了栖息在那棵树上的方式——很难解释清楚这是如何发生的，但她觉得自己又把母亲找回来了。

没有多少人会花几个小时盯着一棵树，恩斯勒以前当然也不会。但生病迫使我们停下来，放慢脚步，重病更会让我们做一个大的调整。我们已经走过分水岭，生命永远回不到从前了。需要治疗的不仅仅是身体，我们需要重新评估人生中的重要事件，需要调整事情的优先顺序，并以与原来不同的方式前行。

恩斯勒的觉醒和她新发现的连接感尽管十分震撼，却并非她一人独有。一篇近期发表的研究显示，许多癌症患者在生病期间，都与大自然形成了全新的关系，而且，花时间亲近大自然有助于形成一种崭新的对生活的认识。我们在疾病中，从他人那里获得支持来做出改变是非常重要的，但最终我们必须自己做出改变。在自然环境中，我们周围都是鲜活的生命，这会带给我们独处却并不孤独的感觉，而且这种方式的独处会给人慰藉。

我采访英国慈善机构霍拉肖花园的联合创始人奥利维亚·查普尔（Olivia Chapple）时，她就强调了"独处而不孤独"的感受在治疗方面的重要性。霍拉肖花园在英国各地的脊柱损伤治疗中心创建和维护花园。在过去的 8 年里，奥利维亚·查普尔亲眼见证，那些生活被残疾所改变的人，从美丽的花园那里获得了巨大的安慰。尽管脊柱损伤患者需要住院半年到一年，但以前他们唯一可去的户外场所是柏油地面的停车场。

设计师克利夫·韦斯特（Cleve West）在索尔兹伯里区医院

的康沃尔公爵脊柱治疗中心打造了第一座这样的花园。在他初次到访治疗中心时，他躺在床上，坐在轮椅上，要别人推着他到处走走。他惊讶地发现，地面上每一个凸起他都会感觉到，这种感觉非常不舒服，而且他觉得十分无助、无奈。在他设计花园的过程中，这段经历给了他一个全新的视角。

与患者的初步访谈显示，他们最想要的是一个逃离治疗环境的地方。他们对环境的两大首要需求是"美丽"和"便利"。康复计划主要关注病人的生理需求，而不是情感或社会需求，因此，工作人员最初将花园界定为一个能使身体治疗效果最大化的手段。但是，患者更强调他们需要情感支持，他们渴望有一个地方，不必进行"治疗"，而只是暂时地回到"正常"生活。

患者对美观和便利的头号需求成为了韦斯特设计花园时考虑的核心问题。他打造的花园里种满了多年生植物，这些植物使得花园富有层次感，并且随季节呈现不同的状态和色彩。花园的一边有一个苹果树长廊。在花园里，夏天，患者可以躺在斑驳的树荫下休息，听着附近那条长长的石溪轻柔的水声。虽然花园里还有一个温室，还有物理治疗的空间，但这个花园并不像一个让你来"做事情"的地方，而只是邀请你待在这里。我坐在横穿花园的一堵长长的弧形石墙边望着远处的青山，惊讶地发现，待在这里几乎能让人忘记自己身在医院中。

这个慈善机构是退休家庭医生奥利维亚和她身为神经外科医

生的丈夫大卫·查普尔共同创立的，但如果不是因为他们的长子，也不会有这个机构。霍拉肖 16 岁的时候，在索尔兹伯里医院的脊柱损伤科当志愿者。看到患者缺乏户外活动的空间，他越来越感到担忧，而且，他无法理解，为什么似乎没有人意识到，接近自然是人类最基本的需要。然后，他发起了一场募捐活动，打算在医院大楼旁边的荒地上建一座花园。可是那年夏天，霍拉肖在一次校外活动中不幸死于一场事故。此后，他的父母决定实现他的愿望，两年后，他所构想的花园诞生了。

英国有 11 个脊柱损伤治疗中心，2012 年以前，这些治疗中心没有一个设有花园，但现在有 6 个治疗中心建有花园。每一个治疗中心都设在乡村，占地辽阔，对于患者来说，前去就医就意味着远离朋友和家人。脊柱损伤是非常严重的疾病，会彻底改变一个人的未来。人际关系、工作、爱好——没有什么不被影响，生活处处受到限制，让人很难看到前进的希望。病人的身体需要进行大幅度的调整，心理也是，他们必须要面对那种可怕的与世隔绝的孤独感。

奥利维亚说道，病人经历了治疗初期漫长的完全卧床休养阶段后，第一次坐在轮椅上被推到了花园里，在经历了那些磨难后，他们看到了天空，感受到了温暖的阳光。这是一次具有里程碑意义的体验，让许多人潸然泪下。格雷格才 20 岁出头，就在一次车祸中受了重伤。他说道，在植物身边，在树林间，呼吸着新鲜空气，第一次体验到了重获自由的感觉。他告诉我："那时，我再也不是医院的附属品了。"他可以从花园中获得慰藉，这有助于他恢复自我认同感。如他所说："我又找回了自己。"简简单单的一句话，却传达了花园带来的最深刻影响。的确，在与大自然的联系中，我们与自己连接上了，有时候甚至触及到了我们最核心的存在。

奥利弗·萨克斯在他的书《独立》（*A Leg to Stand On*）中描述了自己在自然中找回自我的体验。在一起事故中，他的左腿受了重伤，他记录了事故发生后自己困在医院、感觉剥夺[1]的经历。在一个没有窗户的病房里，他待了三周，与世隔绝，觉得自己的内心在萎缩。最令人震惊的是，这一切来得如此之快。他写道："我们大谈特谈'病院收容'，却丝毫没有从个人的角度考虑病院收容意味着什么———一个人生活的所有领域都在收缩，悄然发生，全面波及……这种情况会迅速发生在任何人身上，发生在我们自己身上。"

1　心理学上的感觉剥夺实验（sensory deprivation experiment），指的是把人放在一个没有任何外部刺激的环境中，使被试的某些（或全部）感觉能力暂时处于无能为力的状态下进行研究。缺少感官刺激后，受试者会出现感觉剥夺的各种病理心理现象：出现视错觉、视幻觉，听错觉、听幻觉，情绪不稳定，紧张焦虑等。可见丰富的、多变的环境刺激是有机体生存与发展的必要条件。在于特殊环境下工作的人如沙漠远征的人、流落孤岛上的人身上易发生感觉剥夺现象。此处是指说话人在医院中因缺乏感官刺激而产生的种种不适体验。

去康复室的前一天，萨克斯已经一个月没有出门了，他坐着轮椅，被推到外面的花园里。这种逆转的感觉是如此迅速和强烈："那是一种纯粹而强烈的喜悦、一种祝福，阳光洒在我的脸上，风掠过我的头发，去听鸟儿的鸣叫，去观看、去触摸和抚弄鲜活的植物。在我经历了可怕的孤独与隔绝后，我再次和大自然建立了必要的联系和交流。来到花园中时，我内心干涸的那一部分，又不知不觉地活了过来。"塞克斯写道，生病或受重伤意味着你需要一个"过渡空间"，一个"安静的地方"，一个"避风港"，一个"庇护所"，你不能"马上就被抛回这个世界"。

对格雷格来说，花园作为"过渡空间"，很重要的一点是帮助他在漫长的住院期间保持了与朋友的联系。在阳光下一起共度时光让一切感觉更加"正常"。他说："这是你们都想去的地方。"患者亲属也需要有这种感觉，因为这样的创伤影响到了整个家庭。每一个霍拉肖花园都是不同的，但都有僻静的地方和角落，患者和探病的人在相对私密的地方待在一起。花园是格雷格想去的地方，也帮助他把没完没了的、重复的康复训练坚持下来了，比如拾起钉子放进盒子里。格雷格并不是唯一一个感受到这些益处的人。许多人都可以证明，他们从花园中获得了宝贵的支持，大自然的美帮助他们度过了漫长而缓慢的康复疗程。

对于目前正在脊柱损伤治疗中心接受治疗的病人来说，病房与外面的世界似乎有一个无法逾越的鸿沟，但花园把外部世界带了进来，就像是架起了一座桥梁。霍拉肖花园中给苗圃除草、照护植物的志愿者也非常重要。他们都是熟面孔，所以病人们会渐渐认识他们。这就有了一个"正常"对话的机会，比如分享赏花的快乐。患者还可以练习谈论他们的受伤情况，为他们的最后出院做难得的准备。有时，患者自己会回来做志愿者。看到一个坐在轮椅里的人在花园干活，生活已经发生了改变，对于新入院的患者来说，这是很有裨益的。花园能将人们召集在一起，尤其在夏天，人们可以在花园中聚会。霍拉肖花园会举办音乐会、食品和植物交易会，一些患者选择回到这里举办婚礼，或者在这里举行洗礼，这就是这座花园在他们生活中的意义。

疗愈花园是一种健康干预手段，作为一种治疗形式，需要设计者谨慎地为使用它的人量身定做。对于脊柱损伤患者来说，他们最重要的需求就是地面和门槛一定要光滑平整，因为最细微的震动都会引发痛苦的肌肉痉挛。此外，花园越美、植物种类越多越好，当然前提是病人能有阴凉的地方可用。

位于伯克郡雷文斯伍德村的帕梅拉·巴内特中心提供了一个不同类型的花园，该花园也经过精心设计以满足住院病人的需求。该治疗中心里都是有严重学习障碍的成年人，他们不仅非语言沟通能力受损，还无法言语，这让他们以任何方式沟通都极其困难。低刺激让大多数人十分痛苦，他们需要大量的感官刺激，缺乏这种刺激时，他们就会用力地敲打东西来制造刺激。

然而，大自然能够与他们沟通。植物、鸟类和昆虫的动态、声音和触感，带给他们无穷的乐趣。专事医疗环境设计的英国绿石设计公司设计师盖尔·苏特·布朗（Gayle Souter-Brown）和凯蒂·博特（Katy Bott）设计的花园呈现出最丰富多变的样貌，有许多不同种类的观叶植物、鲜花和可食用的水果。花园的结构以曲线构成，交叉的小径仿佛在邀请行人进入探索。花园里，不同的区域有不同的特点：有小小的沼泽区，有禅意花园，还有一个鱼池和一片小小的草地。住院患者沉浸在种种感官刺激中，体验到在户外的自由感。这个花园也被用来做一种叫做"增强互动"的治疗。治疗师和患者坐在一起，试图与患者的情绪状态产生连结，并对他的呼吸、发声、眼部动作和其他身体表现做出回应。就像母婴之间的镜像关系一样，这成为相互交流的基础。自然对神经系统的镇静和组织作用是显而易见的。比起在室内，在大自然中，治疗师更容易接近患者，也更能与之交流。

在高高的树篱另一边，是另一座疗愈花园，隶属于泰格治疗中心。这两座花园真是天壤之别。两座花园均出自同一设计师之手，然而这一座却十分空旷，充满直线线条，没有太多的感官刺激。这里的患者有相当严重的自闭症，就连大自然也无法让他们平静下来，甚至还会起到反作用：丰富多变的自然界会唤起他们极度的焦虑感。这类患者需要高度可预测的环境，这就意味着，不能有花朵，不能有果实，不能有会变色和凋落的叶子，不能有任何会在一夜之间发生变化的东西。尽管室内环境更容易预测，但是并不一定比自然更使人平静。患者们很容易感到局促，变得十分烦躁，会长时间地走来走去。这个时候，花园里的常绿空间对他们来说最合适不过了。待在户外有助于驱散他们的负能量，在秋千或者跷跷板上活动一小会儿后，他们就能够安静下来了。

泰格治疗中心的花园是疗愈花园的一个特例。通常情况下，疗愈花园的花草植物种类越丰富，疗愈效果就越好。草地与人工地面的比例也很重要，大约 7：3 效果最好。如果绿色植物太少，花园就没有那么让人放松，作用就不大。花园中植物种类的丰富多样也有助于引入野生动物，并最大限度地发挥花园作为一个微缩宇宙的治疗效果。

手术后，我自己也体验到了花园的治愈效果。谢天谢地，我的手术进行得很顺利，我出院回家了。回到熟悉亲切的世界，真是让人大大松了一口气，但由于我暂时还行动不便，我的活动范围被极度压缩了。曾经我可以自由自在地漫步在花园里，现在花园就像是另一块大陆。每天，我都待在屋子旁的一个阴凉地。让我惊讶的是，尽管植物让我心情愉悦，但那不是最主要的，真正带给我快乐的是那些鸟儿。

我坐在那儿，享受着深秋的阳光，那些小鸟——主要是蓝山雀[1]和煤山雀[2]——开始无视我的存在了。它们越这样，我就越仔细地观察它们。这些小鸟会小心翼翼地靠近我们的喂鸟器。一开始，它们站在旁边的树枝上。我看着它们东瞅瞅西瞅瞅，检查周围环境是否安全，然后再从树枝上飞下来，直奔食物。它们做决定的过程很有意思，耐人寻味。每只鸟的表现都略有不同——有些小鸟比其他鸟更迟疑，不过它们都非常小心。有那么一小会儿，我沉浸在它们的世界里，忘记了自我。

很快，我可以活动了，便开始探索花园的其他角落，不过我还是需要拐杖。就像鸟儿一样，我十分小心谨慎。有一天，我鼓起勇气去了温室，一打开门，眼前的景象完全出乎我的意料：温室花架上那一排番红花[3]居然盛开了！那一刻，我马上想起来，就在摔伤前几周，我买了这些球茎。那时候我在花市上一时冲动想种番红花，于是买了些球茎。后来发生了太多事情，我早就把这些球茎抛到脑后去了，没想到收获了一个大大的惊喜！它们娇

---

1 蓝山雀（*Cyanistes caeruleus*），又名蓝冠山雀，为雀形目山雀科蓝山雀属的一种鸟类。蓝山雀有蓝色的冠，前额呈白色，眼睛间有一条蓝线，胸部有条深色直纹，双翼上有一白间。

2 煤山雀（*Periparus ater*），是一种栖息于针叶林的小型鸟类，体长约11厘米，头顶、颈侧、喉及上胸呈黑色。

3 番红花（*Crocus sativus*），又称西红花，是一种莺尾科番红花属的多年生花卉，其雌蕊柱头被称为"藏红花"，同时被用作上等香料，为多年生草本植物。

艳欲滴，淡紫色和紫色的花瓣已经完全绽放；但最让我震惊的，是花里丝带般纤长的红色柱头。几天后，我又来到温室，开始收集那些珍贵的深红色细丝。有条不紊的工作让我平静，自从我摔伤后，这是我第一次觉得自己在做一些有价值的事情。那天晚上，我在美味的番红花烩饭中加了点这些细丝，就更不辜负这一切了。

出院后与家人朋友们又聚在一起，我感到无比激动，十分幸福，但也会谈到我摔伤的种种细节，而我自己才刚刚开始处理这些事情。相比之下，在温室里，我不需要讲什么故事，也不需要处理什么记忆或者感受。我发现了独处的疗愈效果——我是一个人，又不是一个人——这里有我和花儿。我发现了番红花，收获了花粉，那是纯粹而简单的快乐。

第十三章

绿色导火索

通过绿色导火索催动花朵的力
催动我绿色的岁月……

——狄兰·托马斯

五月总是我们花园最绿意盎然的时节。绿树和青草似乎都在展示着生命的强大脉动，大地生机勃发。不过，直到我从肯尼亚北部的一个慈善项目考察回来时，我才被这种生机盎然的景象深深触动。

　　汤姆和我在图尔卡纳（Turkana）待了两个星期，访问一个名为"沙漠农田"的项目。这个成就显著的项目是西班牙、肯尼亚传教士与以色列土壤学专家小组携手打造的，其中，以色列土壤学专家团队研发和推广了在干旱地区实现可持续耕作的创新技术。在图尔卡纳的两个星期里，我们探访了当地种植蔬菜水果的名为"香巴园"的农场。

　　图尔卡纳人一直以来都是具有超强适应力的民族。他们身材高大，长相独特，女性脖子上戴着由五颜六色的珠子做成的宽大高领。他们的歌舞一代代流传至今，延续着游牧民族的生活方式。他们的传统生活方式长期以来被边缘化，现在土地受到气候变化的严重影响，这种生活方式更是越来越难以为继。气候变化的规律发生了改变，季节性的降雨不再准时，供牛羊食用的牧草变得匮乏。我们抵达那里的时候，当地已有将近一年没下雨了。我们在村里遇到的许多儿童明显营养不良，路上随处可见一头头死去的山羊。看到这些景象，实在让人难以置信，东非大裂谷的这片区域竟然曾是我们祖先生活的理想之地，有时也被誉为人类的摇篮——这里与埃塞俄比亚接壤，靠近奥莫河，正是在这里人们发现了最早的人类骸骨。

现在游牧生活难以为继，人们已经在社区定居下来，继续住在他们传统的小木屋里，但在一定程度上还要依赖粮食援助。这片土地虽然古老，却从没有被人开垦、耕种过。从远古时代起，这里的人们就过着放牧和采集的生活，但在新建的香巴园农场里，男男女女正在学习栽种可食用的食物。

现在，这里的30来个不同社区中共建有150座蔬果园和小农场，更多的还在规划中，所有这些蔬果园和农场都利用太阳能或者风力泵将地下水抽到地表，然后用滴灌的方式节省地对各处田地进行浇灌。这里是山区，多岩石，气温高达40℃，风很大，很干燥，这样恶劣的条件其实不适合栽种植物。该项目的成功，要归功于以色列专家团队针对沙漠种植所打造的专业、合适的灌溉系统，还有已经在这里工作超过25年的传教士对当地的了解。

在菜园里，甘蓝、菠菜、豆子、番茄和西瓜等蔬菜水果长势正好，与远处辽阔的干旱焦枯景象形成天壤之别。看着人们在如此恶劣的条件下劳作，让人备受鼓舞，也颇受启迪。就在我们的考察活动快要结束的时候，天上开始聚集乌云，每个人都怀着满心希望，可最终，他们迫切渴望的雨还是没有落下来。尽管我非常想回家，但离开这里还是令我感到难过。

我回到家，走进花园，感觉怪怪的，仿佛自己还在旅途中。我们的花园四周是高高的鹅耳枥[1]，即便在最阴沉的日子里，花园也像平静的绿色房间，而那天早晨，在阳光的照耀下，树叶明晃晃地闪烁着。我沿着青草小径，绕着花田和菜地走着，仿佛出了神，陶醉于这满眼欣欣然的绿意中。

我一边走一边琢磨着，古代游牧民族穿越沙漠，抵达长着棕榈树的绿洲，看到天堂般的花园，看到大地绽放的绿色奇迹，他们心中会涌起怎样的感动？亲眼看见了那片如此干涸龟裂的土地，我才感到深深的震撼。我终于明白了，为什么宾根的希尔德加德一再强调"干旱"是对生命的挑战，而且，我第一次真正懂得了她所谓的"绿色导火索"的力量——绿色的生命力（viriditas）——也明白了缺少它会是什么后果。几天后，人们渴望已久的甘霖终于降临图尔卡纳，在焦干的大地下休眠的生

1　鹅耳枥（*Carpinus*），被子植物门、桦木科下一个属的植物，该属均为乔木或小乔木，少数物种为灌木植物。

命也蓄势待发。不到一周，那里荒芜的土地从棕色变成了绿色。不过，土地还需要漫长的时间来恢复，而未来还有更多干旱的日子。

在这个气候危机严峻、人类远离自然的时代，我们再也不能继续回避人性与自然、人类健康与地球健康之间的联系了。我们过去是怎么做的呢？过去，人们会花时间思考这些真理，他们经常思考生命的奥秘，而且常是在花园里思考。事实上，花园的起源可以追溯到古波斯帝国。当时的花园为人们提供了一方休憩之地，让人们暂时远离沙漠的炎热和沙尘，花园的设计也旨在让人们得到身心两方面的滋养。花园与周围严酷、干旱的环境形成了鲜明对比，一定程度上就能达到滋养身心的效果。坐在花园宁静的树荫下，听着流水声，周围绿意盎然，会让人体验到一种宁静丰盛的感觉，不由得对这欣欣向荣的大地萌生一份感恩之情。

自古以来，花园就帮助人们在"动"与"静"这两种状态之间架起了一座桥梁。现代社会中，我们似乎长期以来都无法实现这两种状态的健康平衡。而且作为花园这个微观世界的创造者和塑造者，园丁会忽略花园自身也是有生命的。我最初开始栽种植物时，满脑子都想着结果，所以我每次走出门，都会不由自主地检查花坛，看看还有什么需要做的，同时心里还在琢磨一个待办清单。我开始意识到，我已经掉入了一个忙于做事的陷阱，于是我学着珍惜只是静静地待在花园、什么也不做的时光。

一天当中，我最喜爱清晨的时光，可以赤脚走在挂着露珠的草地上。花儿和树篱整夜都在生长——在这一段时间里，植物在悄悄生长。在清晨的第一缕阳光下，花园更像是植物的，而不是我的。即便杂草开始蹭蹭地冒出来，也用不着现在就除掉，因为今天还有很多时间，而且那些时间都是用来忙碌做事的。夜晚，朦朦胧胧的阴影中，又仿佛有精灵给花园注入了别样的生机，这时你在黑暗中看不到杂草，也无法劳作。

我们花园的周围就是一大片草地，在那里我们采取了完全不同的耕作方式，主要是退一步，把一切交给大自然。英国乡村的一大憾事，就是野花原野的消失——在过去的 70 年中，有 97% 的野花原野消失了。打造草地，就要创造条件让植物可持续地再生。除了每年晾晒一次干草外，30 年前我们首次播种后，唯一采取的干预手段就是种植了鼻花[1]。鼻花俗称"农民的敌人"，它能够削弱强势青草的力量，否则那些杂草就会淹没花朵并降低原野上植物的多样性。剪秋萝[2]、矢车菊、山萝卜、锦葵与鹅肠菜[3]不

1　鼻花（*Rhinanthus glaber*），玄参科鼻花属植物，植株直立，高15~60厘米，一年生的草本野花。

2　剪秋萝（*Lychnis fulgens*），石竹科剪秋萝属多年生草本植物，高50~80厘米，全株被柔毛。根簇生，纺锤形，稍肉质。茎直立，不分枝或上部分枝。

3　鹅肠菜（*Myosoton aquaticum*），石竹科鹅肠菜属二年生或多年生草本植物，具须根。

过是原野上多种多样的植物中的几种，这片草地真正的神奇之处在于这是一个理想的栖息地。

随着时间的推移，一块没有树木、没有产出的荒芜麦田变成了野生动物的天堂。夏天，昆虫数量激增。草地吸引了大理石条纹粉蝶，它们成群结队地在空中飞舞；还有惹人注目的斑蛾，它们黑色的翅膀上长着十分抢眼的鲜艳红点；还有精致艳丽的蓝灰蝶，可惜现在已不太常见，不过它们现在在这里繁殖。啄木鸟经常来访，品尝这里的蚁群；鹧鸪和野鸡在安全的草地上筑巢。

这种园艺活动，不专注于"有为"，而强调对大自然的"无为"。当然，园艺活动并不总是在保护资源，也并不总是对环境友好。从花园的发展史中，我们可以清晰地看到人类主宰自然的观念的演变。我们看到，在不同的时代，人类在花园中或是驯服和约束了自然，或是改善和美化了自然。随着耗水量大、喷施了除草剂的绿色草坪出现，我们发现，大自然在花园中枯竭了。现在，我们身边正暴露出越来越多的自然危机，花园的修复功能开始受到关注。花园野生化运动的影响意味着，园艺工作的重点不是对自然的掌控，而是对自然的抢救和恢复。

与此同时，我们理解和描绘自然的方式也在发生改变。到目前为止，诸如"弱肉强食""适者生存""自私的基因"等思想已经深深影响了我们对自然的思考。这些说法在过去的时代也许是适合的，同时也意味着促进共存的其他力量相对来说被人们忽视了。可是现在，以前被认为"另类"的想法渐渐成为主流。比如，在植物学研究中出现了一个全新的研究植物沟通的领域。我们现在发现，树木构成群落，通过地下真菌网络彼此"合作"；一些植物会向群落中的其他植物发出警报，警惕昆虫和其他害虫的威胁；向日葵也竭力将自己的根系与邻居的融为一体——植物世界为了改善整体的生存状态以各种方式进行了自发组织，而整体共存正是我们当今面临的紧迫问题。

气候危机与生物多样性危机息息相关。全国媒体都报道了鸟类、蝴蝶和蜜蜂数量的减少，但这只反映了很小一部分的大自然枯竭问题。气候变暖、栖息地丧失、农用化学品的过度使用以及其他污染的破坏性影响，已经严重破坏了维护地球健康的生命网络。最近，生态学家开始监控家庭花园里的动植物状态，发现花园可以像生物多样性热点一样，成为许多物种的栖息地，花园中的物种数量远远多于周围村庄里的物种数量。然而，与此同时，英国住宅的房前花园正逐渐被停车位所取代，现在有三分之一的前院花园中根本就没有任何植物。

即便是小小的花园，也可能包含各种栖息地，供野生动物栖身。花园实际上是大自然的安全屋，无论是在贫瘠的乡野，还是在环境恶劣的城镇，野生动物都可以在花园中找到庇护。人们发现，城市花园中鸟类的密度是全国鸟类平均密度的六倍，花园中种类繁多的开花植物吸引了许多不同种类的授粉者。在花园里无人关注的角落，如树枝堆、腐叶和枯木桩都成了蚂蚁、潮虫和甲虫的天堂。

许多花园的土壤里都有大量种类繁多的微生物、真菌、蠕虫以及其他生物，呈现出健康的生物多样性样貌。相比之下，农业用地的土壤往往相当贫瘠，人们已经使用了几十年工业农耕技术，这意味着，从第二次世界大战以来，全球超过三分之一的表土层已经流失。表土是宝贵的资源，没有它植物就长不好，而且一旦流失，需要 500 到 1000 年才能重新形成。古苏美尔人就是缺乏对土地的照护，所以导致了土壤退化；古罗马人也同样忽视了土地的需要，结果庄稼歉收，导致了他们的衰败。到了现代，北美大草原在 20 世纪 30 年代的尘暴灾难中惨遭破坏。现在，我们还在犯同样的错误，而程度比之前深得多，影响规模大得多。

地球面临的巨大问题正在恶化，这难免触发人的无助感，导致所谓的"气候悲伤"或者"环境忧郁症"。面对这种情况，我们一方面希望大事化小，抱着最乐观的希望；另一方面又陷入绝望，什么都做不了。不管走向哪个极端，我们失去了与大地的连接，失去了最基本的滋养来源，都会对我们的心理产生消极影响。我们将难以享受自然之美，难以对生机蓬勃的自然怀有感激之心。娜奥米·克莱恩写道，英国石油公司在墨西哥湾的漏油事件发生之后，她就丧失了在大自然中感受欢乐的能力。她写道，"那种感觉越美妙，越令人心醉，我就越为它的注定逝去而悲痛——就像一个人因为无法停止对注定的心碎的想象而再也无法投入去爱一样。"在她看来，大自然已经无法修复了。她写道："望着不列颠哥伦比亚阳光海岸的海湾，那个生机勃勃的地方，我会突然想象它荒芜的样子。"她说，这就像是时时生活在一种"即将失去"的状态中，这意味着，在真正的忧郁中，她与一种也许能带来滋养的东西失去了连结。

地球现在的状态难以为继，同样，我们的生活方式在心理层面也是不可持续的。抑郁症现在已经超过呼吸系统疾病，成为了全球健康问题和残疾的首要原因。虽然心理问题的加剧与气候悲伤没有直接联系，却也不是毫不相干，因为各种问题都互相纠缠在一起了。人类对大自然的繁盛没有起到积极作用，在同样的心态下，人类也忽视了自身的繁荣需要些什么。通过这个问题，我们可以思考耕种与栽培的意义何在。

伏尔泰永恒的训诫"我们必须耕耘自己的园地"，是他的小说《老实人》（*Candide*）的结论。这本小说发表于 260 多年前，却与我们现在的时代遥相呼应。《老实人》写于所谓的第一次现代灾难——里斯本大地震之后，那场悲剧震碎了当时人们广泛持有的文化想象。

当时的里斯本是世界上最富有、人口最多的城市之一，却在 1775 年被史上最致命的一次地震彻底摧毁了。地震波引发了海啸，随后火灾吞噬了农村。如此大规模的灾难让人们对平稳运行的发条宇宙[1]产生了质疑。"发条宇宙"这个概念来自牛顿物理学，也为 18 世纪的思想埋下了基础。发条宇宙模型在我们现在看来似乎很荒谬，却是西方普遍存在的用机器比喻各种事物的一个例子。到了我们这个时代，就轮到了用计算机比喻大脑，而我们也发现了机器并不能与自然等同。比喻有一种强大的力量，可以让我们的思想更深刻，也可以限制或者扭曲我们的思想。生物圈之所以会面临危险，就是因为人类没有尊重自然，没有把自然看成有生命的系统，从这个意义上说，我们正在目睹"发条宇宙观"带来的深远恶果。

伏尔泰强烈反对与平稳运行宇宙相关的哲学和宗教观念，并通过老实人的故事对这些观念进行了一番嘲讽。这本书秘密出版后，马上就成为了禁书，后来又成为超级畅销书。伏尔泰在这个故事中主要讽刺了一种盲目的乐观主义（即莱布尼茨的哲学观），持有这种观念的人总会坚定地假设最好的情况，对最坏的情况轻描淡写，结果就是对令人不安的现实视而不见。这篇小说以迅速发展的事件和荒诞的剧情转折反映了这种现象。故事中，在一个地方被残忍杀害或者受伤的人物又出现在另一个地方，因此整个

---

1 发条宇宙（clockwork universe）：即牛顿所提"上帝创造了世界，使其成为一个完美机器"的观点，人们用它来支持自然神论。

故事读起来就像是魔幻现实主义的先驱。

我们跟着老实人经历了一次次冒险，会发现越来越不能无视这一点：这种盲目的乐观主义让人在面对任何可怕的事情时都不会感到不安。老实人最终明白了这一点，因为他目睹了糖厂一个严重伤残的奴隶的悲惨处境，他震惊地发现，原来蔗糖生产付出的代价如此惨重。他第一次认识到，乐观主义是一种"压根儿就没有好事的时候还声称事事都好的狂热"。老实人的问题在于，没有了乐观主义的保护，他觉得邪恶势力总会得逞——这个想法折磨着他，让他陷入无助与忧郁中。似乎如果不疯狂地否定现实，就只能选择悲观主义。从极度的乐观转为极度的悲观，在这样的压抑心境下，试图改变世界、改变自己都没有任何意义，因为问题太庞大了，太难解决了。

故事的结尾，老实人坐船从马尔马拉海上了岸，那里也正是我外祖父被俘的地方。虽然这个巧合让我想到了特德在一战中的经历，并让这本书又回到了起点，但伏尔泰的读者想到的多半与我不同。在那个时代所流行的想象中，土耳其是一个充满异国情调的地方，提到土耳其，人们总会想到苏丹华丽的花园和随处可见的传统小菜园。

在君士坦丁堡附近的乡村，老实人遇到了一位"可敬的老人"，这位老人和儿女们住在一个小农场里。老人欢迎老实人和他的朋友来家里做客，请他们吃花园里采摘的水果。他们一起享用了橙子、菠萝和开心果，还有自制的雪糕和调味奶油。老实人惊奇地发现这个朴素的农场居然有如此丰盛的产出。他和朋友们一直在进行冗长的哲学讨论，到最后他们都觉得无聊、不安和焦虑。老实人意识到，其实，他们需要耕耘自己的田园。

如今，乐观主义和悲观主义尽管换了面孔，却依然主宰着我们的生活。悲观主义就弥漫在我们身边，尤其是普遍存在的抑郁症和焦虑症，还有世界局势、气候危机、战争和暴力以及对自然、人类的无情剥削所引发的广泛的消极和无助感。和老实人的世界一样，我们似乎生活在一个两极分化的世界里，不是对未来感到极度悲观，就是否定现实，眼睛一直盯着电子屏幕，躲进另一个世界，认为"一切都会好起来"。

花园也许是我们对生命的最好比喻，但它也不仅仅是一个比喻，对伏尔泰来说也一样。《老实人》出版后，在他生命的最后20年里，他践行了自己的想法，投入了大量时间精力来耕耘土地。他在法国东部的费尔奈买下了一个荒芜的庄园，没有按照当时的流行时尚来做精心设计，而是打造了一个多产的蔬果园。他养了蜜蜂，种了几千棵树，其中许多都是他亲手种的。他曾写道："我这一生只做了一件明智的事，就是种地。和全欧洲文人相比，种地的人为人类福祉做出了更有用的贡献。"伏尔泰心里的花园不是退隐避世之地，而是有助于实现人类共同福祉的、非常务实有效的手段。

"我们必须耕耘自己的园地"，意味着我们认识到这个事实：生命必须得到滋养，我们可以通过塑造自己的生活、自己的社区和居住的环境，让生命得到最好的滋养。伏尔泰通过故事教育我们，不要再追求理想化的生活，不要再对问题视而不见，我们应该充分利用身边的资源，过真正的现实的生活。

在这个虚拟世界和虚假事实泛滥的时代，花园让我们回归现实：不是那种已知的和可预测的现实，因为花园总是带给我们惊喜；而是一种不同的现实——一种透过感官和身体认识到的现实，一种激活我们的情感、灵性和认知的现实。从这个意义上说，花园既是古老的，又是现代的。说它古老，是出于大脑和自然在进化过程中的契合关系，而且园艺也是介于采集与农耕之间的生活方式，表达了我们内心深处对一个地方的归属感的需求；说它现代，是因为花园本质上具有前瞻性，园丁总是在设想一个更美好的未来。

耕作可以在两个方向上发挥作用：既对我们的外部世界发生作用，也对我们的内心世界产生影响。照料花园可以成为一种生活态度。在一个技术与消费主义日益占据主导地位的世界中，园艺让我们直面现实，看到生命从何而来、如何维系，生命又是多么脆弱和短暂。现在我们比以往任何时候都更需要提醒自己，首先，我们是栖居在这片大地上的生灵。

注释

有关自然、花园和健康的文献

Bailey, D. S. (2017). Looking back to the future: the re-emergence of green care. *BJPsych. International*, *14*(4), 79-79. doi:10.1192/s205647400000204x

Barton, J., Bragg, R. Wood, C., Pretty, J. (2016). *Green exercise.* Routledge.

Borchardt, R. (2006). *The passionate gardener.* McPherson & Company.

Bowler, D. E., Buyung-Ali, L. M., Knight, T. M., & Pullin, A. S. (2010). A systematic review of evidence for the added benefits to health of exposure to natural environments. *BMC Public Health*, *10*(1). doi:10.1186/1471-2458-10-456

Bragg, R. and Leck, C. (2017). *Good practice in social prescribing for mental health: The role of nature-based interventions*. Natural England Commissioned Reports, Number 228. York.

Buck, D. (May 2016). *Gardens and health: implications for policy and practice.* The Kings Fund, report commissioned by the National Gardens Scheme https://www.kingsfund.org.uk/sites/default/files/field/field_publication_file/ Gardens_and_health.pdf

Burton, A. (2014). Gardens that take care of us. *The Lancet Neurology*, *13*(5), 447-448. doi:10.1016/s1474-4422(14)70002-x

Cooper, D. E. (2006). *A philosophy of gardens.* Clarendon Press

Cooper Marcus, C. C., & Sachs, N. A. (2013). *Therapeutic landscapes: An evidence-based approach to designing healing gardens and restorative outdoor spaces.* John Wiley & Sons.

Francis, M., & Hester, R. T. (Eds). (1995). *The meaning of gardens: Idea, place and action.* MIT Press.

Frumkin, H., Bratman, G. N., Breslow, S. J., Cochran, B., Jr, P. H. K., Lawler, J. J., ⋯ Wood, S. A. (2017). Nature Contact and Human Health: A Research Agenda. *Environmental Health Perspectives, 125*(7), 075001. doi: 10.1289/ehp1663

Goulson, D. (2019). *The garden jungle: Or gardening to save the planet.* Jonathan Cape.

Haller, R. L., Kennedy, K. L. L. Capra, C. L. (2019). *The profession and practice of horticultural therapy.* CRC Press.

Harrison, R. P. (2009). *Gardens: An essay on the human condition.* University of Chicago Press.

Hartig, T., Mang, M., & Evans, G. W. (1991). Restorative Effects of Natural Environment Experiences. *Environment and Behavior, 23*(1), 3–26. doi: 10.1177/0013916591231001

Jordan, M. & Hinds, J. (2016). *Ecotherapy: Theory, Research and Practice.* Palgrave.

Kaplan, R. (1973). Some psychological benefits of gardening. *Environment and Behavior, 5*(2), 145–162. doi: 10.1177/001391657300500202

Lewis, C. A. (1996). *Green nature/human nature: The meaning of plants in our lives.* University of Illinois Press.

Louv, R. (2010). *Last child in the woods saving our children from nature-deficit disorder*. Atlantic Books.

Mabey, R. (2008). *Nature cure*. Vintage Books.

McKay, G. (2011) *Radical gardening: Politics, idealism & rebellion in the garden*. Francis Lincoln.

Olds, A. (1989). Nature as healer. *Children's Environments Quarterly*, *6*(1), 27-32.

Relf, D. (1992). *The role of horticulture in human well-being and social development: A national symposium*. Timber Press.

Ross, S. (2001). *What gardens mean*. Chicago: University of Chicago Press.

Roszak, T. Gomes, M. E. & Kanner, A. D. (Eds). (1995). *Ecopsychology: Restoring the earth, healing the mind*. Sierra Club Books.

Sempik, J. (2010). Green care and mental health: gardening and farming as health and social care. *Mental Health and Social Inclusion*, *14*(3), 15-22. doi:10.5042/mhsi.2010.0440

Souter-Brown, G. (2015). *Landscape and urban design for health and well- being: Using healing, sensory, therapeutic gardens*. Abingdon, Oxon: Routledge.

Sternberg, E. M. (2010). *Healing spaces*. Harvard University Press.

Townsend, M. & Weerasuriya, R. (2010). *Beyond blue to green: The benefits of contact with nature for mental health and wellbeing*. Melbourne: Beyond Blue Ltd.

Wellbeing benefits from natural environments rich in wildlife: A literature review for The Wildlife Trusts. (2018). The University of Essex.

Williams, F. (2017). *The nature fix: Why nature makes us happier, healthier, and more creative*. W.W.Norton & Co.

"注释"中所用缩略语：

SE: The Standard Edition of the Complete Psychological Works of Sigmund Freud 24 vols (James Strachey, Trans.). Hogarth Press, London, 1953-74.

第一章　缘起

（P.4）华兹华斯的引言出自 'The Tables Turned' in *Lyrical Ballads*。

（P.10）"华兹华斯，他已学会"，摘自 'Lines Composed a Few Miles above Tintern Abbey' (1798/1994). *The collected poems of William Wordsworth*. Wordsworth Editions Ltd。

（P.19）塞维索化工厂化学品泄漏事件：1976 年 7 月 10 日，意大利一家化工厂发生爆炸，释放出剧毒物质二恶英，导致米兰北部的塞维索镇受到严重污染。先是动物死亡，四天后，人们开始感到不适，花了数周时间才撤离该镇。

（P.20）抑郁症和焦虑症发病率：2016 年英国心理健康基金会报告指出，根据世界卫生组织的数据，2013 年，抑郁症是全球范围内导致身体失能的第二大原因。2014 年，英国 16 岁及以上的人群中有 19.7% 出现焦虑或抑郁的症状，比 2013 年增加了 1.5%。在 16—74 岁的人群中，抑郁和焦虑等常见精神疾病的发生率从 2007

年的 16.2% 上升到 2014 年的 17%。（英国国家统计署，2016 年）
Adult psychiatric morbidity in England, 2014: results of a household survey。

（P.21）"精神分析思想的先驱"：参见 McGhee, R. D. (1993). *Guilty pleasures: William Wordsworth's poetry of psychoanalysis.* The Whitston Publishing Co。

也见 Harris Williams, M. & Waddell, M. (1991). *The chamber of maiden thought: Literary origins of the psychoanalytic model of the mind.* Routledge。

（P.21）"现代神经科学证实"：参见 Ramachandran, V.S. and Blakeslee, S. (2005). *Phantoms in the brain: human nature and the architecture of the mind.* Harper Perennial。

（P.22）"对华兹华斯和他妹妹多萝西来说"：参见 Wordsworth, D. (1991). *The Grassmere journals.* Oxford University Press。

也见 Wilson, F. (2008). *The ballad of Dorothy Wordsworth.* London: Faber & Faber。

（P.22）"山间角落"，摘自 Wordsworth's poem 'A Farewell', 1802。

（P.22）"平静中回忆起来的情感"，摘自华兹华斯的《抒情歌谣集》序言。

（P.22）一个伴随终生的习惯：参见 *Wordsworth's gardens* p. 35，Buchanan 写道："他一生中都在花园里写诗，在花园小径上一边有节奏地迈着大步，一边大声吟诵诗歌。"

（P.22）"华兹华斯对园艺的热爱"：参见 Dale, P. & Yen, B. C. (2018). *Wordsworth's gardens and flowers: The spirit of paradise.* ACC Art

Books.

也见 Buchanan, C. & Buchanan, R. (2001). *Wordsworth's gardens.* Texas Tech University Press。

（P.23）"花园旨在'协助大自然感动人心'"：参见 *Wordsworth's gardens* p. 35，华兹华斯写给 George Beaumont 的书信。

（P.23）"温尼科特所谓的经验的'过渡'区域"：参见 Winnicott, D.W. (1953). Transitional objects and transitional phenomena., *Int J Psychoanal, 34*(2,) 89-97。

（P.23）温尼科特研究的心理模型：参见 Caldwell, L. & Joyce, A. (2011). *Reading Winnicott.* Routledge。

（P.24）"温尼科特认为游戏是心灵的补给"：参见 Winnicott, D.W. (1971). *Playing and reality.* Tavistock Publications。

（P.25）"在母亲面前独处"，摘自 Winnicott, D.W. (1958). The capacity to be alone. *Int J Psychoanal* 39:416-420。

（P.25）"依恋理论"：参见 Holmes, J. (2014). *John Bowlby and attachment theory* (2nd ed). Routledge。

（P.25）"动物并非像人们以为的那样任意游荡"：参见 Bowlby, J. (1971). *Attachment and loss: Vol. 2. Separation.* Pimlico. pp.177-8。

（P.25）对环境的依恋：参见 Manzo, L. C. & Devine-Wright P. (2014). *Place attachment: Advances in theory, methods and applications.* Routledge。

也见：Lewicka, M. (2011). Place attachment: How far have we come in the last 40 years? *Journal of Environmental Psychology. 31*, 207-230。

（P.26-27）研究表明，儿童感到难过时，会本能地把自己的'特殊'场所当作避风港"：参见 Chawla, L. (1992). Childhood place attachments. In I. Altman & S. M. Low (eds.), *Place Attachment*. Plenum Press. pp. 63-86。

（P.27）"大自然与哀悼者一起哀悼"，摘自 Klein, M. (1940/1998). Mourning and its relation to manic-depressive states. In *Love, guilt and reparation and other works 1921-1945*. Vintage Classics。

（P.28）"深刻影响了人类心理的隐喻"：参见 Lakoff, G. & Johnson, M. (1980). *Metaphors we live by*. University of Chicago Press。

（P.29）"我们的内在世界……"，摘自 Segal, H. (1981). *The work of Hanna Segal: A Kleinian approach to clinical practice*. London: J. Aronson. p.73。

第二章 绿色自然和人性

（P.32）乔治·赫伯特的引言出自诗歌《花》(1633)。

本章和后续章节中对所述案例中的人名和某些性格特征作了部分改动。采访中的对话则来自受访者的原话。

（P.36）"圣毛里留斯的故事"：参见 Thacker, C. (1994). *The genius of gardening*. Weidenfeld & Nicolson. and Jones, G. (2007). *Saints in the landscape*. Tempus Publishing。

（P.37）毛里留斯七年的园丁生活：参见 Butler, A. (1985). *Butler's Lives of the Saints*. Burns & Oates。

（P.38）"本笃会规"：参见 Brooke, C. (2003). *The age of the cloister: The story of monastic life in the middle ages*. Paulist Press。

（P.39）圣伯纳德对疗愈花园的描述，摘自 Gerlach-Spriggs, N.,

Kaufman, R. E., & Warner, S. B. (2004). *Restorative gardens: The healing landscape* Yale University Press. p.9。

（P.39）"绿色生命力"：参见 Fox, M. (2012). *Hildegard of Bingen: A Saint for our times.* Namaste。

（P.40）"修复的情感意义"：参见 Klein, M. (1998). *Love, guilt and reparation and other works: 1921-1945.* Vintage Classics.

（P.41）《孩子与魔法》：参见克莱恩 1929 年的论文 'Infantile anxiety situations reflected in a work of art and in the creative impulse' ibid. pp.210-118。

（P.43）"娜奥米·克莱恩最近所言"：参见 New Statesman interview. (2 July 2017). https://www.newstatesman.com/2017/07/take-back-power-naomi-klein。

（P.45）"三个相同的数学定律"：参见 Conn, A., Pedmale, U. V., Chory, J., Stevens, C. F., & Navlakha, S. (2017). A statistical description of plant shoot architecture. *Current Biology*, *27*(14), 2078-2088.e3. https://doi.org/10.1016/j.cub.2017.06.00 9。

（P.46）"这些具有特异性的细胞同时具有高活动性"：参见 Hughes, V. (2012). Microglia: The constant gardeners. *Nature*, *485*(7400), 570–572. doi: 10.1038/485570a。

也见 Schafer, D. P., Lehrman, E. K., Kautzman, A. G., Koyama, R., Mardinly, A. R., Yamasaki, R., … Stevens, B. (2012). Microglia sculpt postnatal neural circuits in an activity and complement-dependent manner. *Neuron*, *74*(4), 691–705. doi: 10.1016/j.neuron.2012.03.026。

（P.46）"成像技术的最新发展"：参见 European Molecular Biology Laboratory. (26 March 2018). Captured on film for the first time: Microglia nibbling on brain synapses: Microglia help synapses grow and rearrange. *ScienceDaily*. www. sciencedaily.com/releases/2018/03/180326090326. htm。

（P.46）"大脑肥料"：参见 Ratey, J. J. & Hagerman, E. (2008). *Spark: The revolutionary new science of exercise and the brain*. Little Brown。

（P.46）"与抑郁症有关"：参见 One of the therapeutic effects of antidepressants is to raise levels of BDNF, see: Lee, B.H & Kim, Y.K. (2010). The roles of BDNF in the pathophysiology of major depression and in antidepressant treatment. *Psychiatry Investigation, 7*(4), 231–235。

（P.47）"我们是草原物种"：参见 Cregan-Reid, V. (2018). *Primate change how the world we made is remaking us*. Hatchette。

（P.50）"这一观念最初兴起于 18 世纪的欧洲"：参见 Hickman, C. (2013). *Therapeutic landscapes*. Manchester University Press。

（P.51）"一个安静的庇护所，在这里，精神崩溃的病人能寻得心灵的修复或者安全感"，摘自 Samuel Tuke in 1813. in his *Description of the Retreat*。

（P.51）"他认为那些在疗养院院子里干活的精神病患者通常恢复得最好"：参见 *Medical inquiries and observations upon the diseases of the Mind* was published by Benjamin Rush in 1812。

（P.52）"社交处方计划"：参见 Kilgarriff-Foster, A. & O'Cathain, A. (2015). Exploring the components and impact of social prescribing. *Journal of Public Mental Health, 14*(3) 127–34. Bragg, Rachel. et al., (2017). *Good practice in social prescribing for mental health: The role of nature-based interventions*. Natural England Report. number 228。

（P.52）"社区医生威廉·伯德"：参见 van den Bosch, M. & Bird, W.

(2018). *Oxford textbook of nature and public health: The role of nature in improving the health of a population.* Oxford University Press。

（P.52）"大规模调查"：参见 Bragg, R., Wood, C. & Barton, J. (2013). *Ecominds effects on mental wellbeing: An evaluation for MIND*。

（P.52）"在医疗费用上省下五英镑"：参见 Ireland, N. (2013). *Social Return on Investment (SROI) Report: Gardening in Mind.* http://www. socialvalueuk.org/app/uploads/2016/04/Gardening-in-Mind-SROI-Report- final-version-1.pdf。

（P.52）"在过去几十年里，最有说服力的一个发现"：参见 Gonzalez, M. T., Hartig, T., Patil, G. G., Martinsen, E. W., & Kirkevold, M. (2010). Therapeutic horticulture in clinical depression: a prospective study of active components. *Journal of Advanced Nursing.* doi: 10.1111/j.1365-2648.2010.053 83.x。

也见 Kamioka, H., Tsutani, K., Yamada, M., Park, H., Okuizumi, H., Honda, T., … Mutoh, Y. (2014). Effectiveness of horticultural therapy: A systematic review of randomized controlled trials. *Complementary Therapies in Medicine, 22*(5), 930–943. doi: 10.1016/j.ctim.2014.08.009。

（P.52）"病人接受什么治疗是随机的"：参见 Stigsdotter, U. K., Corazon, S. S., Sidenius, U., Nyed, P. K., Larsen, H. B., & Fjorback, L. O. (2018). Efficacy of nature-based therapy for individuals with stress-related illnesses: randomised controlled trial. *The British Journal of Psychiatry, 213*(1), 404–411. doi: 10.1192/bjp.2018.2。

（P.54）"与本笃会的修道院花园一样，布里德韦尔花园有自己的生产工作区……"：参见 Souter-Brown, G. (2015). *Landscape and urban design for health and well-being.* Routledge。

（P.54）"升华"：参见 Freud, S. (1930) *Civilisation and its Discontents. S.E., 21:* 79-80。

（P.55）"郝薇香小姐"：参见 Dickens, C. (1907). *Great expectations.* Chapman & Hall Ltd。

第三章　种子与信念

（P.61）托马斯·富勒的引言出自 Fuller, T. (1732) *Gnomologia: Adages and Proverbs, Wise Sentences, and Wilty Sayings. Ancient and. Modern, Foreign, and British.* Barker & Bettesworth Hitch。

（P.63）"接着，我把这个西瓜和我几个月前种下的一粒种子……"，摘自 Pollan, M. (1991). *Second nature: A gardener's education.* Atlantic Press。

（P.64）"精神分析学家马里恩·米尔纳"：参见 Milner, M. (1955). The role of illusion in symbol-formation in M. Klein (ed) *New Directions in Psycho-analysis.* Tavistock Publications。

（P.64）"婴儿不仅是自己世界的中心"：参见 Winnicott D.W. (1988). *Human nature.* Free Association Books. 温尼科特写道："婴儿的一种错觉是，它所发现的就是它所创造的。"

（P.65）"一切因我而起的快乐"，摘自 Karl Groos's *The play of man* (E. L. Baldwin, Trans.)。最初出版于 1901 年，Groos 的思想影响了温尼科特。

（P.65）"足够好的母亲"，摘自 Winnicott, D.W. (1953). Transitional objects and transitional phenomena. *Int J Psychoanal.* 34(2), 89-97。

（P.66）"母亲的最终任务"，摘自 Winnicott, D.W. (1973). *The child,*

the family, and the outside world. Penguin。

（P.66）"要是有人种水仙花……"：参见 Grolnick, S. (1990). *The work & play of Winnicott.* Jason Aronson. p.20。

（P.67）"英国皇家园艺学会一直在校园里开展园艺活动"：参见 *RHS Gardening in Schools: a vital tool for children's learning.* (2010). Royal Horticultural Society, London, UK. www.rhs.org.uk/schoolgardening。

（P.69）"再犯罪率"：里克斯岛的数据与此类似。参见 van der Linden, S. (2015). Green prison programmes, recidivism and mental health: A primer. *Criminal Behaviour and Mental Health, 25* (5) 338–42。

（P.78）"这样一只鸟儿值多少钱"：参见 Jiler, J. (2006). *Doing time in the garden.* Village Press。

（P.79）"在利物浦进行的研究"：参见 Maruna, S. (2013). *Making good: How ex-convicts reform and rebuild their lives.* American Psychological Association。

（P.79）"对该计划的一项评估"：参见 Lisa Benham 于 2002 年展开的对洞见花园计划的评估。

（P.81）"一个孩子平均每周花在户外的时间还不如一个处于最高戒备等级的囚犯多"：由于不在户外玩耍，多达 70% 的儿童缺乏维生素 D。参见 Voortman et al. (2015). Vitamin D deficiency in school-age children is associated with sociodemographic and lifestyle factors. *The Journal of Nutrition. 145* (4) 791–98。

参与"平衡游戏"调查的有 10 个国家的 1.2 万名父母及其子女，这些孩子的年龄在 5—12 岁之间。调查发现，70% 的孩子每天在户外的时间不到 60 分钟，30% 的孩子不到 30 分钟。该研究于

2016 年由 Persil 委托进行。参见 Benwell, R., Burfield, P., Hardiman, A., McCarthy, D., Marsh, S., Middleton, J., Wynde, R. (2014) A Nature and Wellbeing Act: A green paper from the Wildlife Trusts and the RSPB。检索自 http://www. wildlifetrusts.org/sites/default/files/green_ paper_nature_and_wellbeing_act_ full_final.pdf. Moss, S. (2012). *Natural Childhood*. National Trust Publications。

（P.81）"犯罪是希望的象征"，摘自 Winnicott, D.W. (1990). *Deprivation and delinquency*. Routledge。

（P.83）"感知运动学习"：参见 Piaget, J. (1973). *The child's conception of the world*. Routledge，也可参见 Singer, D. G. & Revenson, T. A. (1978). *A Piaget primer*. Plume Books。

（P.83）"事物被'编织'进了我们的人生框架"：参见 Milner, M. (2010). *On not being able to paint*. Routledge。

（P.84）"将园艺'视为一种炼金术'"：参见 Pollan, M. (2002). *The botany of desire: A plant's- eye view of the world*. Bloomsbury。

第四章 安全的绿色空间

（P.87）埃里克·埃里克森的引文出自 Erik, E.(1958). *Young man Luther: a study on psychoanalysis and history*. Norton & Co. p.266。

（P.88）哈罗德·瑟勒斯对患者的观察：参见 Searles, H. F. (1960). *The nonhuman environment in normal development and in schizophrenia*. International Universities Press。

（P.89）"戈伦韦·里斯的自传"：参见 Rees, G. (1960). *A bundle of sensations: Sketches in autobiography*. Chatto & Windus. pp.205-240。

（P.89）"如果不能把婴儿抱起来，婴儿的身心都会变得破碎……"摘自 Winnicott, D.W. (1988). *Human nature*. London: Free Association Books. p.117。

（P.90）这首儿歌的普遍感染力：同上 p.118。

（P.91）"栖息地理论"：参见 Appleton, J. (1975). *The experience of landscape*. John Wiley & Sons。

（P.92）"嵌套分层结构"：参见 Panksepp, J. (1998). *Affective neuroscience: The foundations of human and animal emotions*. Oxford University Press。

（P.92）"创伤无法被整合"：参见 van der Kolk, B. (2000). Posttraumatic stress disorder and the nature of trauma. *Dialogues Clin Neurosci. 2*(1), 7–22。

（P.93）"创伤治疗的第一步"：参见 Herman, J. (1997). *Trauma and recovery: The aftermath of violence--from domestic abuse to political terror*. Basic Books。

（P.93）"就园艺疗法而言，花园提供了安全的庇护，本身就是一种治疗工具"：对于退伍军人的进一步研究，参见 Westlund, S. (2014). *Field exercises*. New Society Publishers and Wise, J. (2015). *Digging for victory*. Karnac Books。

（P.95）"嗅觉刺激"：参见 Kline, N. & Rausch, J. (1985). Olfactory precipitants of flashbacks in post traumatic stress disorder: Case reports. *J. Clin.Psychiatry,* 46, 383-384。

（P.95）"绿色对我们的眼睛来说是一种很舒服的无需调节适应的颜色"：参见 Sternberg, E. M. (2010). *Healing spaces*. Harvard University Press。

（P.96）"在大自然对人类的益处这一方面进行了开创性的研究"：

参见 Ulrich R. S. (1981). Natural versus urban scenes: Some psychophysiological effects. *Envir on Behav* 13, 523-556. Ulrich, R. S., Simons, R. F., Losito, B. D., Fiorito, E., Miles, M. A., & Zelson, M. (1991). Stress recovery during exposure to natural and urban environments. *Journal of Environmental Psychology, 11*(3), 201–230. doi: 10.1016/s0272-4944(05)80184-7。

（P.96）"心率和血压的变化"：参见 Gladwell, V. F., Brown, D. K., Barton, J. L., Tarvainen, M. P., Kuoppa, P., Pretty, J., ... Sandercock, G. R. H. (2012). The effects of views of nature on autonomic control. *European Journal of Applied Physiology, 112*(9), 3379–3386. doi: 10.1007/s00421-012-2318-8。

（P.96）"应激激素皮质醇的水平"：参见 van den Berg, A.E. & Custers, M. H. (2010). Gardening promotes neuroendocrine and affective restoration from stress. *Journal of Health Psychology, 16*(1), 3–11. doi: 10.1177/1359105310365577。

（P.98）"修习正念"：参见 Williams, M. & Penman, D. (2011). Mindfulness: a practical guide to finding peace in a frantic world. Piatkus. Kabat-Zinn, J. (2013). *Full catastrophe living.* Piaktus。

（P.98）"恢复大脑内更完整的神经活动状态"：参见 Farb, N. A. S., Anderson, A. K., & Segal, Z. V. (2012). The mindful brain and emotion regulation in mood disorders. *The Canadian Journal of Psychiatry, 57*(2), 70–77. doi: 10.1177/070674371205700203。

（P.99）"有窥看的欲望，又都不想被他人看见"：参见 Appleton, J. (1975). *The Experience of landscape.* John Wiley & Sons。

（P.99）"光也是一种滋养"：参见 Lambert, G., Reid, C., Kaye, D.,

Jennings, G., & Esler, M. (2002). Effect of sunlight and season on serotonin turnover in the brain. *The Lancet, 360*(9348), 1840–1842. doi: 10.1016/s0140-6736(02)11737-5。

（P.100）"血清素的功能障碍"：参见 Frick, A., Åhs, F., Palmquist, Å. M., Pissiota, A., Wall enquist, U., Fernandez, M., ⋯ Fredrikson, M. (2015). Overlapping expression of serotonin transporters and neurokinin-1 receptors in posttraumatic stress disorder: a multi-tracer PET study. *Molecular Psychiatry, 21*(10), 1400–1407. doi: 10.1038/mp.2015.180。

（P.100）运动的积极作用：参见 Cotman, C. (2002). Exercise: a behavioral intervention to enhance brain health and plasticity. *Trends in Neurosciences, 25*(6), 295–301. doi: 10.1016/s0166-2236(02)02143-4。

也见 Mattson, M. P., Maudsley, S., & Martin, B. (2004). BDNF and 5-HT: a dynamic duo in age-related neuronal plasticity and neurodegenerative disorders. *Trends in neurosciences, 27*(10), 589–594. doi: 10.1016/j.tins.2004.08.001。

也见 Sayal, N. (2015). Exercise training increases size of hippocampus and improves memory. *Annals of neurosciences, 22*(2). doi: 10.5214/ans.0972.7531.220209。

（P.101）"当我们使用大腿肌群时，就会激活一种减少犬尿氨酸循环的基因"：参见 Agudelo, L. Z., Femenía, T., Orhan, F., Porsmyr-Palmertz, M., Goiny, M., Martinez-Redondo, V., ... Ruas, J. L. (2014). Skeletal muscle pgc-1-1 modulates kynurenine metabolism and mediates resilience to stress-induced depression. *Cell, 159*(1), 33–45. doi: 10.1016/j.cell.2014.07.051。

（P.101）"变被动为主动"：参见 Sapolsky, R. M. (2004). *Why zebras*

don't get ulcers. St Martin's Press。

（P.101）"户外运动效果更好"：Barton, J., & Pretty, J. (2010). What is the best dose of nature and green exercise for improving mental health? A multi-study analysis. *Environmental Science & Technology, 44*(10), 3947–3955. doi: 10.1021/es903183r。

（P.101）"土臭素"：参见 Chater, K. F. (2015). The smell of the soil. Available at https:// microbiologysociety.org/publication/past-issues/soil/ article/the-smell-of-the-soil.html。也见 Polak, E.H. & Provasi, J. (1992). Odor sensitivity to geosmin enantiomers. Chemical Senses. 17. 10.1093/ chemse/17.1.23。

（P.102）母牛分枝杆菌调节免疫系统：参见 Lowry, C. A., Smith, D. G., Siebler, P. H., Schmidt, D., Stamper, C. E., Hassell, J. E., Jr, ⋯ Rook, G. A. (2016). The Microbiota, Immunoregulation, and Mental Health: Implications for Public Health. *Current environmental health reports, 3*(3), 270–286. doi:10.1007/s4057 2-016-0100-5。

也见 Matthews, D. M., & Jenks, S. M. (2013). Ingestion of Mycobacterium vaccae decreases anxiety-related behavior and improves learning in mice. *Behavioural Processes, 96*, 27–35. doi: 10.1016/j.beproc.2013.02.007。

（P.103）"土壤中的其他常见细菌"：参见 Anderson, S. C. with Cryan, J. F. & Dinan, T. (2017). *The psychobiotic revolution.* National Geographic. Yong, Ed. (2016). *I contain multitudes.* The Bodley Head。

（P.104）"丹麦退伍军人项目"：参见 Poulsen, D. V., Stigsdotter, U. K., Djernis, D., & Sidenius, U. (2016). 'Everything just seems much more right in nature': How veterans with post-traumatic stress disorder experience nature-based activities in a forest therapy garden. *Health Psychology Open,*

3(1), 205510291663709. doi: 10.1177/2055102916637090。

（P.105）"古老的树木崇拜仪式"：参见 Frazer, J. G. (1994). *The Golden Bough*. Oxford University Press。

（P.110）"使个体接近泥土，接近大自然，接近美，接近生长和发育的奥秘"，摘自 Relf, P. D. Agriculture and health care: The care of plants and animals for therapy and rehabilitation in the United States. In Hassink, Jan & van Dijk, Majken (eds) (2006). *Farming for health: green-care farming across Europe and the United States of America*. Springer. pp. 309-343。

第五章　将自然带入城市

（P.112）弗雷德里克·劳·奥姆斯特德的引言出自 Olmsted, F. L. (1852). *Walks and talks of an American farmer in England*。

（P.115）乌鲁克是世界上最古老的城市之一：参见 Kramer, S. N. (1981). *History begins at sumer: Thirty-Nine firsts in man's recorded history*, 3rd Ed. University of Pennsylvania Press。

（P.115）"17 世纪伟大的散文家"：参见 Evelyn's Fumifugium of 1661 is quoted in Cavert W. (2016). *The smoke of London: Energy and environment in the early modern city*. Cambridge University Press. p.181。

（P.118）"让我们的大脑活动起来又不让它疲倦……"，摘自 Olmsted, F. & Nash, R. (1865). The value and care of parks. Report to the Congress of the State of California. Reprinted in: *The American Environment*. Hillsdale, NJ. pp.18-24"。

（P.118）"疾病预防和疗愈的价值"，摘自 Beveridge, C. (ed). (2016) *Frederick Law Olmsted: Writings on landscape, culture, and society*.

Library of America. p.426。

（P.119）"美国医生乔治·米勒·比尔德"：参见 Gijswijt-Hofstra, M. & Porter, R. (2001). *Cultures of neurasthenia*. The Wellcome Trust。

（P.119）"这两种疾病在城市的发生率都更高"：参见 McManus, S., Meltzer, H., Brugha, T. Bebbington, P. & Jenkins, R. (2009). Adult psychiatric morbidity in England, 2007: Results of a household survey. 10.13140/2.1.1563.5205. Peen, J., Schoevers, R. A., Beekman, A. T., & Dekker, J. (2010). The current status of urban-rural differences in psychiatric disorders. *Acta Psychiatrica Scandinavica, 121*(2), 84–93. doi: 10.1111/j.1600-0447.2009.01438. x。

（P.120）"英国最近的一项研究"：参见 Newbury, J., Arseneault, L., Caspi, A., Moffitt, T. E., Odgers, C. L., & Fisher, H. L. (2017). Cumulative effects of neighborhood social adversity and personal crime victimization on adolescent psychotic experiences. *Schizophrenia Bulletin, 44*(2), 348–358. doi: 10.1093/schbul/sbx060。

（P.120）"我们似乎为城市生活付出了代价"：参见 Lederbogen, F., Kirsch, P., Haddad, L., St reit, F., Tost, H., Schuch, P., … Meyer-Lindenberg, A. (2011). City living and urban upbringing affect neural social stress processing in humans. *Nature, 474*(7352), 498–501. doi: 10.1038/nature10190。

也见 Vassos, E., Pedersen, C. B., Murray, R. M., Collier, D. A., & Lewis, C. M. (2012). Meta-Analysis of the Association of Urbanicity With Schizophrenia. *Schizophrenia Bulletin, 38*(6), 1118–1123. doi: 10.1093/schbul/sbs096。

（P.120）"针对通勤族的健康调查"：参见 Office for National Statistics

Commuting and Personal Well-being. 2014。

（P.121）"研究证实，接近绿色空间，可以减少人的攻击性和焦虑情绪"：参见 Hartig, T. (2008). Green space, psychological restoration, and health inequality. *The Lancet, 372*(9650), 1614-1615. doi:10.1016/s0140-6736(08)61669-4。

也见 Roe, J., Thompson, C., Aspinall, P., Brewer, M., Duff, E., Miller, D., … Clow, A. (2013). Green space and stress: Evidence from cortisol measures in deprived urban communities. *International Journal of Environmental Research and Public Health, 10*(9), 4086–4103. doi: 10.3390/ijerph10094086。

也见 Keniger, L., Gaston, K., Irvine, K., & Fuller, R. (2013). What are the benefits of interacting with nature? *International Journal of Environmental Research and Public Health, 10*(3), 913–935. doi: 10.3390/ijerph10030913。

也见 Shanahan, D. F., Lin, B. B., Bush, R., Gaston, K. J., Dean, J. H., Barber, E., & Fuller, R. A. (2015). Toward improved public health outcomes from urban nature. *American Journal of Public Health, 105*(3), 470–477. doi: 10.2105/ajph.2014.302324。

（P.121）理查德·富勒主持的研究：参见 Fuller, R. A., Irvine, K. N., Devine-Wright, P., Warren, P. H., & Gaston, K. J. (2007). Psychological benefits of greenspace increase with biodiversity. *Biology Letters, 3*(4), 390–394. doi: 10.1098/rsbl.2007.0149。

（P.122）在布里斯班开展的一项研究：参见 Shanahan, D.F et al., (2016). Health benefits from nature experiences depend on dose. *Scientific Reports, 6* 28551: 1-10。

（P.122）"环境、社会与健康研究中心的一项研究"：参见 Mitchell, R.

J., Richardson, E. A., Shortt, N. K., & Pearce, J. R. (2015). Neighborhood environments and socioeconomic inequalities in mental well-being. *American Journal of Preventive Medicine*, *49*(1), 80–84. doi: 10.1016/j. amepre.2015.01.017。

（P.123）"行道树的存在"：参见 Kardan, O., Gozdyra, P., Misic, B., Moola, F., Palmer, L. J., Paus, T., & Berman, M. G. (2015). Neighborhood greenspace and health in a large urban center. *Scientific Reports*, *5*(1). doi:10.1038/srep11610。

（P.123）"许多有影响力的研究文章"：参见 Kuo, F. E., Sullivan, W. C., Coley, R. L., & Bruns on, L. (1998). Fertile ground for community: Inner-city neighborhood common spaces. *American Journal of Community Psychology*, *26*(6), 823-851. doi:10.1023/a:1022294028903。

也见 Kuo, F. E. (2001). Coping with poverty. *Environment and behavior*, *33*(1), 5-34. doi:10.1177/00139160121972846。

也见 Kuo, F. E., & Sullivan, W. C. (2001). Aggression and violence in the inner city. *Environment and behavior*, *33*(4), 543-571. doi:10. 1177/00139160121973124。

也见 Kuo, F. E., & Sullivan, W. C. (2001). Environment and crime in the inner city. *Environment and behavior*, *33*(3), 343-367. doi:10. 1177/0013916501333002。

（P.124）"与大脑的变化相关"：参见 Bratman, G. N., Hamilton, J. P., & Daily, G. C. (2012). The impacts of nature experience on human cognitive function and mental health. *Annals of the New York Academy of Sciences*, *1249*(1), 118-136. doi:10.1111/j.1749-6632.2011.06400.x。

（P.125）"把人类历史压缩到一个星期"，摘自 Pretty, J. (2007). *The*

earth only endures. Earthscan. p.217。

（P.125）"1980 年代展开的一系列实验"：参见 Kaplan, R. & Kaplan, S. (1989). *The experience of nature: A psychological perspective.* Cambridge University Press。

（P.125）"注意力恢复"：参见 Berto, R. (2005). Exposure to restorative environments helps restore attentional capacity. *Journal of Environmental Psychology, 25*(3), 249-259. doi:10.1016/j.jenvp.2005.07.001。

也见 Lee, K. E., Williams, K. J., Sargent, L. D., Williams, N. S., & Johnson, K. A. (2015). 40-second green roof views sustain attention: The role of micro-breaks in attention restoration. *Journal of Environmental Psychology, 42*, 182-189. doi:10.1016/j.jenvp.2015.04.003。

（P.126）"散步 45 分钟的学生在随后测试中的表现"：参见 Berman, M. G., Jonides, J., & Kaplan, S. (2008). The Cognitive Benefits of Interacting With Nature. *Psychological Science, 19*(12), 1207-1212. doi:10.1111/j.1467-9280.2008.02225.x。

（P.126）"大脑左右半球之间的关系"：这部分的引用摘自 McGilchrist, I. (2010). *The Master and his Emissary.* Yale University Press。

（P.127）"先天的'人类与其他生物的情感联系'"，摘自 Wilson, E.O. (1984). *Biophilia.* Harvard University Press。

（P.128）"伦敦南部精神病学、心理学和神经科学研究所的两项研究"：参见 Ellett, L., Freeman, D., & Garety, P. A. (2008). The psychological effect of an urban environment on individuals with persecutory delusions: The Camberwell walk study. *Schizophrenia Research, 99*(1-3), 77-84. doi:10.1016/j.schres.2007.10.027。

也见 Freeman, D., Emsley, R., Dunn, G., Fowler, D., Bebbington, P.,

Kuipers, E., ⋯ Garety, P. (2014). The Stress of the Street for Patients With Persecutory Delusions: A Test of the Symptomatic and Psychological Effects of Going Outside Into a Busy Urban Area. *Schizophrenia Bulletin, 41*(4), 971-979. doi:10.1093/schbul/sbu173。

（P.132）"诸多方面的治疗效果"：参见 Roberts, S. & Bradley A. J. (2011). *Horticultural therapy for schizophrenia.* Cochrane Database of Systematic Reviews. Issue 11。

（P.132）"复杂的环境刺激"：参见 Burrows, E. L., McOmish, C. E., Buret, L. S., Van den Buuse, M., & Hannan, A. J. (2015). Environmental Enrichment Ameliorates Behavioral Impairments Modeling Schizophrenia in Mice Lacking Metabotropic Glutamate Receptor 5. *Neuropsychopharmacology, 40*(8), 1947-1956. doi:10.1038/npp.2015.44。

（P.132）丰富的环境：参见 Kempermann, G., Kuhn, H. G., & Gage, F. H. (1997). More hippocampal neurons in adult mice living in an enriched environment. *Nature, 386*(6624), 493-495. doi:10.1038/386493a0。

也见 Sirevaag, A. M., & Greenough, W. T. (1987). Differential rearing effects on rat visual cortex synapses. *Brain Research, 424*(2), 320-332. doi:10.1016/0006- 8993(87)91477-6。

（P.132）第三种鼠笼：参见 Lambert, K., Hyer, M., Bardi, M., Rzucidlo, A., Scott, S., Terhune-cotter, B., ⋯ Kinsley, C. (2016). Natural-enriched environments lead to enhanced environmental engagement and altered neurobiological resilience. *Neuroscience, 330*, 386-394. doi:10.1016/j.neuroscience.2016.05.037。

也见 Lambert, K. G., Nelson, R. J., Jovanovic, T., & Cerdá, M. (2015).

Brains in the city: Neurobiological effects of urbanization. *Neuroscience & Biobehavioral Reviews, 58,* 107-122. doi:10.1016/j.neubiorev.2015.04.007。

（P.135）"有报道说美国人平均 93% 的时间要么待在室内，要么坐在封闭的交通工具里"：参见 U.S. Environmental Protection Agency. 1989. Report to Congress on indoor air quality: Volume 2. EPA/400/1-89/001C. Washington, DC。

（P.135）"绿色植物对人的社交所造成的影响"：参见 amane, K., Kawashima, M., Fujishige, N., & Yoshida, M. (2004). Effects of interior horticultural activities with potted plants on human physiological and emotional status. *Acta Horticulturae,* (639), 37-43. doi:10.17660/actahortic.2004.639.3。

也见 Weinstein, N., Przybylski, A. K., & Ryan, R. M. (2009). Can nature make us more caring? effects of immersion in nature on intrinsic aspirations and generosity. *Personality and Social Psychology Bulletin, 35*(10), 1315-1329. doi:10.1177/0146167209341649。

也见 Zelenski, J. M., Dopko, R. L., & Capaldi, C. A. (2015). Cooperation is in our nature: Nature exposure may promote cooperative and environmentally sustainable behavior. *Journal of Environmental Psychology, 42,* 24-31. doi:10.1016/j.jenvp.2015.01.005。

（P.135）"激活了大脑中与产生共情相关的区域"：参见 Kim, G., Jeong, G., Kim, T., Baek, H., Oh, S., Kang, H., ... Song, J. (2010). functional neuroanatomy associated with natural and urban scenic views in the human brain: 3.0T Functional MR imaging. *Korean Journal of Radiology, 11*(5), 507. doi:10.3348/kjr.2010.11.5.507。

（P.136）"与他人建立联系"：参见 Maas, J., Van Dillen, S. M.,

Verheij, R. A., & Groenewegen, P. P. (2009). Social contacts as a possible mechanism behind the relation between green space and health. *Health & Place, 15*(2), 586-595. doi:10.1016/j.healthplace.2008.09.006。

第六章　根

（P.138）亨利·戴维·梭罗的引言出自《瓦尔登湖》第五章 (1854)。

（P.142）考古学巨擘 V. 戈登·柴尔德的研究：参见 Childe, V. G. (1948). *Man makes himself.* Thinker's Library。

（P.142）新石器时代初期发生的变化不是激进变革的结果：参见 Bellwood, P. (2005). *First farmers.* Blackwell。

（P.143）"第一批农人当时正在构建……"：参见 Fuller, D. Q., Willcox, G., & Allaby, R. G. (2011). Early agricultural pathways: moving outside the 'core area' hypothesis in Southwest Asia. *Journal of Experimental Botany, 63*(2), 617-633. doi:10.1093/jxb/err307。

也见 Bob Holmes. (28 October 2015). The real first farmers: How agriculture was a global invention. *New Scientist*。

（P.143）"人们最初栽种的植物都是非常受欢迎或者非常稀有的"：参见 Farrington, I. S. & Urry, J. (1985). Food and the Early History of Cultivation. *Journal of Ethnobiology, 5*(2), 143-157。

（P.144）"源于奢侈品、终于日用品的种植道路"：参见 Sherratt, A. (1997). Climatic cycles and behavioural revolutions: the emergence of modern humans and the beginning of farming. *Antiquity, 7*(272)。

（P.144）"河流边安营扎寨"：参见 Smith, B. D. (2011). General patterns of niche construction and the management of 'wild' plant and animal resources by small-scale pre-industrial societies. *Philosophical transactions of the Royal Society of London. Biological sciences, 366*(1566), 836–848。

（P.144）"名为'欧哈娄 2 号'（Ohalo II）的史前狩猎采集营"：参见 Snir, A., Nadel, D., Groman-Yaroslavski, I., Melamed, Y., Sternberg, M., Bar-Yosef, O., & Weiss, E. (2015). The origin of cultivation and proto-weeds, long before neolithic farming. *PLOS ONE, 10*(7), e0131422. doi:10.1371/ journal.pone.0131422。

（P.145）"主动采集"：参见 Smith, B. D. (2011). General patterns of niche construction and the management of 'wild' plant and animal resources by small-scale pre-industrial societies. *Philosophical transactions of the Royal Society of London. Biological sciences, 366*(1566), 836–848。

也见 Rowley-Conwy, P., & Layton, R. (2011). Foraging and farming as niche construction: stable and unstable adaptations. *Philosophical Transactions of the Royal Society B: Biological Sciences, 366*(1566), 849-862. doi:10.1098/ rstb.2010.0307。

（P.145）"广阔和多样化的中间地带"：参见 Smith, B.D. (2001). Low-Level food production. *Journal of Archaeological Research, 9,* 1-43。

（P.145）"地球上最早的园艺活动"：参见 Holmes, Bob. (28 Oct. 2015). 'The real first farmers: How agriculture was a global invention' *New Scientist*。

（P.146）"生态位"：参见 Smith, B. D. (2007). Niche construction and the behavioral context of plant and animal domestication.' *Evolutionary Anthropology: Issues, News, and Reviews, 16*(5), 188–99。

（P.146）"长棘帽贝"：参见 McQuaid, C. D., & Froneman, P. W. (1993). Mutualism between the territorial intertidal limpet Patella longicosta and the crustose alga Ralfsia verrucosa. *Oecologia, 96*(1), 128-133.

doi:10.1007/ bf00318040。

（P.147）"切叶蚁"：参见 Chomicki, G., Thorogood, C. J., Naikatini, A., & Renner, S. S. (2019). Squamellaria : Plants domesticated by ants. *Plants, People, Planet, 1*(4), 302-305. doi:10.1002/ppp3.10072。

（P.148）给植物播种的蠕虫：参见 Zhenchang Zhu. (October 2016). Worms seen farming plants to be eaten later for the first time. *New Scientist*。

（P.148）"既跟人类的意图有关，也与一套潜在的生态和进化原理相关"，摘自 Flannery, K. V. (Ed). (1986). *Guilá Naquitz: Archaic Foraging and early agriculture in Oaxaca, Mexico.* Emerald Group Pub. Ltd。

（P.149）"垃圾堆理论"，摘自 Anderson, E. (1954). *Plants, man & life.* The Anchor Press。

（P.149）"另一类型的花园的由来"：参见 Heiser, C. B. (1985). *Of plants and people.* University of Oaklahoma Press. pp. 191-220。

也见 Heiser, Charles. (1990). *Seed to civilization: The story of food.* Harvard University Press. pp.24-26。

（P.151）"研究仪式的一部关键著作"：参见 Malinowski, B. (2013). *Coral gardens and their magic: Volume 1. The description of gardening.* Severus。

（P.152）"我们可以把四方形的特罗布里恩花园想象成艺术家的一块画布……"，摘自 Gell, A. (1992). The technology of enchantment and the enchantment of technology in *Anthropology, art and aesthetics.* J. Coote & A. Shelton. Eds. Clarendon Press. pp.60-63。

（P.153）"我的花园腹部平坦……"，摘自 Malinowski p.98。

（P.153）在阿库瓦族部落中生活：参见 Descola, P. (1994). *In the society of nature* (N. Scott, Trans.). Cambridge University Press。

（P.154）相信花园魔法：参见 Descola ibid pp. 136-220。

（P.155）"园艺母性"，摘自 Descola, P. (1997). *The spears of twilight: Life and death in the Amazon jungle* (J. Lloyd Trans.). Flamingo. pp.92-4。

（P.156）"简单社会关系"：参见 Humphrey, N. (1984). *Consciousness regained.* Oxford University Press. pp.26-27。

（P.157）"照顾环境"，摘自 Ingold, T. (2000). *The Perception of the environment.* Routledge. pp.86-7。

（P.157）"英国的探险家詹姆斯·道格拉斯"：引自 Ringuette, J. (2004). *Beacon Hill Park history, 1842-2004.* Victoria, B.C. 25。

（P.158）"肋筐恩人在花园里打理自己的土地"：参见 Suttles, W. (1987). *Coast Salish essays.* In D. D. Talonbooks. & N. J. Turner (eds). (2005). *Keeping it living: Traditions of plant use and cultivation on the northwest coast of north america.* University of Washington Press。

（P.160）"白橡树也越来越少"：参见 Acker, M. (2012). *Gardens aflame.* New Star Books。

（P.161）"未经处理的试验地，以模拟野生糠百合的生长环境"：参见 Turner, N. J et al., (2013). Plant Management Systems of British Columbia's First Peoples. *BC Studies: The British Columbian Quarterly*, (179), 107-133。

（P.161）"农业思维"，摘自 Jones, G. (2005). Garden cultivation of staple crops and its implications for settlement location and continuity. *World Archaeology, 37*(2), 164–76。

（P.161）"毛利人有着悠久的耕作传统"：参见 Best, E. (1987). *Maori agriculture*. Ams Press。

（P.163）《园丁的弥天大罪》，译自 Kramer, S. N. (1981).in *History begins at sumer: Thirty-Nine firsts in man's recorded history*. 3rd Ed. University of Pennsylvania Press。

（P.164）"耕耘我的女阴吧，我的心上人。"：同上 p.306。

（P.165）"古苏美尔小印章"：参见 Tharoor, K. & Maruf, M. (11 March 2016) Museum of lost objects: looted sumerian seal. *BBC News Magazine*。

（P.166）"自然界是一个活生生的连续体"：参见 all the Jung quotations are from Meredith Sabini, (2002). *The Earth has a soul: C.G. Jung's writings on nature, technology and modern life*. North Atlantic Books。

（P.168）"园艺的力量的根源"：参见 Dash, R. (2000). *Notes from Madoo: Making a garden in the Hamptons*. Houghton Mifflin. p.234。

第七章　花朵的力量

（P.172）莫奈的引言：参见 https://fondation-monet.com/en/claude-monet/quotations/。

（P.174）"自由地爱着花朵本身"，摘自 Kant, I. (1790/2008) *Critique of Judgement* (p.60). Edited by N. Walker and trans. J. C. Meredith. Oxford World's Classics。

（P.174）"我成为一名画家，也许要归功于那些花"：参见 https://fondation-net.com/ en/claude-monet/quotations/。

（P.174）"收集稀有植物和花卉标本"：参见 Freud Bernays, A. (1940).

My brother, Sigmund Freud. In H. M. Ruitenbeek (ed). (1973). *Freud as we knew him*. Wayne State University Press. p.141。

（P.175）"对花卉有一种超乎寻常的了解"，摘自 Jones, E. (1995). *The life and work of Sigmund Freud, Vol.1: The young Freud (1856-1900)*. Hogarth Press。

（P.175）"美的享受"，摘自 Freud, S. (1930). *Civilisation and its Discontents. S.E., 21*: 59-145。

（P.175）"伦敦大学学院神经美学教授萨米尔·泽基"：参见 Zeki, S., Romaya, J. P., Benincasa, D. M., & Atiyah, M. F. (2014). The experience of mathematical beauty and its neural correlates. *Frontiers in Human Neuroscience, 8*. doi:10.3389/fnhum.2014.00068。

（P.176）"愉悦和奖赏通路"：参见 Berridge, K. C., & Kringelbach, M. L. (2008). Affective neuroscience of pleasure: reward in humans and animals. *Psychopharmacology, 199*(3), 457-480. doi:10.1007/ s00213-008-1099-6。

（P.176）"我们在自然界中发现的简单几何图形"：参见 Crithlow, K. (2011). *The hidden geometry of flowers*. Floris Books。

（P.178）达尔文收到一份花朵标本：参见 Ardetti, J., Elliott, J., Kitching, I. J. Wasserthal, L. T., (2012). 'Good Heavens what insect can suck it' – Charles Darwin, Angraecum sesquipedale and Xanthopan morganii praedicta. *Botanical Journal of the Linnean Society. 169*, 403-432。

（P.178）蜜蜂不再寻找花蜜：参见 Perry, C. J., Baciadonna, L., & Chittka, L. (2016). Unexpected rewards induce dopamine-dependent positive emotion-like state changes in bumblebees. *Science, 353*(6307), 1529-1531. doi:10.1126/science.aaf4454。

（P.179）此外，花蜜中含有少量尼古丁或咖啡因有助于保持蜜蜂的忠诚：参见 Thomson, J. D., Draguleasa, M. A., & Tan, M. G. (2015). Flowers with caffeinated nectar receive more pollination. *Arthropod-Plant Interactions*, *9*(1), 1-7. doi:10.1007/s11829-014-9350-z。

（P.180）"各种颜色和种类的兰花一大车一大车地送过来"，摘自 Sachs, H. (1945). *Freud: Master & friend*. Imago: London. p.165。

（P.180）"唤起了……在山上散步的回忆"：参见 Freud, M. (1957). *Glory reflected: Sigmund Freud–man and father*. Angus & Robertson。

（P.180）"美国诗人希尔达·杜利特尔"：参见 Doolittle, H. (1971). *Tribute to Freud*. New Direction Books。

概述参见：Perry, C. J., & Barron, A. B. (2013). Neural mechanisms of reward in insects. *Annual Review of Entomology*, *58*(1), 543-562. doi:10.1146/annurev-ento-120811-153631。

（P.181）"薰衣草，一直以来人们都知道它有安神的效果"：参见 Chioca, L. R., Ferro, M. M., Baretta, I. P., Oliveira, S. M., Silva, C. R., Ferreira, J., … Andreatini, R. (2013). Anxiolytic-like effect of lavender essential oil inhalation in mice: Participation of serotonergic but not GABAA/benzodiazepine neurotransmission. *Journal of Ethnopharmacology*, *147*(2), 412-418. doi:10.1016/j.jep.2013.03.028。

也见 López, V., Nielsen, B., Solas, M., Ramírez, M. J., & Jäger, A. K. (2017). Exploring pharmacological mechanisms of lavender (Lavandula angustifolia) Essential Oil on Central Nervous System Targets. *Frontiers in Pharmacology*, *8*. doi:10.3389/fphar.2017.00280。

（P.181）"迷迭香的气味更能提神"：参见 Moss, M., & Oliver, L. (2012). Plasma 1,8-cineole correlates with cognitive performance following exposure to rosemary essential oil aroma. *Therapeutic Advances in Psychopharmacology, 2*(3), 103-113. doi:10.1177/2045125312436573。

（P.181）橙花香让人精神振奋：参见 Costa, C. A., Cury, T. C., Cassettari, B. O., Takahira, R. K., Flório, J. C., & Costa, M. (2013). Citrus aurantium L. essential oil exhibits anxiolytic-like activity mediated by 5-HT1A-receptors and reduces cholesterol after repeated oral treatment. *BMC Complementary and Alternative Medicine, 13*(1). doi:10.1186/1472-6882-13-42。

（P.181）玫瑰花香的作用：参见 Ikei, H., Komatsu, M., Song, C., Himoro, E., & Miyazaki, Y. (2014). The physiological and psychological relaxing effects of viewing rose flowers in office workers. *Journal of Physiological Anthropology, 33*(1), 6. doi:10.1186/1880-6805-33-6。

（P.181）"预示了将来的食物供应"：参见 Pinker, S. (1998). *How the mind works*. Penguin。

（P.182）"加利利海沿岸欧哈娄 2 号遗址"：参见 Weiss, E., Kislev, M. E., Simchoni, O., Nadel, D., & Tschauner, H. (2008). Plant-food preparation area on an Upper Paleolithic brush hut floor at Ohalo II, Israel. *Journal of Archaeological Science, 35*(8), 2400-2414. doi:10.1016/ j.jas.2008.03.012。

（P.182）"人类在很早以前，大约 5000 年前，就开始种植花卉了"：参见 Haviland-Jones, J., Rosario, H. H., Wilson, P., & McGuire, T. R. (2005). An environmental approach to positive emotion: Flowers. *Evolutionary Psychology, 3*(1), 147470490500300. doi:10.1177/147470490500300109。

（P.183）"古埃及人更是把鲜花视为神的使者"：参见 Goody, J. (1993). *The culture of flowers*. Cambridge University Press. p. 43。

（P.184）"我怎么就当了医生和作家，而不是园丁呢"：参见 Letter

to Martha Bernays (13.7. 1883) in E. L. Freud (Ed) (1961). *Letters of Sigmund Freud 1873-1913* (T. Stern & J. Stern, Trans.). The Hogarth Press. p.165。

（P.185）"令弗洛伊德颇感兴趣的是植物的形象如何既体现又掩盖梦中的性内容"：参见 *The Interpretation of Dreams S.E.* 4 & 5。

（P.186）"谢尔盖·潘克杰夫"：参见 M. Gardiner (ed). (1973). *The Wolf-Man and Sigmund Freud* Penguin. p.139。

（P.186）"精神分析师兼牧师奥斯卡·普菲斯特"：引自 Appignanesi, L. & Forrester, J. (1992). *Freud's women*. Basic Books. p.29。

（P.186）"明媚灿烂的阳光的幻觉"，摘自 letter dated 8 May 1901, in Masson, G (Ed). (1986) *The complete letters to Wilhelm Fliess, 1887-1904*. Harvard University Press. p.440。

（P.187）"他还认为这是一剂'良药'"：参见 Letter to Martha Bernays dated 28 April 1885 in Freud E. L. (Ed). (1961). *Letters of Sigmund Freud 1873-1913*. (T. Stern & J. Stern, Trans.). The Hogarth Press. p.152。

（P.187）弗洛伊德与诗人里尔克及其情人莎乐美在山中散步时的对话：参见 Freud, S. (1915). 'On Transience'. *S.E.* 14, pp. 305–307。

（P.189）"战争摧毁了'乡村之美'"：同上。

（P.190）"今天下雨，但我还是去了一个特别的地方采摘美丽的细距舌唇兰……"，摘自 Meyer-Palmedo, I (Ed). (2014). *Sigmund Freud & Anna Freud Correspondence 1904 –1938* (N. Somer, Trans.) Polity Press。

（P.190）生本能和死本能理论：参见 *Beyond the Pleasure Principle S.E., 18*: 7-64。

（P.190）歌德的《浮士德》中的引用：参见 *Civilisation and its Discontents. S.E., 21*: 59-145。

（P.190）"精神分析学家和社会心理学家弗洛姆"：参见 Friedman, L. J. (2013). *The Lives of Erich Fromm.* Columbia Univ. Press. p.302。

（P.191）"对生命和一切有生命之物的热爱"，摘自 Fromm, E. *The anatomy of human destructiveness.* (1973). Holt, Rinehart & Winston. p.365。

（P.191）"土地、动物、植物仍然是人类的世界"，摘自 Fromm, E. (1995). *The art of loving.* Thorsons。

（P.191）"威尔逊再次提出'亲生命性'"：参见 Wilson, E. O. (1984). *Biophilia.* Harvard University Press。

（P.191）"大脑被称为'关系器官'"：参见 Fuchs, T. (2011). The brain – A mediating organ. *Journal of Consciousness Studies*,18, pp.196–221。

第八章　激进的疗法

（P.200）"圣雄"甘地的引言出自 R. Attenborough. (1982). *The Words of Gandhi*。

（P.203）"英格兰北部的工人一直就有种植报春花的传统"：参见 Cleveland-Peck, P. (2011). *Auriculas through the ages.* The Crowood Press。

（P.204）"各种花艺协会让业余园艺师聚在一起……也很流行种植醋栗"：参见 Willes, M. (2014). *The gardens of the British working class.* Yale University Press。

（P.205）"医生兼作家的威廉·巴肯"：参见 Willes, 同上。18 世纪的医生威廉·巴肯（William Buchan）写了一本畅销书 *Domestic Medicine*，在书中他赞扬了园艺的优点。

（P.205）"研究植物学……一年就举办了八次花展"：参见 Uings, J. M. (April 2013). *Gardens and gardening in a fast-changing urban environment: Manchester 1750-1850.* A Thesis submitted to Manchester Metropolitan University for the degree of Doctor of Philosophy。

（P.205）"唉！此处没有鲜花。"摘自 Gaskell, E. (1848/1996). *Mary Barton: A tale of Manchester life.* Penguin Classics。

（P.205）荣格所说全部引自 Sabini, M. (2002). *The Earth has a soul: C.G. Jung's writings on nature, technology and modern life.* North Atlantic Books。

（P.211）"孤独"病：参见 *Trapped in a bubble.* (December 2016). Report for The Co-Op and British Red Cross。

（P.211）"早逝风险增加 30%"：参见 Holt-Lunstad, J., Smith, T. B., & Layton, J. B. (2010). Social relationships and mortality risk: A Meta-analytic Review. *PLoS Medicine, 7*(7), e1000316. doi:10.1371/journal.pmed.1000316。

（P.213）"奥兰治吉赫特区都市农场"：参见 Joubert, L. (2016). *Oranjezicht City Farm.* NPC。

（P.216）"在伦敦发起了一场运动"：参见 A Reynolds, R. (2009). *On Guerrilla Gardening: A handbook for gardening without boundaries.* Bloomsbury。

（P.218）"促进花园发挥社交桥梁的作用"，摘自 Santo, R., Kim, B.

F. & Palmer, A. M. (April 2016). *Vacant lots to vibrant plots: A review of the benefits and limitations of urban agriculture.* Report for The Johns Hopkins Center for a Livable Future。

（P.219）城市"清洁与绿化"项目：参见 Shepley, M., Sachs, N., Sadatsafavi, H., Fournier, C., & Peditto, K. (2019). The impact of green space on violent crime in urban environments: An evidence synthesis. *International Journal of Environmental Research and Public Health, 16*(24), 5119. doi:10.3390/ijerph16245119。

（P.219）费城与宾夕法尼亚园艺协会联合开展的土地关怀计划：参见 Branas, C. C., Cheney, R. A., MacDonald, J. M., Tam, V. W., Jackson, T. D., & Ten Have, T. R. (2011). A difference-in-differences analysis of health, safety, and greening vacant urban space. *American Journal of Epidemiology, 174*(11), 1296-1306. doi:10.1093/aje/kwr273。

也见 Branas, C.C., et al. (2018). Citywide cluster randomized trial to restore blighted vacant land and its effects on violence, crime, and fear. *Proceedings of the National Academy of Sciences, 115* (12) 2946–51。

（P.224）"自然教育学"理论：参见 Csibra, G. & Gergely, G. 'Natural pedagogy as evolutionary adaptation.' *Philosophical Transactions of the Royal Society B: Bio logical Sciences, 366* (1567) 1149–57。

（P.225）"社会关系在促进学习方面起到的关键作用"：参见 Cozolino, Louis. (2013). *The social neuroscience of education: optimizing attachment and learning in the classroom.* Norton。

（P.225）"大脑进化到现在这样的意识状态"，摘自 Sabini, M. (2002). *The Earth has a soul: C.G. Jung's writings on nature, technology and modern life.* North Atlantic Books。

（P.225）"植物盲"，摘自 Wandersee, J & Schussler, E.'s paper 'Toward a Theory of Plant Blindness' can be accessed at https://www.botany.org/bsa/psb/2001/psb47-1.pdf。

（P.227）古希腊神话中的男神普利阿普斯：参见 https://www.theoi.com/Georgikos/Priapos.html。

（P.228）《杰克与魔豆》：起源于几千年前的童话，参见 Silva, S. & Tehrani, J. (2016). Comparative phylogenetic analyses uncover the ancient roots of Indo-European folktales. *Royal Society Open Science*. 3. 150645。

第九章　战争与园艺

（P.230）维塔·萨克维尔 – 韦斯特的引言出自 *The Garden*, (1946/2004). Frances Lincoln。

（P.232）公元前 329 年，色诺芬写道，小赛勒斯不仅设计了自己的花园，还亲自种植了许多树木：参见 Hobhouse, P. (2009). *Gardens of Persia*. Norton. p.51。

（P.233）诗人撰写的采访报道：参见 Sassoon, S. (1945). *Siegfried's journey 1916-1920*. Faber & Faber。

（P.233）"丘吉尔对战争和园艺都很认真"：参见 Storr, A. (1990). *Churchill's black dog*. Fontana 以及 Buczacki, S. (2007). *Churchill & Chartwell*. Frances Lincoln。

（P.234）"士兵、牧师、医生和护士都来种花"：参见 Lewis-Stempel, J. (2017). *Where poppies blow: The British soldier, nature, the great war*. Weidenfeld & Nicolson. Also: Powell, A. *Gardens behind the Lines: 1914-1918 (2015)*. Cecil Woolf。

（P.234-236）沃克在 1915 年 12 月来到医院……"啊，天哪，方圆数英里"，摘自 Ch. 3, 'Slaughter on the Somme' in Moynihan, M. (Ed). (1973). *People at war 1914-18*. David & Charles. pp. 69-82。

（P.236）美国记者卡丽塔·斯宾塞：参见 Spencer, C. (1917). *War scenes I shall never forget*. Leopold Classic Library. pp.17-22.

（P.238）亚历山大·道格拉斯·吉莱斯皮……"我们的壕沟里全是美丽的圣母百合……"引文出自 Gillespie, A. D. (1916). *Letters from Flanders written by second lieutenant A D Gillespie*. Smith, Elder。

（P.239）吉莱斯皮给以前的长官的书信：参见 Seldon, A. and Walsh, D. (2013). *Public Sc hools and the Great War*. Pen & Sword Military。也见 https://www.thewestern frontway.com/our-story/。

（P.240）"保持优雅和风度"，摘自 Sackville-West, V. (2004). *The Garden*, Frances Lincoln。

（P.240）"和平并不是休战"，摘自 Helphand, K. I. (2008). *Defiant gardens: Making gardens in wartime*. Trinity. p.9。

（P.241）"人们投身简单的园艺、种树或者其他绿化活动，这似乎有违本能。""紧迫的亲生命性"：参见 Tidball, K. G. and Krasny, M. E. (2014). *Greening in the Red Zone*. Springer. p.54。

（P.241）杰出的战争诗人威尔弗雷德·欧文给母亲的信：参见 Breen, J. (Ed.). (2014). *Wilfred Owen: selected poetry and prose*. Routledge。欧文的诗《精神病》，同上。

（P.244）"克雷格洛克哈特的治疗方针……用安泰俄斯（Autaeus）的神话来打比方"：所有引用和描述，参见 rossman, A. M. (2003). The Hydra, Captain A J Brock and the treatment of shell-shock in Edinburgh, *The Journal of the Royal College of Physicians of Edinburgh*, Vol 33, pp.119–

123。也见 Webb, T. (2006) "Dottyville"——Craiglockhart War Hospital and shell-shock treatment in the First World War, *Journal of the Royal Society of Medicine*, Vol 99, pp 342-346。也见 Cantor D. (2005). Between Galen, Geddes, and the Gael: Arthur Brock, modernity, and medical humanism in early twentieth century Scotland. *Journal of the history of medicine, 60* (1)。

（P.242）"给大自然一个机会"，摘自 Brock, A. J. (1923). *Health and conduct.* Williams & Norgate。

（P.243）苏格兰社会改革家帕特里克·格迪斯：参见 Meller, H. (1990). *Patrick Geddes: social evolutionist and city planner.* Routledge. Also Boardman, P. (1944). *Patrick Geddes maker of the future.* University of North Carolina Press。

（P.245）欧文被迫击炮炸飞的经历：参见 Hibberd, D. (2003). *Wilfred Owen: A new biography.* Weidenfeld & Nicolson。

（P.245）齐格弗里德·萨松后来回忆……关于"土壤分类、土壤空气、土壤水分、根系吸收和肥力"的论文：参见 Sassoon, S. (1945). *Siegfried's Journey 1916-1920.* Faber and Faber. p.61。

（P.246）皇家海军第一海务大臣阿瑟·威尔逊爵士觉得使用潜艇是"阴险而且不公平"的招数，"完全不符合英国人的风度"：参见 MacKay, R. (2003). *A precarious existence: British submariners in World War One.* Periscope Publishing Ltd。

（P.247）"早期的潜艇非常简陋"：参见 Winton, J. (2001). *The submariners.* Constable。

（P.248）"塞满了三周巡逻中需要的装备和食物"，摘自 Brodie, C. G. (1956). *Forlorn hope, 1915: The submarine passage to the Dardanelles.* Frederick Books。

（P.249）"1915 年 4 月 17 日清晨"：参见 account in Boyle, D. (2015). *Unheard unseen.* Creatspace。

（P.251）在土耳其被俘的士兵经历了些什么并没有完整的记录，以下这本书的出版让这种情况有所改善：参见 riotti, K. (2018). *Captive Anzacs: Australian POWs of the Ottomans during the First World War.* Cambridge University Press。

（P.251）"一小部分被俘者的日记……许多战俘被从这里送往贝莱梅迪克村"：一等水兵 John Harrison Wheat 的日记参见以下网址 http://blogs.slq.qld.gov.au/ ww1/2016/05/22/diary-of-a-submariner/。

（P.251）一等水兵 Albert Edward Knaggs 的日记参见以下网址 http://jefferyknaggs.com/diary.html 以及 Still, J. (1920). *A prisoner in Turkey.* John Lane: London 以及 White, M. W. D. Australian Submariner P.O.W.'s After the Gallipoli Landing, *Journal of the Royal Historical Society of Queensland.* Volume 14 1990 issue 4, pp. 136-144. University of Queensland website。

（P.251）战争结束时，关押在土耳其的协约军战俘有将近 70% 都死了：参见 *Report on the treatment of British Prisoners of War in Turkey,* HMSO, 1918. https://www.bl.uk/collection-items/report-on-treatment-of-british-prisoners- of-war-in-turkey。

（P.253）瑞士医生阿道夫·维舍走访了英国和德国的战俘营……"单调乏味"：参见 Vischer, A. L. (1919). *Barbed wire disease - a psychological study of the prisoner of war,* John Bale & Danielson 以及 Yarnall, J. (2011). *Barbed wire disease.* Spellmount。

（P.255）"阿瑟·格里菲斯·博斯科恩爵士……声称要'让我们英勇的军人拥有一方土地'"：报道见 Kent and Sussex Courier, Friday 27

June 1919. https://www.britishnewspaperarchive.co.uk。

（P.256）索尔兹伯里庄园有很多大花园：参见 Sally Miller, 'Sarisbury Court and its Role in the re-training of Disabled Ex-Servicemen after the First World War', *Hampshire Gardens Trust Newsletter*, Spring 2016. http://www.hgt.org.uk/wp-content/uploads/2016/04/2016-03-HGT-Newsletter.pdf。

（P.258）"农业远胜过其他行业"，摘自 Fenton, N. (1926). *Shell shock and its aftermath.* C. V. Mosby Co., St. Louis。

第十章　生命最后的季节

（P.262）墓志铭：参见 Gothein, M. L. (1966). *A history of garden art* (L. Archer-Hind, Trans.).J. M. Dent. p.20。

（P.264）"但愿死神降临时，我在种我的卷心菜"，摘自 Montaigne, M de. 'That to philosophize is to learn to die'. Book 1, chapter 20 in *Complete Essays* (D. Frame Trans. 2005). Everyman, p.74。

（P.266）"你欠大自然一个死亡"：参见 *The Interpretation of Dreams S.E. 4 &5.*p.204。

（P.266）弗洛伊德一生中每隔一段时间就会受到他所谓的"死亡恐惧"的折磨：参见 Jones, E. (1957). *The life and work of Sigmund Freud* Vol. 3: *The last phase (1919-39)*. Hogarth Press. p. 300-1. His brother's death left a 'germ of guilt in him'。也见 Schur, M. (1972). *Freud, living and dying.* Hogarth Press. p.199。

（P.266）死亡并不一定被视为一个自然事件：参见 *Beyond the Pleasure Principle, S.E.,* 18, 1920。

（P.267）以色列巴伊兰大学最近的研究：参见 Dor-Ziderman, Y., Lutz, A., & Goldstein, A. (2019). Prediction-based neural mechanisms for shielding the self from existential threat. *NeuroImage, 202*, 116080. doi:10.1016/j.neuroimage.2019.116080。

（P.267）"人类第一次普遍地把大地视为母亲"，摘自 Taylor, T. (2003). *The buried soul: How humans invented death.* Fourth Estate。

（P.268）藤蔓墓：参见 Farrar, L. (2016). *Gardens and gardeners of the ancient world: History, myth and archaeology.* Oxbow。

图坦卡蒙陵墓：同上。

（P.270）美国诗人斯坦利·库尼茨：参见 Kunitz, S. with Lentine, G. (2007). *The wild braid.* Norton。

（P.272）作家戴安娜·阿西尔 60 多岁的时候开始种花养草：参见 Athill, D. (2009). *Somewhere towards the end.* Granta。

（P.273）"我一下子就上瘾了，到现在一直沉迷其中"，摘自 Athill, D. 'How gardening soothes the soul in later life'. https://www.theguardian. com/ lifeandstyle/2008/nov/29/gardening-old-age-diana-athill。

（P.274）"可爱又顽强的三色堇"：参见 'My grandparents' garden', a talk re-printed in *The Garden Museum Journal*, vol 28., Winter 2013, Memoir: garden writing from the 2013 literary festival, p.33。

（P.274）"把他们的健康和长寿部分归功于园艺"：许多调查研究证实了这一结果，例如 Simons, L. A., Simons, J., McCallum, J., & Friedlander, Y. (2006). Lifestyle factors and risk of dementia: Dubbo Study of the elderly. *Medical Journal of Australia, 184*(2), 68-70. doi:10.5694/j.1326-5377.2006.tb00120.x 的研究发现园丁患痴呆的风险较一般人群低 36%。

（P.274）"把这种现象称为'繁殖感'"：参见 Erikson, E. H. (1998). *The life cycle completed.* Norton。

（P.274）"哈佛大学的格兰特研究"：结论的概述参见 Vaillant, G. E. (2003). *Aging well.* Little Brown。

（P.276）"双脚踩在自行车车把上一路溜下坡"：参见 Rodman, F. R. (2004). *Winnicott life and work.* Da Capo Press. p.384。

（P.276）"但愿我在死的时候仍然充满活力"：参见 Winnicott,C. 'D.W.W.: A Reflection', in Grolnick S.A. & Barkin L. Eds.(1978). *Between reality and fantasy.* Jason Aronson. p.19。

（P.276）"许多成长都是向下的生长"：参见 Kahr, B. (1996). *D. W. Winnicott: A biographical portrait.* Karnac Books. p.125。

（P.277）苏格兰的"爱丁堡花园合作伙伴计划"以及对类似项目的研究：参见 Jackson S., Harris J., Sexton S., (no date). Growing friendships: a report on the Garden Partners project, Age UK Wandsworth. London: Age UK Wandsworth。

也见 https://www.ageuk.org.uk/bp-assets/globalassets/wandsworth/auw_ annual- report-2013_14.pdf。

（P.278）"创造性解决方案"：参见 Scott, T.L., Masser, B. M., & Pachana, N. A. (2014). Exploring the health and wellbeing benefits of gardening for older adults. *Ageing and Society*, 35(10), 2176-2200. doi:10.1017/s0144686x14000865。

（P.278）"随着人们意识到自身生命的有限性……大通纪念养老院"：参见 Gawande, A. (2014). *Being Mortal.* Profile Books. p.123-5 and p.146-7。

（P.279）"主题就是孤独"：参见 Klein, M. (1975/1963). 'On the sense of loneliness', in *Envy and Gratitude*. Hogarth Press. p.300。

（P.280）哲学家罗杰·斯克鲁顿：参见 Scruton, R. (2011). *Beauty: A very short introduction*. Oxford University Press. p.26。

（P.280）写给美国诗人希尔达·杜利特尔的一封信：参见 Doolittle, H. (2012). *Tribute to Freud*. New Directions Press. p. 195。

（P.280）"在这个天堂般美丽的花园里，你什么都做不了"，摘自 Freud, S. *Unser Herz zeigt nach dem Süden. Reisebriefe 1895-1923,* C Tögel, Ed. (Aufbau Taschenbuch, 2003)。本书中摘录的引文由弗朗西斯·沃顿翻译。

（P.281）波茨莱恩斯多夫别墅的花园：给莎乐美（约 1931 年 7 月 10 日）同上 . p.194。

（P.282）贝希特斯加登小镇上"田园般宁静美丽"的避暑别墅：参见 1929 年 7 月 28 日写给莎乐美的信。Pfeiffer, E. (Ed). (1985). *Sigmund Freud and Lou Andreas-Salomé, Letters*. Norton。

（P.282）格林津"美得就像童话一样"：参见 Jones, E. (1957). *The life and work of Sigmund Freud: Volume 3*. Hogarth Press. p.202。同样在 1934 年 5 月 2 日写给玛丽·波拿巴公主的信中，弗洛伊德写道："这里美得就像童话一样。"

（P.282）"在美景中死去"：参见写给莎乐美的信（1934 年 5 月 16 日），同上 p.202。

（P.282）弗洛伊德的儿子马丁·弗洛伊德回忆：参见 Freud, M. (1957). *Glory reflected: Sigmund Freud–man and father*. Angus & Robertson。

（P.282）弗洛伊德 70 岁生日之后不久的一次采访：参见 G.S. Viereck–S. Freud, *An Interview with Freud.* http://www.psychanalyse.lu/articles/FreudInterview. pdf。

（P.283）"对新痛苦的恐惧"，摘自 Schur, M. (1972). *Freud, living and dying.* Hogarth Press. p.485。

（P.284）"他问他的朋友茨威格"：茨威格，同上 p.491。

（P.284）萨克斯到格林津来看弗洛伊德：参见 Sachs, H. (1945). *Freud: Master & friend.* Imago. p.171。

（P.284）"蒙田也采用了这一策略"：参见 Montaigne, M de. 'Of Experience'. Book 3, chapter 13 in *Complete Essays* (D. Frame Trans. 2005). Everyman. p. 1036。

（P.285）弗洛伊德调侃道："我们葬身花丛了。"参见 Edmundson, M. (2007). *The Death of Sigmund Freud.* Bloomsbury. p.141。

（P.286）"我们就好像住在格林津一样。"摘自 letter 6 June 1938, in Freud, E. L. (Ed). (1961). *Letters of Sigmund Freud 1873-1913.* (T. Stern & J. Stern Trans.). Hogarth Press, p.441。

拍摄的视频：参见 https://youtu.be/SQOcf9Y-Uc8 和 http://www.freud-museum.at/online/freud/media/video-e.htm。

（P.287）"从围墙外面探过来"，摘自 Sachs, H. (1945). *Freud: Master & friend.* Imago. p.185。

（P.287）"所有埃及、中国和希腊的古董都到了"，摘自 letter to Jeanne Lampl de Groot on 8 October 1938, in Freud, L., Freud, E. & Grubrich-Simitis, I. (1978) *Sigmund Freud: His life in pictures and words.* Andre Deutsch, p. 210。

（P.288）精神病学家罗伯特·利夫顿所说的"象征性生存"：参见 Lifton, R. J. (1968). *Death in life.* Weidenfeld & Nicolson。

（P.289）当弗吉尼亚·伍尔夫来梅尔斯菲尔德花园街拜访他时：参见 Edmundson, M. (2007). *The Death of Sigmund Freud.* Bloomsbury. p.193-6。

（P.289）临界空间这样的建筑结构对于老年人和将死之人的照护的重要性：参见 Worpole, K. (2009). *Modern hospice design.* Routledge。

（P.290）"有时候躺着打盹"，摘自 Sachs, H. (1945). *Freud: Master & friend.* Imago. p.187。

（P.290）狗被带进弗洛伊德的书房时，它就蜷缩在最远的角落里：参见 Schur, Max. (1972). *Freud, living and dying.* Hogarth Press. p.526。

（P.290）"弗洛伊德的床对着花园，这样他就能看到那些他喜爱的花朵"：参见 Jones, Ernest. (1957). *The life and work of Sigmund Freud Vol. 3 The last phase (1919-39).* Hogarth Press. p. 262. Also in Schur, ibid: 'he could see the garden with the flowers he loved' p.526。

（P.290）"在后来的一封信中，露西写道"：参见 Meyer-Palmedo, I. (Ed). (2014). *Sigmund Freud & Anna Freud Correspondence 1904 –1938* (N. Somer, Trans.) Polity Press. p.407。

（P.290）"弗洛伊德曾经写道，死亡是一种成就"：参见 1915 年出版的 *Thoughts for the times on war and death, S.E. 14*: 175-300。

（P.292）"老人渴望获得女人的爱，就像从前获得母亲的爱那样，这种愿望只会落空"，摘自 *The Theme of the Three Caskets, S.E. 12*。

（P.292）海伦·邓莫尔的最后一本诗集：参见 Dunmore, H. (2017). *Inside the wave.* Bloodaxe。

第十一章　花园时间

（P.299）大脑里并没有一个专门的神经中枢来感知时间：参见 Wittmann, M. The Inner Experience of Time. (2009) *Philosophical Transactions of the Royal Society B: Biological Sciences, 364* (1525) 1955–67。

（P.300）"超感官的"，摘自 Eagleman, D. M. (2005). Time and the Brain: How Subjective Time Relates to Neural Time. *Journal of Neuroscience, 25*(45), 10369-10371. doi:10.1523/jneurosci.3487-05.2005。

（P.303）1974 年"过劳"的提出：参见 Freudenberger, H. (1974) Staff Burnout *Journal of Social Issues, 30* (1) 159-165。

（P.304）"阿尔纳普模式"：参见 Stigsdotter, U. A. Grahn, P. (2002). What Makes a Garden a Healing Garden? *Journal of Therapeutic Horticulture. 13.* 60-69。

也见 Adevi, A. A., & Mårtensson, F. (2013). Stress rehabilitation through garden therapy: The garden as a place in the recovery from stress. *Urban Forestry & Urban Greening, 12*(2), 230-237. doi:10.1016/j.ufug.2013.01.007。

也见 Grahn, P., Pálsdóttir, A. M., Ottosson, J., & Jonsdottir, I. H. (2017). Longer nature-based rehabilitation may contribute to a faster return to work in patients with reactions to severe stress and/or depression. *International Journal of Environmental Research and Public Health, 14*(11), 1310. doi:10.3390/ijerph14111310。

（P.306）"我们已经从生活在接近自然生命或自然生命占主导地位的世界里，转而进入一个科技主宰的环境中"：参见 Searles, H. (1972). Unconscious processes in relation to the environmental crisis.

Psychoanalytic Review, 59(3), *368*。

（P.306）"一块巨大的顽石"：参见 Ottosson, J., (2001) The importance of nature in coping with a crisis. *Landscape Research, 26,* 165-172。

（P.306）"影响了后来的阿尔纳普计划"：参见 Ottosson, J., & Grahn, P. (2008). The role of natural settings in crisis rehabilitation: how does the level of crisis influence the response to experiences of nature with regard to measures of rehabilitation? *Landscape Research, 33*(1), 51-70. doi:10.1080/01426390701773813。

（P.308）"自我消失了"：参见 Csikszentmihalyi, M. (2002). *Flow: The classic work on how to achieve happiness.* Rider。

（P.309）"来自园艺的象征意义"：参见 Grahn, P., Stigsdotter, U. K., Ivarsson, C. T. & Bengtsson, I-L. Using affordances as a health promoting tool in a therapeutic garden. Chapter in Ward Thompson, C., Bell, S. & Aspinall, A. Eds (2010). *Innovative Approaches to Researching Landscape and Health.* Routledge. pp 116-154。

（P.310）"后续研究"：参见 Pálsdóttir, A. M., Grahn, P., & Persson, D. (2013). Changes in experienced value of everyday occupations after nature-based vocational rehabilitation. *Scandinavian Journal of Occupational Therapy*, 1-11. doi:10.3109/11038128.2013.832794。

（P.310）《康复之旅》：参见 Pálsdóttir, A., Persson, D., Persson, B., & Grahn, P. (2014).The journey of recovery and empowerment embraced by nature—Clients' perspectives on nature-based rehabilitation in relation to the role of the natural environment. *International Journal of Environmental Research and Public Health, 11*(7), 7094-7115. doi:10.3390/ijerph11070709。

（P.311）"温尼科特曾经写过一篇文章"：参见 Winnicott D.W. (1974) Fear of breakdown. *International Review of Psycho-Analysis*, 1:103-107。

（P.311）"时间的存在是为了"，摘自 Sontag, S. (2008). *At the same time: Essays and speeches*. Penguin. p. 214。

（P.312）"照料他的土豆和玉米地"：参见 Bair, D. (2004). *Jung: A biography*. Little Brown。

（P.312）"本能让我们与大地联系在一起"，摘自 Sabini, M. (2002). *The Earth has a soul: C.G. Jung's writings on nature, technology and modern Life*. North Atlantic Books。

（P.313）"有助于管理后续的压力"：参见 Gladwell, V. F., Brown, D. K., Barton, J. L., Tarvainen, M. P., Kuoppa, P., Pretty, J., ⋯ Sandercock, G. R. (2012). The effects of views of nature on autonomic control. *European Journal of Applied Physiology*, *112*(9), 3379-3386. doi:10.1007/s00421-012-2318-8。

（P.313）"打理他们的土地有助于"：参见 Wood, C. J., Pretty, J., & Griffin, M. (2015). A case–control study of the health and well-being benefits of allotment gardening. *Journal of Public Health*, *38*(3), e336-e344. doi:10.1093/pubmed/fdv146。

（P.317）"习得性坚持"：参见 Lambert, K. (2008). *Lifting depression*. Basic Books。

（P.318）"应急训练"：参见 Lambert K. (2018). *Well Grounded*. Yale University Press。

（P.319）"人类觉得自己在宇宙中孤独无依"：参见 Sabini, M. (2002). *The Earth has a soul: C.G. Jung's writings on nature, technology and modern Life*. North Atlantic Books。

（P.319）"它给人们的生活带来了非常重要的意义感和使命感"：参见 Sempik, J., Aldridge, J. & Becker, S. (2005). *Health, well-being and social inclusion: Therapeutic horticulture in the UK*. The Policy Press。

第十二章 医院窗外

（P.322）奥利弗·萨克斯的引言出自 Sacks, O. (2019). 'Why We Need Gardens' essay in *Everything in Its Place: First Loves and Last Tales*. Alfred A. Knopf. p.245。

（P.324）"绽放出'真正的微笑'"：参见 Haviland-Jones, J., Rosario, H. H., Wilson, P., & McGuire, T. R. (2005). An environmental approach to positive emotion: Flowers. *Evolutionary Psychology*, *3*(1), 147470490500300. doi:10.1177/147470490500300109。

（P.325）医院控制感染：参见 Swain, F. (11 December 2013). Fresh air and sunshine: The forgotten antibiotics, *New Scientist*。

（P.326）病人住院的时间往往更短：参见 Beauchemin, K. M., & Hays, P. (1996). Sunny hospital rooms expedite recovery from severe and refractory depressions. *Journal of Affective Disorders*, *40*(1-2), 49-51. doi:10.1016/0165-0327(96)00040-7。

（P.326）"我永远不会忘记发烧病人见到一束艳丽的鲜花时那欣喜若狂的样子""一时兴起"：参见 Nightingale, F. *Notes on nursing: What it is, and what it is not*. (1859) Chapter V。

（P.327）"在医院设计中多关注心理方面的需求"：参见 British Medical Association (2011). The psychological and social needs of patients, BMA Science & Education。

也见 The Planetree Model. Antonovsky, A. (2001) *Putting patients first:*

Designing and practicing patient centered care. San Francisco: Jossey-Bass。

（P.327）自然景观在医院各科室病房中都起到了重要作用：参见 Huisman, E., Morales, E., Van Hoof, J., & Kort, H. (2012). Healing environment: A review of the impact of physical environmental factors on users. *Building and Environment, 58,* 70-80. doi:10.1016/j.buildenv.2012.06.016。

也见 Ulrich, R.S. (2001). Effects of healthcare environmental design on medical outcomes. In: *Design and health: Proceedings of the second international conference on health and design. Stockholm, Sweden,* pp 49-59。

（P.327）"率先展开了此类研究"：参见 Ulrich, R. (1984). View through a window may influence recovery from surgery. *Science, 224*(4647), 420-421. doi:10.1126/ science.6143402。

（P.328）病人被随机分配到病房：参见 Park, S., & Mattson, R. H. (2008). Effects of Flowering and Foliage Plants in Hospital Rooms on Patients Recovering from Abdominal Surgery. *HortTechnology, 18*(4), 563-568. doi:10.21273/horttech.18.4.563。

（P.329）安慰剂效应：参见 Evans, D. (2003). *Placebo: The belief effect.* Harper Colllins。

（P.329）"将安慰剂效应发挥到极致"：Jencks, C. (2006). The architectural placebo in Wagenaar, C. (Ed). *The architecture of hospitals.* NAi Publishers。

（P.329）"医院里艺术品摆放的效果"：参见 Ulrich R.S. (1991) Effects of health facility interior design on wellness: Theory and recent scientific research, *Journal of Health Care Design* (3)97-109。

（P.329）"心脏手术康复患者"：参见 Ulrich, R. et al. (1993). 'Effects of exposure to nature and abstract pictures on patients recovering from heart surgery'. *Thirty-third meeting of the Society for Psychophysiological Research*。摘要发表于 *Psychophysiology* Vol 30, p.7。

（P.330）"医院中安置的一个半抽象鸟类雕塑，体量巨大，有棱有角"：参见 Ulrich, Roger. (2002). Health Benefits of Gardens in Hospitals. Paper for conference, *Plants for People*, Floriade, The Netherlands。

（P.330）菲舍尔的"共情"思想：参见 Lanzoni, S. (2018). *Empathy a history*. Yale University Press。

（P.331）"一颗松果落在公园的长椅上"，摘自 Ebisch, S. J., Perrucci, M. G., Ferretti, A., Del Gratta, C., Romani, G. L., & Gallese, V. (2008). The sense of touch: Embodied simulation in a visuotactile mirroring mechanism for observed animate or inanimate touch. *Journal of Cognitive Neuroscience, 20*(9), 1611-1623. doi:10.1162/jocn.2008.20111。

（P.332）"对我们的大脑都有镇静和整理的作用""甚至大脑的结构或许都被改变了"，摘自 Sacks, O. 'Why we need gardens' essay in Sacks, O. (2019). *Everything in its place: First loves and last tales*. Alfred A. Knopf. pp.245-24。

（P.332）对老年痴呆症患者的镇静和专注作用：参见 D'Andrea, S., Batavia, M. & Sasson, N. (2007). Effects of horticultural therapy on preventing the decline of mental abilities of patients with Alzheimer's type dementia. *Journal of Therapeutic Horticulture,* 2007-2008 XVIII。

（P.332）多动症患者：参见 Kuo, F. E., & Taylor, A. F. (2004). A potential natural treatment for attention-deficit/hyperactivity disorder: Evidence from a national study. *American Journal of Public Health, 94*(9), 1580-1586. doi:10.2105/ajph.94.9.1580。

也见 Taylor A.F. & Kuo F (2009) Children with attention deficits concentrate better after walk in the park. *Journal of Attention Disorders, 12*(5), 402-409. doi:10.1177/1087054708323000。

（P.332）"提升大脑的 α 波"：参见 Nakamura, R & Fujii, E. (1990). Studies of the characteristics of the electroencephalogram when observing potted plants: Pelargonium hortorum 'Sprinter Red' and Begonia evansiana. *Technical Bulletin of the Faculty of Horticulture of Chiba University, 43*(1), 177–183。

也见 Nakamura, R., & Fujii, E. (1992). A comparative study on the characteristics of electroencephalogram inspecting a hedge and a concrete block fence. *Journal of the Japanese Institute of Landscape Architecture, 55*(5), 139–144。

（P.333）"分形图案能让大脑的工作变得更容易"：参见 Hägerhäll, C. M., Purcell, T., & Taylor, R. (2004). Fractal dimension of landscape silhouette outlines as a predictor of landscape preference. *Journal of Environmental Psychology, 24*(2), 247-255. doi:10.1016/j.jenvp.2003.12.004。

（P.333）"流畅的视觉处理"：参见 Joye, Y. & van den Berg, A. *Nature is easy on the mind: An integrative model for restoration based on perceptual fluency,* at 8th Biennial Conference on Environmental Psychology. Zürich, Switzerland, 2010。

（P.334）"让一些人感动得流泪的树，在其他人眼里只是一个挡路的绿东西。"摘自布莱克于 1799 年写给牧师 John Trusler 的一封信，

Kazin, A. (Ed.) *The Portable Blake* (1979). Penguin Classics。

（P.334）"与一棵树的非同寻常的邂逅"：参见 Ensler, E. (2014). *In the body of the world.* Picador。

（P.340）"纯粹而强烈的喜悦"，摘自 Sacks, O. (1991). *A leg to stand on.* Picador. pp. 133-5。

（P.342）"花园呈现出最丰富多变的样貌"：参见 Souter-Brown, G. (2015). *Landscape and Urban Design for Health and Well-Being.* Routledge。

（P.343）"草地与人工地面的比例"：参见 Cooper Marcus, C. & Sachs, N. A. (2013). *Therapeutic Landscapes.* John Wiley & Sons。

第十三章　绿色导火索

狄兰·托马斯的诗文选自 1934 年出版的《十八首诗》。

（P.353）"97% 的野花原野消失了"：参见 https://www.plantlife.org.uk/uk/about-us/new s/real-action-needed-to-save-our-vanishing-meadows。

（P.355）"生物多样性危机"：参见 climate change and agricultural management are the two biggest causes. https://nbn.org.uk/wp-content/uploads/2019/09/State-of-Na ture-2019-UK-full-report.pdf。

（P.355）"树木构成群落"：参见 Wohlleben, P. (2016). *The hidden life of trees: What they feel, how they communicate—discoveries from a secret world* (Billinghurst, J. Trans.). Greystone Books。

（P.355）"植物会向群落中的其他植物发出警报"：例如 Spencer, D., Sawai-Toyota, Satoe, J., Wang & Zhang, T., Koo, A., Howe, G. & Gilroy, S. (2018). Glutamate triggers long-distance, calcium-based plant defense signaling. Science. 361. 1112-1115. 10.1126/science.aat7744。

（P.355）"向日葵也竭力将自己的根系与邻居的融为一体"：参见 López Pereira, M., Sadras, V. O., Batista, W., Casal, J. J., & Hall, A. J. (2017). Light-mediated self-organization of sunflower stands increases oil yield in the field. *Proceedings of the National Academy of Sciences*, *114*(30), 7975-7980. doi:10.1073/pnas.1618990114。

（P.355）"监控家庭花园里的动植物状态"：参见 Cameron, R. W., Blanuša, T., Taylor, J. E., Salisbury, A., Halstead, A. J., Henricot, B., & Thompson, K. (2012). The domestic garden – Its contribution to urban green infrastructure. *Urban Forestry & Urban Greening*, *11*(2), 129-137. doi:10.1016/j.ufug.2012.01.002。

（P.355）"房前花园正逐渐被停车位所取代"：参见 Royal Horticultural Society. Greening Grey Britain. www.rhs.org.uk/science/ gardening-in-a-changing-world/ greening -grey-britain。

（P.355）"城市花园中鸟类的密度"：参见 Thompson K & Head S, *Gardens as a resource for wildlife* 在线浏览网址为 www.wlgf.org/linked/ the_garden_resource.pdf。

（P.356）花园的土壤呈现出健康的生物多样性样貌：参见 Edmondson, J. L., Davies, Z. G., Gaston, K. J. & Leake, J. R. (2014) Urban cultivation in allotments maintains soil qualities adversely affected by conventional agriculture. Journal of Applied Ecology, *51* (4). pp. 880-889. ISSN 0021-8901。

（P.356）"表土是宝贵的资源"：参见 https://ec.europa.eu/jrc/en/ publication/soil-erosion-europe-current-status-challenges-and-future-developments。

（P.356）缺乏对土地的照护导致土壤退化：参见 Montgomery, D. R. (2008). *Dirt: The erosion of civilisations.* University of California Press。

（P.356）"那种感觉越美妙，越令人心醉"，摘自 Klein, N. (2015). *This changes everything: Capitalism vs. the climate.* Penguin. pp. 419-20。

（P.357）"抑郁症现在已经超过呼吸系统疾病，成为了全球健康问题和残疾的首要原因"：参见 *Depression and Other Common Mental Health Disorders: Global Health Estimates.* (Geneva: WHO, 2017)。

（P.357）"我们必须耕耘自己的园地"，摘自 Voltaire (2006), *Candide, or Optimism,* (T. Cuffe, Trans.) Penguin Classics。

（P.360）"在费尔奈买下了一个荒芜的庄园"：参见 Davidson, I. (2004). *Voltaire in exile.* Atlantic Books。

（P.360）"我这一生只做了一件明智的事"：引自 Clarence S. Darrow, Voltaire, Lecture given in the Court Theater on February 3, 1918 p.17. University of Minnesota Darrow's Writings and Speeches. http://moses. law.umn.edu/darrow/documents/Voltaire_by_Clarence_ Darrow.pdf。

致谢

本书中的许多想法来自 2013 年我在花园博物馆第一届夏日文学节上发表的演讲。我衷心感谢富有感召力的花园博物馆总监克里斯托弗·伍德沃德，是他建议我在该活动上发表演讲的。

本书写作的一条脉络是我的家族史，尤其是我外祖父特德·梅的生平故事。非常感谢我的母亲朱迪·罗伯茨、弟弟奈杰尔·埃文斯和表兄弟罗杰·科尼什，如果没有他们的帮助和支持，我不可能了解外祖父的战时经历以及他对园艺的热爱。本书的另一条脉络则是我和丈夫汤姆在塞尔吉山创建谷仓花园的经历。感谢我的公公婆婆默里·斯图尔特-史密斯和琼·斯图尔特-史密斯，他们用无数奇妙的方法帮助我们打造谷仓花园的生活。如果没有他们的热心帮助，这一切都不可能发生。我丈夫家人当中给我支持的还有贝拉、马克和凯特。凯特还投入了时间和精力编辑最终稿，感谢她富有洞察力的见解。

以下诸位与我分享了他们从花园和园艺中获益的亲身体验。这些园艺活动的参与者热情洋溢地谈论了他们的园艺经历，分享了重要的领悟，如果没有他们的分享，这本书就不会是现在这个样子。感谢: Andrew Albright, Shakim Allen, Jose Althia, Ian Belcher, Dagmara Bernoni, Juan Bran, Tiffany Champagne,

Jose Diaz, Vanessa Eranzo, Harry Gaved, Hussein Ershadi, David Golden, Darrin Haynes, Christian Howells, Glenn Johnson, Velvet Johnson, Valerie Leone, David Maldonado, Jack Mannings, Jose Mota, Wilmer Osibin, Hiro Perulta, Caroline Ralph, Juan Rodas, Jose Rodriguez, Frank Ruiz, Jane Shrimpton, Albert Silvagnoli, Sharon Tizzard, Angel Vega, Richard Warren, Holland Williams, Kevin Williams.

衷心感谢皇家园艺学会的帮助，尤其是林德利图书馆的 Fiona Davison，还有科学与收藏部总监 Alistair Griffiths。感谢茂盛慈善的 Shirley Charlton, Penny Cooke, Nathan Dippie, Steve Humphries, Kathryn Rossiter, Sally Wright。我在美国做研究时纽约植物园提供了极大的帮助。Ursula Chanse, Barbara Corcoran 和 Gregory Long 不遗余力地以各种方式帮助我，并让我接触到许多有趣的活动。芝加哥植物园同样也为我安排了许多参观活动，帮助我联系相关人士。我特别要对 Eliza Fournier, Rachel Kimpton 和 Barbara Kreski 说一声谢谢。

在不同国家开展社区项目和园艺治疗计划的许多人都牺牲了他们的时间来接受我的采访。他们深刻认识到人类与自然携手可能对世界的面貌带来巨大改变，我要向他们致敬。我试图将他们的名字全部记下，但若有遗漏还请海涵。感谢：Kurt Ackerman, Anna Adevi, Shaniece Alexander, Or Algazi, Anna Baker Cresswell,

Barbera Barbieri, Isobel Barnes, Monica Bazanti, Leahanne Black, Natalie Brickajlik, Estelle Brown, Heather BudgeReid, Ahmet Caglar, Pat Callaghan, Olivia and David Chapple, Keely Siddiqui Charlick, Mary Clear, Paula Conway, Kyle Cornforth, Phyllis D'Amico, Pino D'Aquisito, Elizabeth Diehl, Mike Erickson, Maque Falgás, Christian Fernández, Ron Finlay, Gwenn Fried, Darrie Ganzhorn, Andreas Ginkell, Patrik Grahn, Edwina Grosvenor, Rex Haigh, Mark Harding, Sonya Harper, Paul Hartwell, Teresia Hazen, Qayyum Johnson, Hilda Krus, Jean Larson, Adam Levin, Ruth Madder, Susanna Magistretti, Orin Martin, Marianna Merisi, Tiziano Monaco, Cara Montgomery, Alfonso Montiel, Kai Nash, Konrad Neuberger, John Parker, Keith Petersen, Harry Rhodes, Anne and Jean-Paul Ribes , Liz Rothschild, Cecil-John Roussow, Carol Sales, Albert Salvans, Rebekah Silverman, Cathrine Sneed, Jay Stone Rice, Malin Strand, Lindsay Swan, Mike Swinburne, Paul Taliaard, Phoebe Tanner, Alex Taylor, Julie and John Tracy, Clare Trussler, Lucy Voelker，Beth Waitkus.

以下学者、医生和作者慷慨地与我分享了他们的专业知识，尽管有时候我并没有直接引用他们的作品，但它们让我在写作本书时受益良多。感谢 William Bird, David Buck, Paul Camic, Chris Cullen, Robyn Francis, Dorian Fuller, Richard Fuller, Charles

Guy, Jan Hassink, Teresia Hazen, Kenneth Helphand, Glynis Jones, Rachel Kelly, Kelly Lambert, Christopher Lowry, Annie Maccoby, Alan McLean, Andreas Meyer-Lindenberg, David Nutt, Matthew Patrick, Jules Pretty, Jenny Roe, Edward Rosen, Joe Sempik, Philip Siegel, Matilda van den Bosch，Peter Whybrow。此外，花园设计师凯蒂·博特、盖尔·苏特·布朗和克利夫·韦斯特让我对疗愈花园的营造方式有了新的领悟。

感谢 Deborah Pursch，在我的一些研究中，她巧妙地帮我搜索到我自己找不到的资源和信息。汉普郡花园信托基金会的 Sally Miller 找到了本书第九章中提到的索尔兹伯里庄园的相关材料。我还要感谢弗洛伊德博物馆图片库的 Bryony Davies 以及 Frances Wharton，Frances Wharton 翻译了弗洛伊德待在意大利加洛塔时写的书信，在本书第十章我援引了该信的内容。

我的编辑、哈珀科林斯出版社的 Arabella Pike 迅速接受了这本书。她的坚定果敢和敏锐的阅读能力无比宝贵。出版一本书需要许多人的共同努力，我由衷感谢哈珀科林斯的出版团队，他们不遗余力地将本书的品质提升到了一个新高度。感谢 Katy Archer, Helen Ellis, Chris Gurney, Julian Humphries, Kate Johnson, Anne Rieley, Marianne Tatepo, Jo Thompson and Mark Wells。感谢画家 Raija Jokinen 为本书封面绘制了优美的图案。

我还要感谢纽约的斯克里布纳出版团队。Colin Harrison 的编辑工作让本书从各个方面都得以成形，他对文本极具洞察力，还让我学到了许多写作技巧。我还要感谢团队中的 Sarah Goldberg, Nan Graham, Mark LaFlaur 和 Rick Willett，感谢他们的无私帮助。

感谢 Vanessa Beaumont 帮助我搭建了本书最初几章的框架。在本书付梓前的最后阶段，我热忱的朋友 Caroline Oulton 展示出极大的敬业精神同时又不失幽默地进行了高强度的编辑劳动，施展出她的敏锐才智帮助我对书稿修枝剪叶。

我的亲人、朋友和同事在不同阶段阅读了本书的部分或者全部章节。我特别要感谢 Cyril Couve, Tony Garelick, Susie Godsil, Karen Jenkinson, Anna Ledgard, Neil Morgan 以及 Purdy Rubin，感谢他们对本书提出的敏锐评论。我尤其要感谢家中的 Julia Maslin 和 Jenny Levy，感谢 Julia Maslin 帮我理家，感谢 Jenny Levy 在我伏案写作时帮我照顾好菜园。我还要感谢热情的美国朋友，谢谢 Za Bervern, John Fornengo, Elizabeth Louis, Martha Pichey。

感谢我的好友 Nici Dahrendorf，是她把我介绍给代理商 Felicity Bryan，从而开启了本书的出版计划。Felicity 从一开始就对这个项目充满信心，这让我得以形成和深化对园艺疗愈的思考，而她总是满腔热情地投入，感谢她。我还要感谢 ZoëPagnamenta 以及她在纽约的代理机构。

我从朋友和同事那里得到了各种各样的鼓励和帮助，特别感谢 Phil Athill, Jinny Blom, Madeleine Bunting, Tania Compton, Alex Coulter, Sarah Draper, Helena Drysdale, Susannah Fiennes, Francis Hamel, Beth Heron, Michael Hue-Williams, Marilyn Imrie, Anna-Maria Ivstedt, Ali Joy, Joseph Koerner, Todd Longstaffe-Gowan, Adam Lowe, Martin Lupton, Jo O'Reilly, Rebecca Nicolson, Rosie Pearson, James Runcie, Agnes Schmitz, Kate Sebag, Robin Walden。这一路走来，还有其他许多朋友的细心周到让我十分感动，他们时时关注并提醒我有关这本书的消息或研究项目。

　　歌德说："夫妻之间亏欠对方多少，难以计算。"我对丈夫的亏欠正是如此。我何其幸运，能与汤姆分享我的人生，我对他的感激难以估量。感谢汤姆一直陪伴着我，感谢你的阅读和编辑，感谢你在我情绪低落的时候鼓舞我的士气，最重要的是，感谢你是我灵感的重要源泉。最后，感谢罗斯、本和哈里，这三个在花园边长大的孩子的热情和重要支持，伴我完成了这部作品。

图书在版编目（CIP）数据

花花草草救了我 /（英）苏·斯图尔特-史密斯
（Sue Stuart-Smith）著；王巧俐译. —上海：文汇出
版社，2022.10（2023.7 重印）

ISBN 978-7-5496-3857-4

Ⅰ.①花⋯　Ⅱ.①苏⋯　②王⋯　Ⅲ.①观赏园艺
Ⅳ.①S68

中国版本图书馆 CIP 数据核字（2022）第 146221 号

花花草草救了我

作　　者 / ［英］苏·斯图尔特-史密斯
译　　者 / 王巧俐
责任编辑 / 戴　铮
封面设计 / 拾野文化
版式设计 / 汤惟惟
出版发行 / **文匯**出版社
　　　　　 上海市威海路 755 号
　　　　　 （邮政编码：200041）
印刷装订 / 上海颛辉印刷厂有限公司
版　　次 / 2022 年 10 月第 1 版
印　　次 / 2023 年 7 月第 2 次印刷
开　　本 / 889 毫米×1194 毫米　1/32
字　　数 / 254 千字
印　　张 / 13.5
书　　号 / ISBN 978-7-5496-3857-4
定　　价 / 68.00 元